CATALOGUE

DES

COLÉOPTÈRES

DE LA COLLECTION

DE M. LE COMTE DEJEAN.

1re 2me. Livraison.

A PARIS,

CHEZ MÉQUIGNON-MARVIS PÈRE ET FILS,

RUE DU JARDINET, N° 13.

1833.

CATALOGUE

DES

COLÉOPTÈRES.

IMPRIMERIE DE FIRMIN DIDOT FRÈRES,
RUE JACOB, N° 24.

CATALOGUE

DES

COLÉOPTÈRES

DE LA COLLECTION

DE M. LE COMTE DEJEAN.

A PARIS,

CHEZ MÉQUIGNON-MARVIS PÈRE ET FILS,

RUE DU JARDINET, N° 13.

1833.

CATALOGUE

DE LA COLLECTION

DE COLÉOPTÈRES

DE M. LE COMTE DEJEAN.

PENTAMÈRES.

CARABIQUES.

MANTICORA. *Fabricius.*

Species	Locality
Maxillosa. *Fabr.*	*Cap. Bon. Sp.*

1

PLATYCHILE. *Mac Leay.*

Species	Locality
Pallida. *Fabr.*	*Cap. Bon. Sp.*

1

MEGACEPHALA. *Latreille.*

Species	Locality
{ Senegalensis. *Latr.*	*Senegal.*
{ *Megalocephala. Fabr.*	id.
Quadrisignata. *Dej.*	id.
Euphratica. *Oliv.*	*Oriente.*
Carolina. *Fabr.*	*Amer. bor.*
Mexicana. *Höpfner. nov. sp.*	*Mexico.*
Sobrina. *Dej.*	*Brasilia.*
Distinguenda. *Dej.*	*Tucuman.*
Virginica. *Fabr.*	*Amer. bor.*
Brasiliensis. *Kirby.*	*Brasilia.*
Lebasii. *Dej.*	*Carthagena.*
Affinis. *Dej.*	*Cayennæ.*
{ Acutipennis. *Dej.*	*S. Domingue.*
{ *Virginica. Oliv.*	id.
{ Sepulcralis. *Fabr.*	*Cayennæ.*
{ *Variolosa. Dej.*	id.
Æquinoctialis. *Fabr.*	*Brasilia.*
Nocturna. *Klug.*	id.

15

OXYCHEILA. *Dejean.*

Species	Locality
Tristis. *Fabr.*	*Brasilia.*
Bipustulata. *Latr.*	*Colombia.*

2

IRESIA. *Dejean.*

Species	Locality
Lacordairei. *Dej.*	*Brasilia.*

1

CICINDELA. *Linné.*

Cayennensis. *Fabr.*	*Cayennæ.*
Bipunctata. *Fabr.*	*Amer. mer.*
Rufipes. *Klug.*	*Brasilia.*
Luridipes. *Dej.*	*Cayennæ.*
Margineguttata. *Dej.*	id.
Confusa. *Dej.*	*Brasilia.*
Chrysis. *Fabr.*	*Amer. mer.*
Cylindrica. *Dej.*	*Brasilia.*
Nodicornis. *Dej.*	id.
{ Curvidens. *Dej.*	id.
{ *Chrysis. Illiger.*	id.
{ *Geniculata. Germar.*	id.
{ *Marginatus. Fischer.*	id.
(Therates.)	
Conformis. *Dej.*	id.
{ Brasiliensis. *Dej.*	id.
{ *Angusticollis. Schüppel.*	id.
{ *Marginepustulata. Schön.*	id.
Gilvipes. *Dej. nov. sp.*	*Cayennæ.*
Distincta. *Dej.*	*Brasilia.*
Angustata. *Dej.*	*Cayennæ.*
Lacordairei. *Dej. nov. sp.*	id.
{ Biguttata. *Dej.*	*Brasilia.*
{ *Chrysis. Germar.*	id.
{ Nitidicollis. *Dej.*	id.
{ *Auricollis. Germar.*	id.
Viridis. *Dej.*	id.
{ Smaragdula. *Dej.*	id.
{ *Concolor. Germar.*	id.
{ *Æruginosa. Schönherr.*	id.
Ventralis. *Dej.*	*Cayennæ.*
Distigma. *Schüppel.*	*Brasilia.*
Cylindricollis. *Dej.*	id.
Analis. *Fabr.*	*Java.*
{ Quadripunctata. *Fabr.*	id.
{ *Quadriguttata. Schönherr.*	id.
Concinna. *Dej.*	*Senegal.*
Leprieurii. *Buquet.*	id.
{ Versicolor. *Schönherr.*	*Sierra-Leona.*
{ *Femoralis. Schönherr.*	id.
Festiva. *Dej.*	*Senegal.*
Chalybea. *Dej.*	*Brasilia.*
Lugubris. *Dej.*	*Senegal.*
Cincta. *Fabr.*	id.
Vittata. *Fabr.*	id.
Luxerii. *Buquet.*	id.
Fuliginosa. *Dej.*	*Cochinchina.*
Vigorsii. *Gory.*	*India or.*
{ Interstincta. *Schönherr.*	*Senegal.*
{ *Interrupta. Fabr.*	id.
Equestris. *Dej.*	*Madagascar.*
Marginella. *Dej.*	*Cap. Bon. Sp.*
Bicolor. *Fabr.*	*India or.*
Chinensis. *Fabr.*	*China.*
Duponti. *Dej.*	*Cochinchina.*
Aurofasciata. *Guérin.*	*India or.*
Octonotata. *Wiedemann.*	id.
Aurulenta. *Fabr.*	*Java.*
Sexpunctata. *Fabr.*	*India or.*
Didyma. *Dej.*	*Java.*
Decemguttata. *Fabr.*	*Ins. Bourou.*
Durvillei. *Dej.*	*Nova Guinea.*
Höpfneri. *Dej. nov. sp.*	*Mexico.*
{ Unipunctata. *Fabr.*	*Amer. bor.*
{ *Obsoleta. Dej. Cat.*	id.
Pulchra. *Say.*	id.
Rugifrons. *Dej.*	id.
{ Modesta. *Dej.*	id.
{ *Obscura. Say.*	id.
Unicolor. *Dej.*	id.
{ Sexguttata. *Fabr.*	id.
{ Var. *Thalassina. Dej. Cat.*	id.
{ *Violacea. Fabr.*	id.
{ Cœrulea. *Pallas.*	*Sibiria.*
{ *Violacea. Gebler.*	id.
Concolor. *Dej.*	*Candia.*
{ Marginalis. *Fabr.*	*Amer. bor.*
{ *Purpurea. Oliv.*	id.

Rotundicollis. *Dej.*	*Cap. Bon. Sp.*
Quadriguttata. Wiedemann.	id.
Ismenia. *Buquet. nov. sp.*	*Græcia.*
Luctuosa. *Dej.*	*Tanger.*
Maura. *Fabr.*	*Hispania.*
Nigrita. *Dej.*	*Corsica.*
Campestris. *Fabr.*	*P.*
Var. *Maroccana. Fabr.*	*Hispania.*
Affinis. Bœber.	*Russia mer.*
Desertorum. *Bœber.*	id.
Patruela. *Dej.*	*Amer. bor.*
Consentanea. *Dej.*	id.
Hybrida. *Fabr.*	*P.*
Var. *Vulcanicola. Eschsch.*	*Kamtschatka.*
Riparia. *Megerle.*	*Austria.*
Danubialis. Dahl.	id.
Transversalis. *Ziegler.*	id.
Maritima. *Dej.*	*Gal. bor.*
Altaica. Gebler.	*Sibiria.*
Sylvicola. *Megerle.*	*Austria.*
Hybrida. Duftschmid.	id.
Chloris. *Dej.*	*Gal. mer.*
Tricolor. *Adams.*	*Sibiria.*
Var. *Optata. Fischer.*	id.
Sahlbergi. *Fischer.*	id.
Lateralis. *Gebler.*	id.
Lacteola ? Pallas.	id.
Var. *Pallasii. Fischer.*	id.
Formosa. *Say.*	*Amer. bor.*
Soluta. *Megerle.*	*Hungaria.*
Sylvatica. *Fabr.*	*P.*
Amabilis. *Dej.*	*India or.*
Obliquata. *Dej.*	*Amer. bor.*
Vulgaris. Say.	id.
Duodecimguttata. *Dej.*	id.
Repanda. *Dej.*	id.
Hirticollis. Say.	id.
Carthagena. *Klug.*	*Carthagena.*
Arabica. *Dej.*	*Arabia.*
Sinuata. *Fabr.*	*Austria.*

Generosa. *Dej.*	*Amer. bor.*
Latecincta. Leconte.	id.
Albohirta. *Dej.*	id.
Var. *Dejeanii. Leconte.*	id.
Humeralis. Leconte.	id.
Sturmii. *Ménétries. nov. sp.*	*Russia mer.*
Trisignata. *Illiger.*	*Gal. mer.*
Pavefacta. Schönherr.	*Barbaria.*
Lugdunensis. *Dej.*	*Gal. orient.*
Pumila. *Dej.*	*Java.*
Pygmæa. *Dej.*	*Oriente.*
Strigata. *Dej.*	*Russia merid.*
Caucasica. Adams.	id.
Escheri. *Buquet.*	*Senegal.*
Dorsalis. *Dej.*	*Ægypt.*
Dumolinii. *Dej.*	*Senegal.*
Chiloleuca. *Fischer.*	*Russia merid.*
Tibialis. *Dej.*	*Ægypt.*
Intricata. *Schönherr.*	*Barbaria.*
Besseri. *Dej.*	*Russia merid.*
Tibialis. Besser.	id.
Volgensis. *Besser.*	id.
Elegans. Fischer.	id.
Decipiens. Fischer.	id.
Stigmatophora. Fischer.	id.
Imperialis. Dahl.	*Sardinia.*
Goudotii. *Dej.*	*Tanger.*
Cruciata. Dahl.	*Sardinia.*
Circumdata. *Dej.*	*Gal. merid.*
Dilacerata. *Parreyss.*	*Græcia.*
Angulosa. Olivier.	id.
Marginata. *Fabr.*	*Amer. bor.*
Variegata. Dej.	id.
Blanda. *Dej.*	id.
Trifasciata. *Dej. Fabr ?*	*Cayennæ.*
Var. *Guadeloupensis. Chevr.*	*Guadeloupe.*
Apiata. *Dej.*	*Buenos-Ayr.*
Adspersa. Klug.	id.
Melaleuca *Dej.*	id.
Tortuosa. *Dej.*	*Amer. bor.*

{ Sumatrensis. *Herbst.*	*India or.*	Vittigera. *Dej.*	*India or.*
{ *Catena. Thunberg.*	id.	Vigintiguttata. *Herbst.*	id.
{ Angulata. *Fabr.*	id.	Multiguttata. *Dej.*	id.
{ *Designata. Dej. Cat.*	id.	Regalis. *Dej.*	*Senegal.*
Fimbriata. *Dej.*	*Senegal.*	Lurida. *Fabr.*	*Cap. Bon. Sp.*
Asperula. *Dufour.*	id.	Sardea. *Dahl.*	*Sardinia.*
Contorta. *Stéven. nov. sp.*	*Russia mer.*	Flexuosa. *Fabr.*	*Gal. merid.*
Nitida. *Wiedemann.*	*India or.*	Circumflexa. *Dahl.*	*Sicilia.*
Melancholica. *Fabr.*	*Sierra-Leona.*	{ Brevicollis. *Wiedemann.*	*Cap. Bon. Sp.*
Distinguenda. *Dej.*	*India or.*	{ *Hottentotta. Klug.*	id.
Ludia. *Schönherr.*	*Java.*	Discoidea. *Dej.*	*Guinea.*
Orientalis. *Olivier.*	*Arabia.*	Neglecta. *Dej.*	*Senegal.*
Undulata. *Latreille.*	*India or.*	Clathrata. *Dej.*	*Cap. Bon. Sp.*
Fastidiosa. *Dej.*	id.	Cancellata. *Dej.*	*Java.*
{ Ægyptiaca. *Klug.*	*Ægypt.*	Senegalensis. *Dej.*	*Senegal.*
{ *Idem.*	*Sicilia.*	Catena. *Fabr.*	*India or.*
Vicina. *Dej.*	*Senegal.*	Nilotica. *Klug.*	*Ægypt.*
Perplexa. *Dej.*	*Ins. Bourbon.*	{ Nitidula. *Dej.*	*Senegal.*
Litigiosa. *Dej.*	*India or.*	{ *Capensis. var. Olivier.*	id.
Centropunctata. *Klug.*	*Cap. Bon. Sp.*	Leucoptera. *Dej.*	id.
Disjuncta. *Dej.*	id.	Capensis. *Fabr.*	*Cap. Bon. Sp.*
{ Octoguttata. *Dej. Fabr.?*	*Guinea.*	Chrysographa. *Klug.*	id.
{ *Mœsta. Schönherr.*	id.	{ Candida. *Dej.*	id.
{ *Punctella. Schönherr.*	id.	{ *Caffra. Klug.*	id.
{ Punctulata. *Fabr.*	*Amer. bor.*	{ Signata. *Dej.*	*Amer. bor.*
{ *Micans? Fabr.*	id.	{ *Dorsalis. Say.*	id.
Opigrapha. *Dalman.*	*Java.*	{ Albida. *Dej.*	*India or.*
Marginepunctata. *Dej.*	*Cochinchina.*	{ *Albina. Wiedemann.*	id.
{ Heutzii. *Dej.*	*Amer. bor.*	Upsilon. *Mac Leay.*	*Nov. Holland.*
{ *Hæmorrhoïdalis. Heutz.*	id.	Lepida. *Dej.*	*Amer. bor.*
Rufiventris. *Dej.*	*S. Domingue.*	{ Conspersa. *Dej.*	*Brasilia.*
{ Fischeri. *Adams.*	*Russia mer.*	{ *Pallida. Schönherr.*	id.
{ *Quinquepunctata. Bœber.*	id.	{ Nivea. *Kirby.*	id.
Alboguttata. *Klug.*	*Arabia.*	{ *Albipennis. Dej. Cat.*	id.
{ Littoralis. *Fabr.*	*Gal. merid.*	Suturalis. *Fabr.*	*Amer. ins.*
{ *Nemoralis. Olivier.*	id.	Hirticollis. *Klug.*	*Brasilia.*
{ *Lunulata. Fischer.*	*Russia merid.*	Tenuipes. *Guérin.*	*Cochinchina.*
{ Var. *Discors. Megerle.*	*Dalmatia.*	Longipes. *Fabr.*	*India or.*
{ *Lugens. Dahl.*	*Sicilia.*	Graphiptera. *Klug.*	*Carthagena.*
Aulica. *Dej.*	*Senegal.*	Quadrilineata. *Fabr.*	*India or.*
Lacrymosa. *Dej.*	*Ins. Philippin.*	Biramosa. *Fabr.*	id.

{ Boops. *Mannerheim.*	*S. Domingue.*
{ *Agilis. Klug.*	id.
{ *Auraria. Schönherr.*	id.
Marginipennis. *Leconte.*	*Amer. bor.*
Latreillei. *Barthelemy.*	*Barbaria.*
{ Distans. *Fischer.*	*Russia merid.*
{ *Infuscata? Pallas.*	id.
{ Zwickii. *Fischer.*	id.
{ *Atrata? Pallas.*	id.
Pusilla. *Say.*	*Amer. bor.*
Stevenii. *Dej.*	*Russia merid.*
Tuberculata. *Fabr.*	*Nov. Zeland.*
{ Klugii. *Dej.*	*Mexico.*
{ *Neglecta. Klug.*	id.
{ Scalaris. *Latreille.*	*Gal. merid.*
{ *Paludosa. Dufour.*	*Hispania.*
Germanica. *Fabr.*	*P.*
{ Gracilis. *Pallas.*	*Sibiria.*
{ Var. *Tenuis. Stéven.*	*Russia merid.*
{ *Angustata. Fischer.*	*Sibiria.*
{ *Dahurica. Mannerheim.*	id.
Abdominalis. *Fabr.*	*Amer. bor.*
Fulvipes. *Dej.*	*Oceania.*
Terminata. *Roger.*	*Ins. Phillipin.*
Gyllenhalii. *Dej.*	*India or.*
{ Elegans. *Dej.*	*Sumatra.*
{ *Versicolor. Mac Leay.*	id.
{ Viridicollis. *Dej.*	*Cuba.*
{ *Pallipes. Sturm.*	id.
Decempunctata. *Dej.*	*India or.*
Tripunctata. *Klug.*	*Brasilia.*
Obscurella. *Klug.*	id.
{ Triguttata. *Herbst.*	*India or.*
{ *Sexmaculata. Dej.*	id.
Parvula. *Dej. nov. sp.*	*Cayennæ.*
{ Argentata. *Fabr.*	*Brasilia.*
{ *S. Littera. Schönherr.*	id.
Funesta. *Fabr.*	*India or.*
Viridula. *Dej.*	*Ile de France.*

201

DROMICA. *Dejean.*

Coarctata. *Dej.*	*Cap. Bon. Sp.*
Vittata. *Klug.*	id.
Tuberculata. *Klug.*	id.

3

EUPROSOPUS. *Latreille.*

Quadrinotatus. *Dej.*	*Brasilia.*

1

CTENOSTOMA. *Klug.*

Jacquieri. *Dej.*	*Cayennæ.*
Formicarium. *Fabr.*	id.
Ichneumoneum. *Dej.*	*Brasilia.*
Unifasciatum. *Dej.*	id.
Trinotatum. *Klug.*	id.
Bifasciatum. *Dej.*	id.
Rugosum. *Klug.*	id.

7

THERATES. *Latreille.*

Labiata. *Fabr.*	*Nov. Guinea.*
Acutipennis. *Vanderlinden.*	*Java.*
Basalis. *d'Urville.*	*Nov. Guinea.*
Dimidiata. *Dej.*	*Java.*

4

TRICONDYLA. *Latreille.*

Aptera. *Olivier.*	*Nov. Guinea.*
Cyanipes. *Eschscholtz.*	*Ins. Philippin.*
Cyanea. *Dej.*	*Java.*

3

COLLIURIS. *Latreille.*

Longicollis. *Fabr.*	*Java.*
{ Emarginata. *Dej.*	*Ind. or.*
{ *Longicollis. Olivier.*	id.
{ Crassicornis. *Dej.*	id.
{ *Longicollis. Dej. Cat.*	id.
Modesta. *Dej.*	*Java.*

4

CASNONIA. *Latreille.*

Pensylvanica. *Linné.*	*Amer. bor.*
Rufipes. *Dej.*	id.
Rugicollis. *Dej.*	*Cayennæ.*
Lacordairei. *Dej. nov. sp.*	id.
Variegata. *Dej. nov. sp.*	id.
Inæqualis. *Dej.*	*Brasilia.*
Lineola. *Dej.*	*Senegal.*
Pustulata. *Dej.*	id.
Senegalensis. *Dej.*	id.
Cyanocephala. *Fabr.*	*India or.*

10

LASIOCERA. *Dejean.*

Nitidula. *Dej.*	*Senegal.*

1

ODACANTHA. *Fabricius.*

{ Melanura. *Fabr.*	*P.*
{ *Angustatus. Olivier.*	*P.*

1

LEPTOTRACHELUS. *Latreille.*

Dorsalis. *Fabr.*	*Amer. bor.*
Brasiliensis. *Dej.*	*Brasilia.*
Testaceus. *Dej.*	*Carthagena.*

3

TRIGONODACTYLA. *Dejean.*

Cephalotes. *Dej.*	*India or.*
Terminata. *Dej.*	*Senegal.*

2

CORDISTES. *Latreille.*

Acuminatus. *Oliv.*	*Cayennæ.*
Quadrimaculatus. *Gory.*	id.
Maculatus. *Dej.*	id.
{ Bicinctus. *Dej.*	*Amer. æquin.*
{ *Bifasciatus. Latr.*	id.
Bifasciatus. *Fabr.*	*Brasilia.*

5

CTENODACTYLA. *Dejean.*

Chevrolatii. *Dej.*	*Cayennæ.*
Lacordairei. *Dej. nov. sp.*	id.
Obscura. *Dej. nov. sp.*	id.

3

DRYPTA. *Fabricius.*

Emarginata. *Fabr.*	*P.*
{ Cylindricollis. *Fabr.*	*Gal. mer.*
{ *Distinctus. Rossi.* (Carabus.)	id.
Dorsalis. *Dej.*	*Senegal.*
Lineola. *Megerle.*	*India or.*
Australis. *Mac Leay.*	*Nov. Holland.*
Flavipes. *Wiedemann.*	*India or.*
Ruficollis. *Dej.*	*Senegal.*
{ Longicollis. *Megerle.*	*India or.*
{ *Bonelliana. Leach.* (Desera.)	id.

8

GALERITA. *Fabricius.*

Americana. *Fabr.*	*Amer. bor.*
Cyanipennis. *Dej.*	id.
Lecontei. *Dej.*	id.
Mexicana. *Dej. nov. sp.*	*Mexico.*
Brasiliensis. *Dej.*	*Brasilia.*
Angusticollis. *Dej.*	id.
Occidentalis. *Oliv.*	*Cayennæ.*
Unicolor. *Dej.*	id.
Interstitialis. *Schönherr.*	*Sierra-Leona.*
Africana. *Dej.*	*Senegal.*
Lacordairei. *Dej.*	*Buenos-Ayres.*
Collaris. *Dej.*	id.
Ruficollis. *Dej.*	*Cuba.*
{ Affinis. *Dej.*	*Amer. æquin.*
{ *Ruficollis. Latr.*	id.
{ Geniculata. *Dej.*	id.
{ *Americana. Linné.*	id.

15

TRICHOGNATHUS. *Latreille.*

Marginatus. *Latr. nov. sp.*	*Brasilia.*

1

ZUPHIUM. *Latreille.*

Olens. *Fabr.* — *Gal. mer.*
Americanum. *Dej.* — *Amer. bor.*
2

POLISTICHUS. *Bonelli.*

Fasciolatus. *Fabr.* — *Gal. mer.*
{ Discoideus. *Stéven.* — *Russia merid.*
{ *Fasciolatus. Rossi.* — *Italia.*
Brunneus. *Dej.* — *Brasilia.*
3

DIAPHORUS. *Dejean.*

Lecontei. *Dej.* — *Amer. bor.*
1

AGRA. *Fabricius.*

{ Ænea. *Fabr.* — *Cayennæ.*
{ *Cayennensis. Oliv.* — id.
{ Erythropus. *Dej.* — id.
{ *Rufipes. Dej. Cat.* — id.
{ Tristis. *Dej.* — *Brasilia.*
{ *Aterrima? Klug.* — id.
Rufescens. *Klug.* — id.
Splendida. *Latr.* — *Cayennæ?*
{ Brentoides. *Dej.* — *Brasilia.*
{ *Gemmata? Klug.* — id.
Cancellata. *Dej.* — id.
Cupripennis. *Dej.* — id.
Filiformis. *Dej.* — id.
{ Puncticollis. *Dej.* — id.
{ *Attenuata? Klug.* — id.
10

CYMINDIS. *Latreille.*

{ Cruciata. *Fischer.* — *Russia merid.*
{ *Picta. Pallas.* — id.
Discoidea. *Dej.* — *Hispania.*
Andreæ. *Ménétries. nov. sp.* — *Georgia.*
Lateralis. *Fischer.* — *Russia merid.*
{ Humeralis. *Fabr.* — *Gallia.*
{ *Humerosus. Schönherr.* — id.
Suturalis. *Dej.* — *Ægypt.*
Dorsalis. *Fischer.* — *Russia merid.*
{ Lineata. *Schönherr.* — *Gallia merid.*
{ *Lineola. Dufour* — *Hispania.*
{ *Vittata. Dahl.* — *Sicilia.*
{ Homagrica. *Duftsch.* — *Austria.*
{ Var. *Meridionalis. Dej.* — *Gal. merid.*
{ *Lunaris. Duftsch.* — *Carinthia.*
{ *Alpina. Dahl.* — *Sicilia.*
Cingulata. *Ziegler.* — *Styria.*
Coadunata. *Dej.* — *Gal. merid.*
Melanocephala. *Dej.* — *Pyrenæis.*
Axillaris. *Duftsch.* — *Gal. merid.*
Angularis. *Gyllenhal.* — *Suecia.*
Macularis. *Mannerheim.* — *Finlandia.*
Ornata. *Stéven.* — *Russia merid.*
Rufipes. *Gebler.* — *Sibiria.*
Binotata. *Fischer.* — id.
{ Punctata. *Bonelli.* — *Helvetia.*
{ *Basalis. Gyllenhal.* — *Suecia.*
{ *Humeralis. Schönherr.* — id.
{ *Scapularis. Andersch.* — *Styria*
Immaculata. *Eschscholtz.* — *Kamtschatka.*
Cribricollis. *Dej.* — *Amer. bor.*
Venator. *Dej.* — id.
Americana. *Dej.* — id.
{ Pubescens. *Dej.* — id.
{ *Pilosa. Say.* — id.
{ *Resplendens. Knoch.* — id.
Pilosa. *Gebler.* — *Sibiria.*
{ Miliaris. *Fabr.* — *Gallia.*
{ Var. *Viridana. Dahl.* — *Sicilia.*
{ *Onychina. Dahl.* — id.
{ *Violacea. Fischer.* — *Russia merid.*
Onychina. *Hoffmansegg.* — *Hispania.*
Faminii. *Dej.* — *Sicilia.*
Mauritanica. *Dej.* — *Tanger.*
{ Gracilis. *Dej.* — id.
{ *Morio? Schönherr.* — id.

Tessellata. *Dej.*	*Senegal.*
Variegata. *Dej.*	*Amer. ins.*
Marginalis. *Dej.*	*Cayennæ ?*
Pustulata. *Dej.*	*Amer. bor.*
Postica. *Dej.*	*Carthagena.*
Parallela. *Dej.*	*Cuba.*
Morio. *Dej.*	*Amer. bor.*
Ænea. *Dej.*	*Buenos-Ayres.*
Lucidula. *Dej.*	*Amer. bor.*
Limbata. *Dej.*	id.
Fuscata. *Dej.*	id.
Complanata. *Dej.*	id.
{ Bisignata. *Dej.*	*Senegal.*
{ *Stigma. Schönherr.*	*Sierra-Leona.*
(Philotecnus.)	
Australis. *d'Urville.*	*Nov. Holland.*
Picta. *Dej.*	*Tucuman.*
Pusilla. *Dej.*	*Carthagena.*
Viridis. *Eschscholtz.*	*California.*
Atrata. *Dej.*	*Buen.-Ayres.*
48	

CALLEIDA. *Dejean.*

Brunnea. *Dej.*	*Mexico.*
Metallica. *Dej.*	*Brasilia.*
Cupripennis. *Dej. nov. sp.*	id.
{ Marginata. *Dej.*	*Amer. bor.*
{ *Viridipennis. Say.*	id.
{ *Prasina. Melsheimer.*	id.
Fulgida. *Dej.*	id.
Æruginosa. *Dej.*	*Brasilia.*
Obscura. *Dej.*	*Buen.-Ayres.*
Viridipennis. *Dej.*	*Brasilia.*
Sanguinicollis. *Dej.*	*Carthagena.*
Decora. *Fabr.*	*Amer. bor.*
{ Rubricollis. *Dej.*	id.
{ *Decora. Dej. Cat.*	id.
{ *Elegans. Klug.*	*Cuba.*
{ *Ruficollis. Schüppel.*	id.
Suturalis. *Dej.*	*Buen.-Ayres.*
{ Smaragdina. *Dej.*	*Amer. bor.*
{ *Festinans. Dej. Cat.*	id.
Thalassina. *Dej.*	*Brasilia.*
Festinans. *Fabr.*	*Cayennæ.*
Fasciata. *Dej.*	*Senegal.*
Angustata. *Dej.*	id.
Ruficollis. *Fabr.*	*Sierra-Leona.*
Chloroptera. *Dej.*	*Java.*
Splendidula. *Fabr.*	id.
Lineata. *Latr.*	*Nov. Holland.*
Vittata. *Dej.*	id.
22	

ONYPTERYGIA. *Chevrolat.*

Höpfneri. *Dej.*	*Mexico.*
Fulgens. *Chevrolat.*	id.
Tricolor. *Chevrolat.*	id.
3	

DEMETRIAS. *Bonelli.*

Imperialis. *Megerle.*	*Austria.*
Unipunctatus. *Creutzer.*	*Gallia.*
Atricapillus. *Linné.*	id.
{ Elongatulus. *Zenker.*	P.
{ *Atricapillus. Oliv.*	P.
{ *Suturalis. Dahl.*	*Italia.*
{ *Pectoralis. Parreyss.*	*Ins. Corfou.*
4	

DROMIUS. *Bonelli.*

Frenatus. *Dej.*	*Cap. Bon. Sp.*
Longiceps. *Dej.*	*Volhynia.*
{ Linearis. *Oliv.*	P.
{ *Punctatostriata. Dufts ch.*	*Austria.*
{ *Præusta. Stéven.*	*Russia merid.*
(Odacantha.)	
{ Melanocephalus. *Dej.*	P.
{ *Pallidus. Sturm.*	*German.*
{ *Venustulus. Spence.*	*Anglia.*
{ Sigma. *Rossi.*	*Austria.*
{ *Fasciata. Duftsch.*	id.

Quadrisignatus. *Dej.*	*P.*
Bifasciatus. *Perroud.*	id.
Fasciatus. *Fabr.*	*Suecia.*
Quadrinotatus. *Panzer.*	*P.*
Quadrimaculatus. *Fabr.*	id.
Fenestratus. *Fabr.*	*Suecia.*
Arcticus. Oliv.	id.
Agilis. *Fabr.*	*P.*
Var. *Bimaculatus. B. L.*	*Gal. orient.*
Meridionalis. *Dej.*	*Gal. mer.*
Marginellus. *Fabr.*	*Suecia.*
Piceus. *Dej.*	*Amer. bor.*
Biplagiatus. *Dej.*	id.
Scapularis. *Dej.*	*Hispan.*
Glabratus. *Duftsch.*	*Gallia.*
Longulus. Mannerheim.	*Sibiria.*
(Tachys.)	
Corticalis. *Dufour.*	*Gal. mer.*
Lineellus. Steven.	*Russia merid.*
Plagiatus? Duftsch.	*Austria.*
Cyaneus. *Dej.*	*Chili.*
Viridis. *Eschsch.*	id.
Æneus. *Dej.*	id.
Chileusis. *Dej.*	id.
Pallipes. *Ziegler.*	*Austria.*
Scutellaris. *Dej.*	*Carthagena.*
Californicus. *Dej. nov. sp.*	*California.*
Humeralis. Eschsch.	id.
(Plochionus.)	
Spilotus. *Ziegler.*	*Gallia.*
Signatus. Sturm.	*Austria.*
Obscuroguttatus. Duftsch.	id.
Var. *Obsoletus. Dej. Cat.*	*Hispan.*
Impressus. Dej. Cat.	*Dalmat.*
Atratus. Dej. Cat.	*Austria.*
Humeralis. Klug.	*Ægypt.*
Foveolatus. *Dej.*	*Tanger.*
Subsulcatus. *Dej.*	*Amer. bor.*
Americanus. *Dej.*	id.
Nigrinus. *Eschsch. nov. sp.*	*California.*
Punctatellus. *Duftsch.*	*P.*
Foveola. Gyllenhal.	id.
Truncatellus. *Fabr.*	*Suecia.*
Osbcurellus. *Klug.*	*Ægypt.*
Quadrillum. *Duftsch.*	*Gallia.*
Albonotatus. *Hoffmansegg.*	*Lusitan.*

36

PLOCHIONUS. *Dejean.*

Bonfilsii. *Dej.*	*Gal. merid.*
Binotatus. *Dej.*	*Ins. Marian.*
Æneipennis. *Dej.*	*Senegal.*

3

ASPASIA. *Dejean.*

Cyanoptera. *Dej.*	*Brasilia.*

1

LEBIA. *Latreille.*

Flavomaculata. *Guérin.*	*Senegal.*
Picta. *Dej.*	id.
Bicolor. *Dej.*	*Sierra-Leona.*
Cyanipennis. Schönherr.	id.
Fulvicollis. *Fabr.*	*Gal. mer.*
Pubipennis. Dufour.	*Hispan.*
Cyanocephala. *Fabr.*	*P.*
Var. *Cœruleocephala. Dahl.*	*Sicilia.*
Chlorocephala. *Duftsch.*	*Gal. bor.*
Rufipes. *Dej.*	*Gal. mer.*
Viridipennis. *Dej.*	*Amer. bor.*
Tricolor. *Say.*	id.
Atriventris. *Say.*	id.
Mexicana. *Dej. nov. sp.*	*Mexico.*
Azureipennis. *Dej. nov. sp.*	*Cayennæ.*
Sellata. *Dej.*	id.
Dorsalis. *Dej.*	*Brasilia.*
Testacea. *Dej.*	id.
Duodecimpunctata. *Dej.*	id.
Dejeanii. *Eschsch. nov. sp.*	*Ins. Philipp.*
(Physodera.)	

Melanura. *Dej.*	*Senegal.*
Trimaculata. *Gebler.*	*Sibiria.*
{ Cyathigera. *Rossi.*	*Gal. merid.*
{ *Anthophora. Dufour.*	*Hispan.*
Crux minor. *Fabr.*	*Gallia.*
{ Nigripes. *Dej.*	*Gal. merid.*
{ *Communimacula. Dahl.*	*Sicilia.*
Turcica. *Fabr.*	*Gal. merid.*
Quadrimaculata. *Dej.*	id.
{ Humeralis. *Sturm.*	*Dalmatia.*
{ *Turcica. Duftsch.*	id.
Leprieuri. *Buquet.*	*Senegal.*
{ Analis. *Dej.*	*Amer. bor.*
{ *Ornata. Say.*	id.
{ *Quadrinotata. Melsheimer.*	id.
Axillaris. *Dej.*	id.
Marginella. *Dej.*	id.
Collaris. *Dej.*	id.
{ Nigripennis. *Dej.*	id.
{ Var. *Erythrocephala. Dej.*	id.
Hæmorrhoidalis. *Fabr.*	*P.*
Venustula. *Dej.*	*Buen.-Ayres.*
Pulchella. *Dej.*	*Amer. bor.*
Variegata. *Dej.*	*Carthagena.*
Rugifrons. *Dej.*	id.
Bifasciata. *Roger.*	*Cayennæ.*
Scapularis. *Dej.*	*Amer. bor.*
Vittata. *Fabr.*	id.
Vittigera. *Dej.*	*Buen.-Ayres.*
Quadrivittata. *Dej.*	*Amer. bor.*
Trivittata. *Dej.*	*Carthagena.*
Obliquata. *Dej.*	*Buen.-Ayres.*
Striata. *Dej.*	id.
Sulcata. *Roger.*	*Cayennæ.*
Fuscata. *Dej.*	*Amer. bor.*
Undulata. *Schönherr.*	*Brasilia.*
Lebasii. *Dej. nov. sp.*	*Carthagena.*
Angulata. *Dej.*	id.
Myops. *Dej.*	id.
Fallax. *Dej.*	id.
Chlorotica. *Dej.*	*Mexico.*
Amabilis. *Dej. nov. sp.*	*Carthagena.*
Puella. *Dej.*	id.
Cyanipennis. *Eschsch.*	*California.*
Cyanea. *Dej.*	*Cuba.*
Marginicollis. *Dej.*	*Amer. bor.*
Affinis. *Dej.*	id.
Viridis. *Dej.*	id.
Smaragdula. *Dej.*	id.
Pumila. *Dej.*	id.
Tuberculata. *Dej.*	*Cayennæ.*
Unifasciata. *Dej.*	*Ile de France.*
Corticalis. *Fabr.*	*Nov. Holland.*

64

COPTODERA. *Dejean.*

Crucifera. *Dej.*	*Senegal.*
Festiva. *Dej.*	*Cuba.*
Signata. *Dej.*	*Amer. bor.*
Depressa. *Klug.*	*Brasilia.*
Emarginata. *Dej.*	id.
Gagatina. *Dej.*	id.
Ærata. *Knoch.*	*Amer. bor.*
Picea. *Mannerheim.*	*Brasilia.*
Quadripustulata. *Klug.*	id.
Gilvipes. *Eschsch.*	*Ins. Philipp.*

10

ORTHOGONIUS. *Dejean.*

Curvipes. *Dejean.*	*Senegal.*
Duplicatus. *Wiedemann.*	*India or.*
Alternans. *Wiedemann.*	*Java.*
Acrogonus. *Wiedemann.*	id.
Femoratus. *Dej.*	id.
Senegalensis. *Dej.*	*Senegal.*
{ Brevithorax. *Schönherr.*	*Sierra-Leona.*
{ *Abdominalis? Fabr.*	id.

7

HELLUO. *Bonelli.*

Grandis. *Dej.*	*Senegal.*

Hirtus. *Fabr.*	*India or.*
Tristis. Leach.	id.

(Omphra.)

Cayennensis. *Dej.*	*Cayennæ.*
Labrosus. *Schönherr.*	*Sierra-Leona.*

(Aspistomus.)

Bimaculatus. *Dej.*	*Senegal.*
Tripustulatus. *Dej. Fabr ?*	*Java.*

(Brachinus.)

Impictus. *Wiedemann.*	id.
Brevicollis. *Dej.*	*Cayennæ.*
Lacordairei. *Dej.*	*Tucuman.*
Brasiliensis. *Dej.*	*Brasilia.*
Femoratus. *Dej.*	*Tucuman.*
Clairvillei. *Escher.*	*Amer. bor.*
Præustus. *Dej.*	id.
Laticornis. *Dej.*	id.
Nigripennis. *Dej.*	id.
Pygmæus. *Dej.*	id.

16

APTINUS. *Bonelli.*

Senegalensis. *Dej.*	*Senegal.*
Nigripennis. *Fabr.*	*Cap. Bon. Sp.*
Fastigiatus. Oliv.	id.
Ballista. *Illiger.*	*Hispania.*
Displosor. Dufour.	id.
Mutilatus. *Fabr.*	*Austria.*
Atratus. *Ziegler.*	id.
Alpinus. *Dej.*	*Gal. alp.*
Pyrenæus. *Dej.*	*Pyren. orient.*
Italicus. *Dej.*	*Italia.*
Sulcipennis. Dahl.	id.
Jaculans. *Illiger.*	*Hispania.*
Bellicosus. Dufour.	id.
Angustatus. *Dej.*	*Tanger.*
Capicola. *Dej.*	*Cap. Bon. Sp.*
Costatus. *Dej.*	id.
Infuscatus. *Dej.*	id.
Pygmæus. *Dej.*	*Tanger.*
Ferrugineus. Sturm.	id.
Janthinipennis. *Dej.*	*Amer. bor.*

15

BRACHINUS. *Weber.*

Jurinei. *Dej.*	*Senegal.*
Bimaculatus. *Fabr.*	*India or.*
Discicollis. *Dej.*	id.
Catoirei. *Dej.*	id.
Affinis. *Dej.*	id.
Verticalis. *Dej.*	*Nov. Holland.*
Chamissoni. Mac Leay.	id.
Africanus. *Leach.*	*Barbaria.*
Lyoni. Mac Leay.	id.
Hispanicus. *Kollar.*	*Hisp. merid.*
Litigiosus. *Dej.*	*Senegal.*
Ambiguus. *Dej.*	*Ins. Philippin.*
Javanus. *Dej.*	*Java.*
Fuscicollis. *Dej.*	id.
Interruptus. *Dej.*	id.
Fumigatus. *Dej.*	*Ins. Philippin.*
Sobrinus. *Dej.*	*India or.*
Parallelus. *Dej.*	*Senegal.*
Marginatus. *Dej.*	*Guinea.*
Madagascariensis. *Dej.*	*Madagascar.*
Goudotii. *Dej.*	id.
Marginalis. *Schönherr.*	*India or.*
Beauvoisi. *Dej.*	*Guinea.*
Complanatus. *Fabr.*	*Cayennæ.*
Planus. Oliv.	id.
Distinctus. *Dej.*	*Amer. æquin.*
Nobilis. *Dej.*	*Dongola.*
Maculatus. Schüppel.	id.
Sericeus. *Dej.*	*Senegal.*
Connectus. *Dej.*	id.
Sexmaculatus. *Leach.*	*India or.*
Armiger. *Klug.*	*Cap. Bon. Sp.*
Lætus. *Dej.*	*Senegal.*
Jucundus. *Dej.*	id.
Quadrimaculatus. *Dej.*	id.
Equestris. *Dej.*	id.
Aulicus. *Dej.*	id

{ Causticus. *Latr.*	*Gal. merid.*
{ *Humeralis. Ahrens.*	id.
Dorsalis. *Dej.*	*Senegal.*
Posticus. *Dej.*	id.
Longipalpis. *Wiedemann.*	*India or.*
Ruficeps. *Fabr.*	*Cap. Bon. Sp.*
Subcostatus. *Dej.*	id.
Marginellus. *Dej.*	*Buen.-Ayres.*
Alternans. *Dej.*	*Amer. bor.*
Fuscicornis. *Dej.*	*Buen.-Ayres.*
Pallipes. *Dej.*	id.
Vicinus. *Dej.*	id.
Lateralis. *Dej.*	*Amer. bor.*
Quadripennis. *Dej.*	id.
Librator. *Dej.*	id.
Fumans. *Fabr.*	id.
Viridipennis. *Dej.*	id.
Perplexus. *Dej.*	id.
Conformis. *Dej.*	id.
Cordicollis. *Dej.*	id.
Cephalotes. *Dej.*	id.
Geniculatus. *Dej.*	*Carthagena.*
Lebasii. *Dej. nov. sp.*	id.
Mexicanus. *Dej.*	*Mexico.*
Fuscipennis. *Dej.*	*Cap. Bon. Sp.*
Nigricornis. *Gebler.*	*Sibiria.*
Crepitans. *Fabr.*	*P.*
Etslans. *Hoffmansegg.*	*Lusitania.*
Græcus. *Dej.*	*Græcia.*
{ Immaculicornis. *Dej.*	*Gal. merid.*
{ *Pectoralis. Ziegler.*	*Italia.*
Explodens. *Duftsch.*	*P.*
{ Glabratus. *Bonelli.*	*Gal. merid.*
{ *Strepitans? Duftsch.*	*Austria.*
Oblongus. *Dej.*	*Ægyp.*
Psophia. *Sanvitale.*	*Gal. merid.*
Bombarda. *Illiger.*	id.
{ Sclopeta. *Fabr.*	*P.*
{ Var. *Suturalis. Dej. Cat.*	*Hispania.*
Bayardi. *Solier.*	*Græcia.*
Bipustulatus. *Stéven.*	*Russia merid.*
{ Quadripustulatus. *Dej.*	*Russia merid.*
{ *Quadrimaculatus. Eschsch.*	id.
Eversmanni. *Mannerh. nov. sp.*	id.
Exhalans. *Rossi.*	*Gal. mérid.*
Caspicus. *Godet.*	*Russia merid.*
Cruciatus. *Stéven.*	id.
Thermarum. *Stéven.*	id.
Pulchellus. *Dej.*	*India or.*

77

CORSYRA. *Stéven.*

Fusula. *Fischer.*	*Sibiria.*

1

DREPANUS. *Illiger.*

{ Lecontei. *Dej.*	*Amer. bor.*
{ *Excrucians? Kirby.*	id.
Lacordairei. *Dej.*	*Brasilia.*

2

DYSCOLUS. *Dejean.*

Memnonius. *Schönherr.*	*Amer. ins.*
Brunneus. *Dej.*	id.
Chalcopterus. *Dej. nov. sp.*	*Mexico.*
Æneipennis. *Dej.*	*Java.*

4

PROMECOPTERA. *Dejean.*

Marginalis. *Wiedemann.*	*India or.*

1

THYREOPTERUS. *Dejean.*

{ Flavosignatus. *Dejean.*	*Senegal.*
{ *Signatus. Schönherr.*	*Sierra-Leona.*
Tetrasemus. *Dalman.*	*Java.*
Undulatus. *Dej.*	*Senegal.*
{ Subappendiculatus. *Dej.*	*Ile de France.*
{ *Marginalis. Latr.*	id.

4

CATASCOPUS. *Kirby.*

Æquatus. *Dej.* — *Ins. Philippin.*
Viridis. Eschsch. — id.
Facialis. *Wiedemann.* — *India or.*
Hardwickii. Kirby. — id.
Elegans? Fabr. — id.
Senegalensis. *Dej.* — *Senegal.*
Smaragdulus. *Dej.* — *Java.*
Brasiliensis. *Dej.* — *Brasilia.*

5

EUCHEILA. *Dejean.*

Flavilabris. *Dej.* — *Brasilia.*

1

GRAPHIPTERUS. *Latreille.*

Variegatus. *Fabr.* — *Ægyp.*
Multiguttatus. *Latr.* — id.
Luctuosus. *Dej.* — *Barbaria.*
Multiguttatus? Oliv. — id.
Barthelemyi. *Solier.* — id.
Minutus. *Dej.* — *Ægypt.*
Cicindeloides. *Fabr.* — *Cap. Bon. Sp.*
Exclamationis. *Fabr.* — *Barbaria.*
Ancora. *Klug.* — *Cap. Bon. Sp.*
Cordiger. *Klug.* — id.
Trilineatus. *Fabr.* — id.
Vittatus. *Klug.* — id.
Senegalensis. *Dej.* — *Senegal.*
Obsoletus. Oliv. — id.
Obsoletus. *Fabr.* — *Cap. Bon. Sp.*
Incanus. *Klug.* — id.
Vestitus. *Dej.* — id.

15

ANTHIA. *Weber.*

Maxillosa. *Fabr.* — *Cap. Bon. Sp.*
♀. *Agilis. Thunberg.* — id.
Thoracica. *Fabr.* — id.
♀. *Fimbriata. Oliv.* — id.
Sexguttata. *Fabr.* — *India or.*
Venator. *Fabr.* — *Barbaria.*
Cursor. Oliv. — id.
Nimrod. *Fabr.* — *Senegal.*
Errans. Oliv. — id.
Sulcata. *Fabr.* — id.
Var. *Angustata. Dej. Cat.* — id.
Sexmaculata. *Fabr.* — *Barbaria.*
Marginata. *Klug.* — *Nubia.*
Duodecimguttata. *Bonelli.* — *Arabia.*
Decemguttata. *Fabr.* — *Cap. Bon. Sp.*
Var. *Quadriguttata. Fabr.* — id.
Elongata. Oliv. — id.
Alboguttata. Schönherr. — id.
Lævicollis. Schönherr. — id.
Villosa. *Thunberg.* — id.
Biguttata. *Bonelli.* — id.
Limbata. *Dej.* — id.
Sexnotata. *Schönherr.* — id.
Depressa. Klug. — id.
Tabida. *Fabr.* — id.
Macilenta. *Oliv.* — id.
Gracilis. *Dej.* — id.
Clathrata. Klug. — id.

17

ENCELADUS. *Bonelli.*

Gigas. *Latr.* — *Amer. æquin.*
Lævigatus. *Fabr.* — id.

2

SIAGONA. *Latreille.*

Rufipes. *Fabr.* — *Barbaria.*
Jenissonii. *Dej.* — id.
Fuscipes. *Bonelli.* — *Ægypt.*
Brunnipes. *Dej.* — *Nubia.*
Atrata. *Dej.* — *India or.*
Senegalensis. *Dej.* — *Senegal.*
Europæa. *Dej.* — *Sicilia.*
Oberleitneri. *Parreyss.* — *Græcia.*

Depressa. *Fabr.*	*India or.*
Plana. Bonelli.	id.
Hirta. Sturm.	id.
Flesus. *Fabr.*	id.
Dorsalis. *Dej.*	*Senegal.*

11

COSCINIA. *Dejean.*

Schüppelii. *Dej.*	*Ægypt.*
Fasciata. *Dej.*	*Senegal.*
Basalis. *Dej.*	id.

3

MELÆNUS. *Dejean.*

Elegans. *Dej.*	*Senegal.*

1

SCARITES. *Fabricius.*

Pyracmon. *Bonelli.*	*Gal. merid.*
Gigas. Oliv.	id.
Bucida. *Pallas.*	*Russia merid.*
Polyphemus. *Hoffmansegg.*	*Hisp. merid.*
Guineensis. *Dupont.*	*Senegal.*
Striatus. *Dej.*	*Barbaria.*
Procerus. *Klug.*	*Nubia.*
Herbstii. *Dej.*	*Cap. Bon. Sp.*
Polyphemus. Herbst.	id.
Exaratus. *Höffmansegg.*	id.
Rugosus. *Wiedemann.*	id.
Excavatus. *Kirby.*	*Brasilia.*
Exculptus. Mac Leay.	id.
Sulcatus. *Oliv.*	*N.....*
Carinatus. *Dej.*	*Brasilia.*
Planatus. *Dej.*	id.
Rugicollis. *Dej.*	id.
Lævicollis. *Dej.*	id.
Marginesulcatus. *Dej. nov. sp.*	*N.....*
Abbreviatus. *Kollar.*	*Maderæ.*
Politus. *Wiedemann.*	*Cap. Bon. Sp.*
Lævis. *Dej.*	id.
Boisduvalii. *Dej. nov. sp.*	*N.....*
Parallelus. *Dej.*	*Java.*
Saxicola. *Bonelli.*	*Ægypt.*
Cayennensis. *Dej.*	*Cayennæ.*
Occidentalis. Drapiez.	id.
Eurytus. *Fischer. nov. sp.*	*Russia merid.*
Salinus. *Pallas.*	id.
Sabuleti. *Stéven. nov. sp.*	id.
Hespericus. *Dej.*	*Hisp. merid.*
Senegalensis. *Dej.*	*Senegal.*
Perplexus. *Dej.*	id.
Madagascariensis. *Dej.*	*Madagascar.*
Bengalensis. *Dej.*	*Ind. or.*
Barbarus. *Dej.*	*Barbaria.*
Caffer. *Dej.*	*Cap. Bon. Sp.*
Rugiceps. *Wiedemann.*	id.
Quadratus. *Fabr.*	*Guinea.*
Tenebricosus. *Dej.*	*Senegal.*
Subsulcatus. *Dej.*	*Brasilia.*
Corvinus. *Dej.*	id.
Melanarius. *Dej.*	id.
Anthracinus. *Dej.*	*Buen.-Ayres.*
Subcostatus. Klug.	id.
Octopunctatus. *Dej.*	*Cayennæ.*
Quadripunctatus. *Dej.*	*Senegal.*
Subterraneus. *Fabr.*	*Amer. bor.*
Picicornis. Sturm.	id.
Lusitanicus. Dej. Cat.	id.
Mancus. *Bonelli.*	*India or.*
Indus. *Oliv.*	id.
Gagatinus. *Dej.*	*Senegal.*
Picicornis. *Megerle.*	*N.....*
Lacordairei. *Dej.*	*Cayennæ.*
Planus. *Bonelli.*	*Gal. merid.*
Nitidus. Dahl.	*Sicilia.*
Arenarius. *Bonelli.*	*Gal. merid.*
Volgensis. Stéven.	*Russia merid.*
Terricola. *Bonelli.*	*Gal. merid.*
Lævigatus. *Fabr.*	id.
Sabulosus. *Oliv.*	id.
Unipunctatus. Sturm.	id.
Var. *Telonensis. Bonelli.*	id.

Peruvianus. *Dej.* — *Peruvio.*
Morio. *Dej.* — *Brasilia.*
Capicola. *Dej.* — *Cap. Bon. Sp.*
Lateralis. *Dej.* — *India or.*
Languidus. *Wiedemann.* — *Cap. Bon. Sp.*
Rotundipennis. *Dej.* — id.
58

ACANTHOSCELIS. *Latreille.*

Ruficornis. *Fabricius.* — *Cap. Bon. Sp.*
1

SCAPTERUS. *Dejean.*

Guerini. *Dej.* — *India or.*
1

PASIMACHUS. *Bonelli.*

Depressus. *Fabr.* — *Amer. bor.*
Subsulcatus. *Say.* — id.
Marginatus. *Fabr.* — id.
Sulcatus. Mac Leay. — id.
Sublævis. *P. B.* — id.
4

OXYSTOMUS. *Latreille.*

Cylindricus. *Dej.* — *Brasilia.*
1

OXYGNATHUS. *Dejean.*

Elongatus. *Wiedemann.* — *India or.*
1

CAMPTODONTUS. *Dejean.*

Cayennensis. *Dej.* — *Cayennæ.*
1

CLIVINA. *Latreille.*

Mandibularis. *Dej.* — *Senegal.*
Grandis. *Dej.* — id.
Angustata. *Dej.* — *Senegal.*
Senegalensis. *Dej.* — id.
Sobrina. *Dej.* — id.
Arenaria. *Fabr.* — *P.*
Fossor. Linné. — id.
Var. *Collaris. Herbst.* — *German.*
Discipennis. Megerle. — *Austria.*
Sanguinea. Leach. — *Anglia.*
Gibbicollis. Megerle. — *Austria.*
Ypsilon. *Godet.* — *Russia merid.*
Memnonia. *Dalman.* — *Java.*
Lobata. *Bonelli.* — *India or.*
Dentipes. *Dej.* — *Amer. bor.*
Picipes. *Bonelli.* — *America.*
Mexicana. *Dej. nov. sp.* — *Mexico.*
Bipustulata. *Fabr.* — *Amer. bor.*
Quadrimaculata. P. B. — id.
Lebasii. *Dej. nov. sp.* — *Carthagena.*
Americana. *Dej.* — *Amer. bor.*
Rufescens. *Dej.* — id.
Striatopunctata. *Dej.* — id.
Crenata. *Dej.* — id.
Morio. *Dej.* — id.
Cayennensis. *Dej. nov. sp.* — *Cayennæ.*
Intermedia. *Dej.* — *Buenos-Ayres.*
Rostrata. *Dej.* — *Amer. bor.*
Viridis. Say. — id.
Puncticollis. *Dej.* — id.
Semipunctata. *Klug.* — *Buenos-Ayres.*
Flavipes. *Eschsch.* — *Brasilia.*
Pallipes. *Dej.* — *Carthagena.*
Arctica. *Paykull.* — *Lapponia.*
Nitida. *Dej.* — *P.*
Thoracica. Dej. Cat. — id.
Strumosa? Hoffmansegg. — *Russia merid.*
Polita. *Dej.* — *P.*
Cylindrica. *Dej.* — *Gal. merid.*
Ænea. *Ziegler.* — *Gallia.*
Obscura? Salberg. — *Finlandia.*
Striata? Schönherr. — *Suecia.*
Punctata. *Dej.* — *P.*

Pumila. *Dej.* — *Amer. bor.*
{ Pusilla. *Dej.* — *Russia merid.*
{ *Ænea. Stéven.* — id.
Fulvipes. *Dej.* — *Hispania.*
Thoracica. *Dej.* — *Suecia.*
Sphæricollis. *Say.* — *Amer. bor.*
Digitata. *Dej.* — *Styria.*
Globulosa. *Say.* — *Amer. bor.*
Semistriata. *Dej.* — *Gallia.*
Rufipes. *Megerle.* — *Austria.*
Gibba. *Fabr.* — *P.*
Hæmorrhoidalis. *Dej.* — *Amer. bor.*
Pallipennis. *Say.* — id.

44

MORIO. *Latreille.*

{ Monilicornis. *Latreille.* — *Amer. bor.*
{ *Georgiæ. P. B.* — id.
{ *Cayennensis. Dej. Cat.* — *Cayennæ.*
{ Simplex. *Dej.* — id.
{ *Bifemoratus. Klug.* — *Brasilia.*
Brasiliensis. *Dej.* — id.
Orientalis. *Dej.* — *Java.*
Pygmæus. *Dej.* — *Amer. bor.*

5

OZÆNA. *Olivier.*

Rogerii. *Dej.* — *Cayennæ.*
Brunnea. *Dej.* — id.
Lævigata. *Dej.* — *Brasilia.*
Castanea. *Dej.* — *Carthagena.*
Granulata. *Dej.* — id.
Gyllenhalii. *Dej.* — *Amer. ins.*

6

CARTERUS. *Dejean.*

Interceptus. *Hoffmansegg.* — *Lusitania.*

1

DITOMUS. *Bonelli.*

Calydonius. *Fabr.* — *Gall. merid.*
{ Cornutus. *Dej.* — *Hispania.*
{ *Tricornis. Dahl.* — *Sardinia.*
Cordatus. *Dej.* — *Hispania.*
{ Dama. *Rossi.* — *Italia.*
{ *Gilvipes. Parreyss.* — *Corfou.*
{ Pilosus. *Illiger.* — *Hispania.*
{ *Ruficornis. Sturm.* — *Tanger.*
Fulvipes. *Latr.* — *Gallia.*
{ Tomentosus. *Dej.* — *Barbaria.*
{ *Hirticollis. Dalman.* — id.
{ Caucasicus. *Dej.* — *Russia merid.*
{ *Longicornis. Stéven.* — id.
Cephalotes. *Dej.* — *Tanger.*
{ Distinctus. *Dej.* — *Hispania.*
{ *Inermis. Ziegler.* — *Sardinia.*
Robustus. *Parreyss.* — *Græcia.*
Cyaneus. *Olivier.* — id.
Capito. *Illiger.* — *Gal. merid.*
Obscurus. *Stéven.* — *Russia merid.*
{ Sulcatus. *Fabr.* — *Gal. merid.*
{ *Bucephalus. Olivier.* — id.
{ *Clypeatus. Rossi.* — *Italia.*
{ Var. *Affinis. Dej. Cat.* — *Dalmatia.*
Eremita. *Stéven.* — *Russia merid.*
Nitidulus. *Stéven.* — id.
Sphærocephalus. *Olivier.* — *Gal. merid.*

18

APOTOMUS. *Hoffmansegg.*

Rufus. *Olivier.* — *Gal. merid.*
Testaceus. *Dej.* — *Russia merid.*

2

CYCHRUS. *Fabricius.*

Angustatus. *Hoppe.* — *Carinthia.*
{ Italicus. *Bonelli.* — *Italia.*
{ *Rostratus. Petagna.* — id.
{ Elongatus. *Dej.* — *Styria.*
{ *Subcarinatus. Megerle.* — *Carniolia.*
{ *Alutaceus. Sturm.* — *Hungaria.*

Rostratus. *Fabr.*	*Gallia.*
Var. *Angustatus. Dahl.*	*Austria.*
Simplex. Megerle.	id.
Granosus. Megerle.	id.
Semigranosus. *Dahl.*	*Hungaria.*
Attenuatus. *Fabr.*	*Gallia.*
Proboscideus. Oliv.	id.
Æneus. *Stéven.*	*Russia merid.*
Angusticollis. *Fischer.*	*Am. bor. occid.*
Debilis. Eschsch.	id.
Marginatus. *Eschsch.*	*Ounalaschka.*
Ventricosus. *Eschsch.*	*California.*
Viduus. *Say.*	*Amer. bor.*
Unicolor. Knoch.	id.

11

SPHÆRODERUS. *Dejean.*

Lecontei. *Dej.*	*Amer. bor.*
Stenostomus. *Weber.*	id.
Bilobus. *Say.*	id.

3

SCAPHINOTUS. *Latreille.*

Elevatus. *Fabr.*	*Amer. bor.*

1

PAMBORUS. *Latreille.*

Alternans. *Latr.*	*Nov. Holland.*

1

TEFFLUS. *Leach.*

Megerlei. *Fabr.*	*Senegal.*

1

PROCERUS. *Megerle.*

Scabrosus. *Fabr.*	*Carniolia.*
Gigas. Kreutzer.	id.
Duponchelii. *Dej.*	*Græcia.*
Olivieri. *Dej.*	*Constantinop.*
Scabrosus. Oliv.	id.
Tauricus. *Pallas.*	*Russia merid.*
Caucasicus. *Adams.*	id.

5

PROCRUSTES. *Bonelli.*

Coriaceus. *Fabr.*	*P.*
Spretus. *Dej.*	*Dalmatia.*
Bannaticus. Dahl.	*Hungaria.*
Rugosus. *Dej.*	*Dalmatia.*
Foudrasii. *Solier.*	*Græcia.*
Græcus. *Parreyss.*	id.
Cerisyi. *Dej.*	id.
Var. *Mongenetii. Dupont.*	id.
Banonii. *Dupont.*	id.

7

CARABUS. *Linné.*

Cælatus. *Fabr.*	*Carniolia.*
Dalmatinus. *Megerle.*	*Dalmatia.*
Croaticus. *Dej.*	*Croatia.*
Carniolicus. Schmidt.	*Carniolia.*
Illigeri. *Dej.*	*Croatia.*
Kollari. *Dahl.*	*Hungaria.*
Scheidleri. *Fabr.*	*Austria.*
Var. *Purpuratus. Sturm.*	id.
Virens. Sturm.	*Hungaria.*
Æneipennis. Sturm.	id.
Preyssleri. *Duftsch.*	*Austria.*
Rothii. *Kollar.*	*Transylvania.*
Excellens. *Fabr.*	*Podolia.*
Goldeggii. Megerle.	id.
Erythromerus. *Stéven.*	*Russia merid.*
Estreicheri. *Besser.*	*Podolia.*
Var. *Adoxus. Stéven.*	*Russia merid.*
Modestus. Fischer.	id.
Scabriusculus. *Oliv.*	*Hungaria.*
Agrestis. Creutzer.	id.
Var. *Erythropus. Ziegler.*	*Volhynia.*
Lippii. *Dahl.*	*Hungaria.*
Mannerheimii. *Fischer.*	*Sibiria.*
Sahlbergi. *Mannerheim.*	id.
Hemingii. *Fischer.*	id.
Leachii. *Gebler.*	id.

3

Regalis. *Bæber.*	*Sibiria.*
Var. *Cyanicollis. Stéven.*	id.
Cuprinus. Bæber.	id.
Jenissonii. Faldermann.	id.
Hermanni. *Mannerheim.*	id.
Æruginosus. *Bæber.*	id.
Var. *Cæreus. Bæber.*	id.
Virgatus. Bæber.	id.
Langsdorfi. Stéven.	id.
Æreus. *Bæber.*	id.
Eschscholtzii. *Mannerheim.*	id.
Panzeri. *Dej.*	id.
Regalis. var. Gebler.	id.
Burnaschevii. *Gebler.*	id.
Hummelii. Fischer.	id.
Maurus. *Adams.*	id.
Kruberi. *Fischer.*	id.
Mac Leayi. *Fischer.*	id.
Vietinghovii. *Adams.*	id.
Faminii. *Dej.*	*Sicilia.*
Klugii. Dahl.	id.
Alyssidotus. *Illiger.*	*Italia.*
Zoubkoffii. Dahl.	id.
Ramburi. *Dej. nov. sp.*	*Corsica.*
Mollii. *Sturm.*	*Carinthia.*
Carinthiacus. Dahl.	id.
Rossii. *Bonelli.*	*Italia.*
Rugulosus. Dahl.	id.
Heegerii. Parreyss.	id.
Beauvoisi. *Dej.*	*Amer. bor.*
Catenulatus. *Fabr.*	*P.*
Intricatus. Oliv.	id.
Var. *Harcyniæ. Sturm.*	*German.*
Cyanescens. Sturm.	*P.*
Ausonius. Ziegler.	*Styria.*
Duponchelii. Dej. Cat.	*Gal. merid.*
Herbstii. *Dej.*	*Croatia.*
Catenatus. *Panzer.*	*Carniolia.*
Dufourii. *Dej.*	*Hisp. merid.*
Parreyssii. *Kollar.*	*Croatia.*

Hohlbergii. *Manner. nov. sp.*	*Russia merid.*
Bohemannii. *Manner. nov. sp.*	id.
Monilis. *Fabr.*	*P.*
Catenulatus. Oliv.	id.
Var. *Affinis. Panzer.*	*German.*
Consitus. Panzer.	*P.*
Granulatus. Oliv.	id.
Morbillosus. Latreille.	id.
Conciliator. *Fischer.*	*Sibiria.*
Arvensis. *Fabr.*	*German.*
Rupicola. Jurine.	*Helvetia.*
Var. *Pomeranus. Oliv.*	*German.*
Sylvaticus. Dej. Cat.	*Gallia.*
Æreus. Ziegler.	*Styria.*
Schrickellii. Dej. Cat.	*German.*
Vinculatus. Mannerheim.	*Sibiria.*
Faldermanni. *Mannerheim.*	id.
Lineatopunctatus. *Dej.*	*Amer. bor.*
Serratus. Say.	id.
Catenatus. Melsheimer.	id.
Concatenatus. Klug.	id.
Goryi. *Dej.*	id.
Vinctus. *Weber.*	id.
Interruptus. Say.	id.
Granulatus. Melsheimer.	id.
Carinatus. *Dej.*	id.
Ligatus. Knoch.	id.
Varians. *Stéven.*	*Russia merid.*
Cumanus. *Stéven.*	id.
Campestris? Adams.	id.
Bilbergi. *Mannerheim.*	*Sibiria.*
Euchromus. *Palliardi.*	*Hungaria.*
Montivagus. *Palliardi.*	id.
Interruptus. *Latr.*	*Maderæ.*
Vagans. *Oliv.*	*Gal. merid.*
Italicus. *Dej.*	*Italia.*
Vagans. Bonelli.	id.
Gebleri. *Fischer.*	*Sibiria.*
Castillianus. *Dej.*	*Hispania.*
Macrocephalus. *Dej.*	id.

Lusitanicus. *Fabr.*	*Lusitan.*
Antiquus. *Dej.*	*Hispania.*
Latus. *Dej.*	id.
Complanatus. *Dej.*	id.
Brevis. *Dej.*	id.
Helluo. *Bonelli.*	id.
Alternans. *B. L.*	*Sicilia.*
Celtibericus. *Illiger.*	*Lusitan.*
Taganus. Schneider.	id.
Barbarus. *Dej.*	*Barbaria.*
Cancellatus. *Illiger.*	*Gallia.*
Granulatus. Fabr.	id.
Var. *Merlachii. Dahl.*	*Hungaria.*
Tuberculatus. Megerle.	*Germ. bor.*
Excisus. Megerle.	*Austria.*
Nigricornis. Ziegler.	*Styria.*
Sopronieńsis. Oeskay.	*Hungaria.*
Fusus. Palliardi.	*Helvetia.*
Sciticus. Kollar.	*Hungaria.*
Emarginatus. *Duftsch.*	*Carniolia.*
Graniger. *Dahl.*	*Hungaria.*
Var. *Mœstus. Sturm.*	id.
Intermedius. *Dej.*	*Dalmatia.*
Morbillosus. *Panzer.*	*German.*
Var. *Ullrichii. Ziegler.*	*Austria.*
Fastuosus. Dahl.	*Hungaria.*
Palustris. *Eschsch.*	*Kamtschatka.*
Tuberculosus. *Gebler.*	*Sibiria.*
Tuberculatus. Fischer.	id.
Mæander. *Fischer.*	id.
Granulatus. *Linné.*	*Gallia.*
Cancellatus. Fabr.	id.
Var. *Interstitialis. Duftsch.*	*Carinthia.*
Palustris. Dahl.	*Italia.*
Menetriesii. *Faldermann.*	*Russia bor.*
Clathratus. *Fabr.*	*Gal. merid.*
Nodulosus. *Fabr.*	*German.*
Variolosus. Fabr.	id.
Smaragdinus. *Fischer.*	*Sibiria.*
Auratus. *Fabr.*	*P.*
Var. *Honnoratii. Banon.*	*Gal. merid.*

Lotharingus. *Dej.*	*Gal. merid.*
Punctatoauratus. *Dej.*	*Pyren. or.*
Farinesi. *Dej.*	id.
Festivus. *Dej.*	*Gal. merid.*
Escherii. *Dahl.*	*Hungaria.*
Lineatus. *Dej.*	*Hispania.*
Auronitens. *Fabr.*	*Gallia.*
Solieri. *Dej.*	*Gal. merid.*
Nitens. *Fabr.*	*Gal. bor.*
Canaliculatus. *Adams.*	*Sibiria.*
Melancholicus. *Fabr.*	*Hispania.*
Costatus. Hoffmansegg.	id.
Exaratus. *Stéven.*	*Russia merid.*
Dejeanii. *Stéven.*	id.
Var. *Gyllenhalii. Fischer.*	id.
Purpurascens. *Fabr.*	*P.*
Var. *Crenatus. Sturm.*	*Gallia.*
Imperialis. *Gebler.*	*Sibiria.*
Schönherri. *Fischer.*	id.
Stæhlini. *Adams.*	*Russia merid.*
Strigosus. Bœber.	id.
Exasperatus. *Duftsch.*	*Gal. orient.*
Azurescens. *Ziegler.*	*Croatia.*
Germarii. *Sturm.*	*Carniolia.*
Var. *Candisatus. Duftsch.*	*Styria.*
Carbonatus. Ziegler.	*Hungaria.*
Violaceus. *Fabr.*	*German.*
Var. *Glabrellus. Megerle.*	*Austria.*
Volffii. Dahl.	*Hungaria.*
Andrzejuscii. Fischer.	*Volhynia.*
Aurolimbatus. *Mannerheim.*	*Russia.*
Neesii. *Sturm.*	*Carinthia.*
Candisatus. Dej. Cat.	id.
Var. *Lævigatus. Dej. Cat.*	*Styria.*
Marginalis. *Fabr.*	*Sibiria.*
Chrysochlorus. Fischer.	id.
Glabratus. *Fabr.*	*German.*
Calleyi. *Fischer. nov. sp.*	*Russia merid.*
Hemprichii. *Klug.*	*Syria.*
Cribratus. *Bœber.*	*Russia merid.*
Foveolatus. Adams.	id.

Perforatus. *Fischer.*	*Russia merid.*
Thoracicus. Gebler.	*Sibiria.*
Mingens. *Stéven.*	*Russia merid.*
Mœotis. Stéven.	id.
Vomax. *Schönherr.*	id.
Gastridulus. Fischer.	id.
Hungaricus. *Fabr.*	*Hungaria.*
Græcus. *Dej.*	*Græcia.*
Tamsii. *Ménétries. nov. sp.*	*Russia merid.*
Trojanus. *Dej.*	*Oriente.*
Bessarabicus. *Stéven.*	*Russia merid.*
Concretus. Fischer.	id.
Nomas. Hoffmansegg.	id.
Platyscelis. Fischer.	id.
Fossulatus. *Dej.*	id.
Perforatus. Henning.	id.
Hæres? Fischer.	id.
Besseri. var. Godet.	id.
Bosphoranus. *Stéven.*	id.
Sibiricus. *Bœber.*	*Sibiria.*
Æmulus. Fischer.	id.
Obsoletus. *Fischer.*	id.
Var. *Obliteratus. Fischer.*	id.
Sylvosus. *Say.*	*Amer. bor.*
Milberti. Dej.	id.
Lherminieri. *Dej.*	id.
Besseri. *Ziegler.*	*Podolia.*
Campestris. *Stéven.*	*Russia merid.*
Pallasii. Schönherr.	id.
Var. *Perrini. Faldermann.*	id.
Hortensis. *Fabr.*	*P.*
Nemoralis. Illiger.	id.
Monticola. *Dej.*	*Gal. merid.*
Dilatatus. *Ziegler.*	*Illyria.*
Illyricus. Sturm.	id.
Funkii. Hoppe.	id.
Convexus. *Fabr.*	*P.*
Var. *Tristis. Gebler.*	*Sibiria.*
Striolatus. Stéven.	*Russia merid.*
Simplicipennis. Ziegler.	*Silesia.*
Hornschuchii. *Hoppe.*	*Carinthia.*
Groenlandicus. *Dej.*	*Groenland.*
Chamissonis. *Eschsch.*	*Ounalaschka.*
Comptus. *Frivaldjski.*	*Hungaria.*
Vladsimirskyi. *Mannerheim.*	*Sibiria.*
Preslii. *Parreyss.*	*Græcia.*
Gemmatus. *Fabr.*	*German.*
Hortensis. Linné.	id.
Hoppii. *Sturm.*	*Carinthia.*
Var. *Alpestris. Ziegler.*	*Styria.*
Sylvestris. *Fabr.*	*German.*
Arvensis. Oliv.	id.
Nivosus. Lasserre.	*Helvetia.*
Var. *Transylvanicus. Kollar.*	*Transylvania.*
Alpinus. *Bonelli.*	*Helvetia.*
Conspicuus. Sturm.	*Italia.*
Baccivorus. *Eschsch.*	*Ounalaschka.*
Latreillei. *Bonelli.*	*Helvetia.*
Loschnikovii. *Gebler.*	*Sibiria.*
Riedelii. *Ménétries. nov. sp.*	*Russia merid.*
Linnei. *Megerle.*	*Hungaria.*
Var. *Scopolii. Ziegler.*	*Volhynia.*
Macaieri. Dahl.	*Hungaria.*
Splendens. *Fabr.*	*Pyrenæis.*
Viridis. *Dej.*	*N.....*
Rutilans. *Latreille.*	*Pyren. or.*
Hispanus. *Fabr.*	*Gal. merid.*
Cyaneus. *Fabr.*	*Gallia.*
Lefebvrei. *Dej.*	*Sicilia.*
Creutzeri. *Fabr.*	*Carniolia.*
Depressus. *Bonelli.*	*Helvetia.*
Bonellii. *Sturm.*	*Carinthia.*
Stevenii. *Ménétries. nov. sp.*	*Russia merid.*
Osseticus. *Adams.*	id.
Biebersteinii. *Ménétr. nov. sp.*	id.
Deplanatus. *Stéven.*	id.
Fabricii. *Megerle.*	*Styria.*
Bœberi. *Adams.*	*Russia merid.*
Irregularis. *Fabr.*	*German.*
Pyrenæus. *Dufour.*	*Pyrenæis.*

163

CALOSOMA. *Weber.*

Scrutator. *Fabr.*	*Amer. bor.*
Splendidum. *Mannerheim.*	*S. Domingue.*
Sycophanta. *Fabr.*	*P.*
Inquisitor. *Fabr.*	id.
Olivieri. *Dej.*	*Oriente.*
Luxatum. *Say.*	*Amer. bor.*
Calidum. *Fabr.*	id.
Sayi. *Dej.*	id.
Calidum. Say.	id.
Laterale. *Kirby.*	*Brasilia.*
Bonariense. *Dej.*	*Buen.-Ayres.*
Alternans. *Fabr.*	*Amer. ins.*
Antiquum. *Dej.*	*Tucuman.*
Rugosum. *De Géer.*	*Cap. Bon. Sp.*
Retusum. Dej. Cat.	id.
Var. *Chlorostictum. Klug.*	*Dongola.*
Senegalense. *Dej.*	*Senegal.*
Chinense. *Kirby.*	*China.*
Auropunctatum. *Paykull.*	*Suecia.*
Indagator. Gyllenhal.	*German.*
Sericeum. Illiger.	*Gallia.*
Indagator. *Fabr.*	*Gal. merid.*
Hortense. Rossi.	*Italia.*
Auropunctatum. Rossi.	id.
Sericeum. *Fabr.*	*Russia.*
Investigator. Illiger.	*Germ. bor.*
Var. *Caspium. Fischer.*	*Russia merid.*
Maderæ. *Fabr.*	*Maderæ.*
Vagans. *Eschsch.*	*Chili.*
Glabratum. *Dej.*	*Colombia.*
Rufipenne. *Dej.*	*Peruvio.*
Reticulatum. *Fabr.*	*German.*
Asperatum. *Dej.*	*N.....*
Longipenne. *Dej.*	*Amer. bor.*
Læve. *Dupont.*	*Mexico.*
Anthracinum. *Dej.*	id.
Panderi. *Fischer.*	*Russia merid.*

(Callisthenes.)

28

LEISTUS. *Frœhlich.*

Spinibarbis. *Fabr.*	*P.*
Cœruleus. Latr.	id.
Pallipes. Panzer.	id.
Fulvibarbis. *Hoffmansegg.*	*Gallia.*
Rufibarbis? Fabr.	id.
Rufomarginatus. *Duftsch.*	*Austria.*
Nitidus. *Duftsch.*	*Styria.*
Spinilabris. *Fabr.*	*Gallia.*
Rufescens. Sturm.	id.
Fuscoæneus. Panzer.	id.
Terminatus. *Panzer.*	*German.*
Rufescens. Fabr.	id.
Ferrugineus. *Eschsch.*	*Am. bor. occ.*
Analis. *Fabr.*	*Styria.*
Frœhlichii. Duftsch.	id.
Piceus. Frœhlich.	id.
Crenatus. Dahl.	*Hungaria.*
Angusticollis. *Dej.*	*Hispania.*

9

PTEROLOMA. *Schönherr.*

Forsströmii. *Gyllenhal.*	*Kamtschatka.*
Brunnea. Eschsch.	id.

1

NEBRIA. *Latreille.*

Arenaria. *Fabr.*	*Gal. merid.*
Sabulosa. *Fabr.*	*Austria.*
Livida. Oliv.	id.
Lateralis. *Fabr.*	*Suecia.*
Psammodes. *Rossi.*	*Gal. merid.*
Schreibersii. *Dahl.*	*Sicilia.*
Picicornis. *Fabr.*	*Gal. orient.*
Erythrocephala. Fabr.	id.
Pallipes. *Say.*	*Amer. bor.*
Metallica. *Eschsch.*	*Ounalaschka.*
Gebleri. *Eschsch.*	*Am. bor. occ.*
Catenulata. *Gebler.*	*Sibiria.*
Nitidula. *Fabr.*	*Kamtschatka.*

Ænea. *Gebler.*	*Sibiria.*
Gregaria. *Eschsch.*	*Ounalaschka.*
Mannerheimii. *Eschsch.*	*Am. bor. occ.*
Sahlbergii. *Eschsch.*	id.
{ Brevicollis. *Fabr.*	*P.*
{ Var. *Fuscata. Bonelli.*	*Gal. merid.*
{ *Tamsii. Mannerheim.*	*Russia merid.*
{ Arctica. *Dej.*	*Lapponia.*
{ *Hyperborea. Gyllenhal.*	id.
{ *Besseri. Eschsch.*	*Kamtschatka.*
{ Gyllenhalii. *Schönherr.*	*Suecia.*
{ Var. *Jockischii. Duftsch.*	*Styria.*
{ *Duftschmidii. Dej. Cat.*	id.
{ Nivalis. *Paykull.*	*Lapponia.*
{ *Balbi. Bonelli.*	*Helvetia.*
Heegeri. *Dahl.*	*Hungaria.*
{ Jokischii. *Sturm.*	*Carinthia.*
{ *Gyllenhalii. Duftsch.*	id.
{ Var. *Höpfneri. Dahl.*	*Hungaria.*
Heydenii. *Parreys.*	*Corfou.*
Krateri. *Kollar.*	*Ital. merid.*
Faldermannii. *Ménétr. nov. sp.*	*Russia merid.*
{ Dahlii. *Duftsch.*	*Carinthia.*
{ Var. *Littoralis. Bonelli.*	*Italia.*
{ *Bonellii. Dej.*	*Croatia.*
Tibialis. *Bonelli.*	*Italia.*
Rubripes. *B. L.*	*Gal. orient.*
Olivieri. *Dej.*	*Pyren. or.*
Reichii. *Dahl.*	*Hungaria.*
Laticollis. *Bonelli.*	*Pedemont.*
Lafrenayei.	*Pyrenæis.*
Foudrasii. *Dej.*	*Gal. orient.*
Helwigii. *Panzer.*	*Austria.*
{ Stigmula. *Dej.*	*Styria.*
{ *Helwigii. Duftsch.*	id.
Dejeanii. *Ziegler.*	id.
Transylvanica. *Kollar.*	*Transylvania.*
Picea. *Dej.*	*Helvetia.*
{ Castanea. *Bonelli.*	id.
{ Var. *Concolor. Bonelli.*	id.
{ *Ferruginea. Bonelli.*	id.
{ Brunnea. *Duftsch.*	*Styria.*
{ *Ferruginea. Sturm.*	id.
{ *Castanea. Dej. Cat.*	id.
Atrata. *Dej.*	id.
Caucasica. *Ménétries. nov. sp.*	*Russia merid.*
Angustata. *Dej.*	*Helvetia.*
Angusticollis. *Bonelli.*	id.
Intricata. *Stéven.*	*Russia merid.*
{ Marschallii. *Stéven.*	id.
{ *Bonellii. Adams.*	id.
Dilatata. *Dej.*	*Maderæ.*
Ovalis. *Dej.*	*Brasil. merid.*

47

OMOPHRON. *Latreille.*

Limbatum. *Fabr.*	*P.*
{ Lecontei. *Dej.*	*Amer. bor.*
{ *Flexuosum. Leconte.*	id.
Americanum. *Dej.*	id.
Variegatum. *Oliv.*	*Hispania.*
Tessellatum. *Dej.*	*Ægypt.*
Labiatum. *Fabr.*	*Amer. bor.*
Minutum. *Dej.*	*Senegal.*

7

PELOPHILA. *Dejean.*

{ Borealis. *Fabr.*	*Succia.*
{ Var. *Arctica. Schönherr.*	*Lapponia.*
{ *Eschscholtzii. Sturm.*	*Ounalaschka.*
{ *Dejeanii. Gebler.*	*Sibiria.*
{ *Gebleri. Mannerheim.*	id.
{ *Marginata. Mannerheim.*	*Kamtschatka.*
{ *Elongata. Mannerheim.*	id.

1

BLETHISA. *Bonelli.*

{ Multipunctata. *Fabr.*	*Gallia.*
{ Var. *Aurata. Eschsch.*	*Kamtschatka.*
Eschscholtzii. *Zoubkoff.*	*Russia merid.*
Arctica. *Gyllenhal.*	*Lapponia.*

3

ELAPHRUS. *Fabricius.*

Uliginosus. *Fabr.*	*Gallia.*
Latithorax. Schönherr.	*Suecia.*
Cupreus. *Megerle.*	*German.*
Uliginosus. Gyllenhal.	*Suecia.*
Riparius? Oliv.	*Gallia.*
Arcticus. *Schönherr.*	*Lapponia.*
Splendidus. *Eschsch.*	*Kamtschatka.*
Lapponicus. *Gyllenhal.*	*Lapponia.*
Var. *Elongatus. Eschsch.*	*Kamtschatka.*
Americanus. *Dej.*	*Amer. bor.*
Riparius. *Fabr.*	*P.*
Paludosus. Oliv.	id.
Littoralis. *Megerle.*	*Hungaria.*

8

NOTIOPHILUS. *Duméril.*

Aquaticus. *Fabr.*	*P.*
Var. *Æstuans. Steven.*	*Russia merid.*
Palustris? Dufstch.	*Austria.*
Semistriatus. Say.	*Amer. bor.*
Biguttatus. *Fabr.*	*P.*
Var. *Semipunctatus. Fabr.*	id.
Sylvaticus. Eschsch.	*Am. bor. occ.*
Quadripunctatus. *Dej.*	*P.*
Geminatus. *Dej.*	*Hisp. merid.*

4

METRIUS. *Eschscholtz.*

Contractus. *Eschsch.*	*California.*

1

EURYSOMA. *Oberleitner.*

Fulgidum. *Dej.*	*Brasilia.*
Festivum. *Dej.*	*Tucuman.*
Nitidipenne. *Dej.*	*Brasilia.*

3

PANAGÆUS. *Latreille.*

Tomentosus. *Zool. journ.*	*India or.*
Angulatus? Fabr.	id.
Brevicollis. *Dej.*	*Senegal.*
Microcephalus. *Dej.*	id.
Nobilis. *Klug.*	*Cap. Bon. Sp.*
Reflexus? Fabr.	id.
Australis. *Dej.*	*Nov. Holland.*
Crux major. *Fabr.*	*P.*
Crux. Gyllenhal.	id.
Bipustulatus. Oliv.	id.
Quadripustulatus. *Sturm.*	*Gallia.*
Trimaculatus. *Dej.*	id.
Fasciatus. *Say.*	*Amer. bor.*
Elegans. *Dej.*	*India or.*
Notulatus. Westermann.	id.
Notulatus. *Fabr.*	*Cap. Bon. Sp.*
Cruciatus. *Buquet.*	*Senegal.*
Lætus. *Dej.*	id.
Amabilis. *Dej.*	id.

14

GEOBIUS. *Dejean.*

Pubescens. *Dej.*	*Buenos-Ayres.*

1

LORICERA. *Latreille.*

Pilicornis. *Fabr.*	*P.*
Ænea. Latr.	id.

1

CALLISTUS. *Bonelli.*

Lunatus. *Fabr.*	*P.*
Plateosus. Fourcroy.	id.
Tripustulatus. *Dej.*	*Senegal.*

2

VERTAGUS. *Dejean.*

Buquetii. *Dej.*	*Senegal.*
Schönherri. *Dej.*	*Sierra-Leona.*

2

CHLÆNIUS. *Bonelli.*

Eximius. *Dej.*	*Senegal.*
Jucundus. *Dej.*	id.

Venustulus. *Dej.*	*Senegal.*
Sexmaculatus. *Dej.*	id.
Quadrinotatus. *Dej.*	id.
Transversalis. *Dej.*	id.
Interruptus. Klug.	*Ægypt.*
Dusaultii. *Dufour.*	*Senegal.*
Maculatus. *Dej.*	*India or.*
Quadripustulatus. *Schönherr.*	*Sierra-Leona.*
Myops. *Dej.*	*Senegal.*
Cœcus. *Dej.*	id.
Oculatus? Fabr.	id.
Bimaculatus. *Dej.*	*Java.*
Binotatus. *Dej.*	id.
Vulneratus. *Dej.*	*India or.*
Boisduvalii. *Buquet.*	*Senegal.*
Bisignatus. *Dej.*	*Ile de France.*
Schönherri. *Dej.*	*India or.*
Micans? Fabr.	id.
Parallelus. *Dej.*	id.
Angustatus. Schönherr.	id.
Glabricollis. *Dej.*	*Senegal.*
Conformis. *Dej.*	id.
Sagittarius. *Dej.*	id.
Hamatus. *Eschsch.*	*Ins. Philippin.*
Cruciatus. *Dej.*	*Senegal.*
Senegalensis. *Dej.*	id.
Chalcothorax. *Wiedemann.*	*India or.*
Cinctus. Dej. Cat.	id.
Marginatus. *Dej.*	id.
Limbatus. *Dej.*	id.
Cingulatus. Megerle.	id.
Angustatus. *Dej.*	*Senegal.*
Sulcipennis. *Dej.*	*Nubia.*
Cylindricollis. *Klug.*	*Cap. Bon. Sp.*
Sellatus. *Dej.*	*Senegal.*
Denticulatus. *Dej.*	id.
Dorsalis. *Dej.*	id.
Rufomarginatus. *Dej.*	id.
Cinctus. *Herbst. Fabr.?*	*India or.*
Subsulcatus. *Dej.*	id.

Velutinus. *Duftsch.*	*Gal. merid.*
Cinctus. Oliv.	id.
Marginatus. Rossi.	id.
Zonatus? Panzer.	id.
Var. *Gracilipes. Ullrich.*	*Illyria.*
Festivus. *Fabr.*	*Austria.*
Borgiæ. *Lefebvre.*	*Sicilia.*
Fimbriolatus. Dahl.	*Sardinia.*
Spoliatus. *Fabr.*	*Gal. merid.*
Agrorum. *Oliv.*	*P.*
Nitidicollis. *Dej.*	*India or.*
Puncticollis. *Dej.*	id.
Circumdatus. Megerle.	id.
Juvencus. *Dej.*	*Senegal.*
Cribricollis. *Dej.*	id.
Sobrinus. *Dej.*	*India or.*
Marginellus. *Dej.*	*Senegal.*
Amictus. *Illiger.*	*Cap. Bon. Sp.*
Limbatus. Wiedemann.	id.
Discus. Dej. Cat.	id.
Abdominalis. M. L.	id.
Terminatus. *Dej.*	*Russia merid.*
Apicalis. Steven.	id.
Infuscatus. Eschsch.	id.
Extensus. *Eschsch.*	*Sibiria.*
Vestitus. *Fabr.*	*P.*
Sinuatus. *Dej.*	*India or.*
Rufithorax. *Wiedemann.*	id.
Xanthacrus. *Wied.*	id.
Apicalis. *Wied.*	id.
Lunatus. *Dej.*	*Ins. Bourbon.*
Nigrita. *Dej.*	*Senegal.*
Anthracinus. *Dej.*	*Brasilia.*
Femoratus. *Dej.*	*Java.*
Lævigatus. *Dej.*	*Senegal.*
Rufilabris. *Dej.*	*Amer. bor.*
Erythropus? Germar.	id.
Fuscicornis. *Dej.*	id.
Laticollis. *Say.*	id.
Rufipes. *Dej.*	id.

Cobaltinus. *Klug.*	*Amer. bor.*
Angusticollis. Dej. Cat.	id.
Nemoralis. *Say.*	id.
Amethystinus. Dej. Cat.	id.
Pensylvanicus. Knoch.	id.
Tricolor. *Dej.*	id.
Amœnus. *Dej.*	id.
Brasiliensis. *Dej.*	*Brasilia.*
Cayennensis. *Dej.*	*Cayennæ.*
Australis. *Dej.*	*Nov. Holland.*
Æratus. *Schönherr.*	*Barbaria.*
Tenuicollis. *Fabr.*	*Cap. Bon. Sp.*
Quadricolor. *Fabr.*	id.
Tenuicollis. Dej. Cat.	id.
Orientalis. *Dej.*	*India or.*
Fichtellii. Megerle.	id.
Quadricolor. Gyllenhal.	id.
Splendidus. *Dej.*	*Senegal.*
Glabratus. *Dej.*	id.
Simplex. *Wied.*	*Cap. Bon. Sp.*
Obtusus. *Dej.*	*Senegal.*
Nitidulus. *Dej.*	*India or.*
Perplexus. *Dej.*	*Senegal.*
Nitidiceps. *Dej.*	*Cap. Bon. Sp.*
Corvinus. *Illiger.*	id.
Dichrous. Wied.	id.
Canariensis. *Klug.*	*Teneriffæ.*
Melanarius. *Klug.*	*Mexico.*
Oblongus. *Dej.*	*Buen.-Ayres.*
Vicinus. *Dej.*	*Amer. bor.*
Pubescens. Harris.	id.
Viridanus. *Dej.*	id.
Chlorophanus. *Dej.*	id.
Prasinus. *Dej.*	id.
Sericeus. *Forster.*	id.
Laticollis. Dej. Cat.	id.
Flavipes. *Ménétries. nov. sp.*	*Russia merid.*
Pallipes. *Gebler.*	*Sibiria.*
Schrankii. *Duftsch.*	*Austria.*
Bombycinus. Bonelli.	*Italia.*
Melanocornis. *Ziegler.*	*P.*
Nigricornis. Dufisch.	*Austria.*
Var. *Æneus. Dej. Cat.*	*P.*
Nigricornis. *Fabr.*	*Gal. bor.*
Tibialis. *Dej.*	*Gal. merid.*
Nigricornis. Dej. Cat.	id.
Nigripes. *Dej.*	*Pyren. orient.*
Dives. *Hoffmansegg.*	*Hispania.*
Holosericeus. *Fabr.*	*Gallia.*
Sulcicollis. *Paykull.*	*Germ. bor.*
Tomentosus. *Knoch.*	*Amer. bor.*
Æratus. Dej. Cat.	id.
Cælatus. *Weber.*	*Germ. bor.*
Anaglypticus. Knoch.	id.
Quadrisulcatus. Paykull.	*Suecia.*
Sulcicollis. ♀. Gyllenhal.	id.
Quadrisulcatus. *Illiger.*	*Germ. bor.*
Chrysocephalus. *Rossi.*	*Gal. merid.*
Æneocephalus. *Dej.*	*Russia merid.*
Gracilis. *Solier.*	*Græcia.*
Azureus. *Sturm.*	*Hisp. merid.*
Cœruleus. *Steven.*	*Russia merid.*
Steveni. *Schönherr.*	id.
Episcopalis. *Dej.*	*Nubia.*
Columbinus. *Dej.*	*Senegal.*
Chlorodius. *Megerle.*	*India or.*
Emarginatus. *Say.*	*Amer. bor.*
Elegantulus. *Dej.*	id.

115

EPOMIS. *Bonelli.*

Crœsus. *Fabr.*	*Senegal.*
Circumscriptus. *Dufstch.*	*Gal. merid.*
Cinctus. Rossi.	id.
Crœsus. Dej. Cat.	id.
Nigricans. *Wied.*	*India or.*
Duvaucelii. *Dej.*	id.
Dejeanii. *Solier.*	*Græcia.*
Carbonarius. *Dej.*	*Senegal.*

6

DINODES. *Bonelli.*

Rufipes. *Bonelli.*	*Gal. merid.*
Azureus. Dufsch.	*Dalmatia.*
Var. *Affinis. Klug.*	*Cap. Bon. Sp.*
Rotundicollis. *Dej.*	*Amer. bor.*
Viridis. *Ménétries. nov. sp.*	*Russia merid.*
Maillei. *Solier.*	*Græcia.*

4

OODES. *Bonelli.*

Pulcher. *M. L.*	*India or.*
Nigriceps. Wied.	id.
Smaragdinus. Megerle.	id.
Grandis. *Dej.*	id.
Linea? Wied.	id.
Americanus. *Dej.*	*Amer. bor.*
Australis. *Dej.*	*Nov. Holland.*
Senegalensis. *Dej.*	*Senegal.*
Striatus. *Schönherr.*	*Sierra-Leona.*
Lævigatus. *Dej.*	*Buen.-Ayres.*
Amaroides. *Dej.*	*Amer. bor.*
Helopioides. *Fabr.*	*Gallia.*
Var. *Notatus. Megerle.*	*Austria.*
Obtusus. Sturm.	id.
Hispanicus. *Dej.*	*Hispania.*
Semistriatus. *Schönherr.*	*Sierra-Leona.*
Subæneus. *Dej.*	*Senegal.*
Metallicus. *Dej.*	*Cayennæ.*
Minutus. *Dej.*	*Amer. bor.*
Exaratus. *Dej.*	id.
Bipustulatus. *Dej.*	*Senegal.*

16

REMBUS. *Latreille.*

Politus. *Fabr.*	*India or.*
Herbstii. Megerle.	id.
Indus. Dej. Cat.	id.
(Pterostichus.)	
Impressus. *Fabr.*	id.
Latifrons. *Dej.*	*India orient.*
Ægyptiacus. *Klug.*	*Ægypt.*
Senegalensis. *Dej.*	*Senegal.*
Impressicollis. *Dej.*	*Amer. bor.*

6

DICÆLUS. *Bonelli.*

Violaceus. *Bonelli.*	*Amer. bor.*
Purpuratus. Say.	id.
Chalybeus. *Dej.*	id.
Purpuratus? Bonelli.	id.
Cyaneus. *Dej.*	id.
Dejeanii. *Leconte.*	id.
Dilatatus. Say.	id.
Teter. *Bonelli.*	id.
Sculptilis. *Say. nov. sp.*	id.
Alternans. *Dej.*	id.
Carinatus. *Dej.*	id.
Furvus. *Melsheimer.*	id.
Elongatus. Say.	id.
Simplex. *Dej.*	id.
Elongatus. *Bonelli.*	id.
Politus. *Dej.*	id.

12

LICINUS. *Latreille.*

Agricola. *Oliv.*	*Gal. merid.*
Silphoides. Rossi.	*Italia.*
Croaticus. Dahl.	*Croatia.*
Silphoides. *Fabr.*	*Gallia.*
Granulatus. *Dej.*	*Hispania.*
Siculus. *Dej.*	*Sicilia.*
Brevicollis. *Dej.*	*Barbaria.*
Ægyptiacus. *Dej.*	*Ægypt.*
Peltoides. *Illiger.*	*Lusitania.*
Æquatus. *Dej.*	*Gal. merid.*
Cassideus. *Fabr.*	*P.*
Emarginatus. Oliv.	id.
Depressus. Sturm.	id.
Var. *Latus. Solier.*	*Italia.*

)epressus. *Paykull.*	*Gallia.*
;ossyphoides. Dufsch.	*Austria.*
;assideus. Illiger.	*German.*
Ioffmanseggii. *Panzer.*	*Austria.*
'ar. *Separatus. Dahl.*	*Hungaria.*
Vebrioides. Sturm.	*Carniolia.*
)blongus. *Dej.*	*Alp. Galliæ.*

12

BADISTER. *Clairville.*

;ephalotes. *Dej.*	*Gallia.*
;ipustulatus. *Fabr.*	*P.*
;rux minor. Oliv.	id.
,acertosus. *Knoch.*	*German.*
'eltatus. *Panzer.*	*Gallia.*
;orruscus. Steven.	*Russia merid.*
;halybeus. Sturm.	*German.*
(Agonum.)	
Iumeralis. *Bonelli.*	*Gallia.*
odalis. Sturm.	*German.*
)orsiger. Dufsch.	*Austria.*

5

STENOMORPHUS. *Dejean.*

ngustatus. *Dej.*	*Carthagena.*

1

OMPHREUS. *Parreys.*

;orio. *Parreys.*	*Montenegro.*

1

MELANOTUS. *Dejean.*

avipes. *Dej.*	*Buen.-Ayres.*
)pressifrons. *Dej.*	*Brasilia.*

2

POGONUS. *Ziegler.*

llidipennis. *Dej.*	*Gal. merid.*
aculipennis. Dej. Cat.	id.
avipennis. *Dej.*	*Hispania.*
illidipennis. Dej. Cat.	id.
itipennis. Ullrich.	*Illyria.*

Luridipennis. *Germar.*	*German.*
Lamprus. *Wied.*	*Cap. Bon. Sp.*
Fulvipennis. *Sturm.*	*Italia.*
{ Iridipennis. *Nicolaï.*	*German.*
{ *Brevicollis. Mannerheim.*	*Sibiria.*
{ Littoralis. *Megerle.*	*Gal. merid.*
{ *Pilipes. Germar.*	*Dalmatia.*
{ Halophilus. *Germar.*	*German.*
{ Var. *Oceanicus. Dej. Cat.*	*Gal. bor.*
{ *Hispanicus. Dej. Cat.*	*Hispania.*
{ *Chalceus. Marsham.*	*Anglia.*
{ Viridanus. *Dej.*	*Hispania.*
{ *Dubius. Dej. Cat.*	id.
Senegalensis. *Dej.*	*Senegal.*
{ Gilvipes. *Dej.*	*Gal. merid.*
{ *Flavipes. Ullrich.*	*Illyria.*
{ *Pallipes. Schüppel.*	id.
Minutus. *Dej.*	*Amer. bor.*
Riparius. *Dej.*	*Gal. merid.*
Orientalis. *Dej.*	*Russia merid.*
Meridionalis. *Dej.*	*Gal. merid.*
Punctulatus. *Dej.*	*Russia merid.*
{ Gracilis. *Dej.*	*Gal. merid.*
{ *Pygmæus. Ullrich.*	*Illyria.*
{ *Pallipes. Dahl.*	*Sardinia.*
Rufoæneus. *Gebler.*	*Sibiria.*
Testaceus. *Dej.*	*Gal. merid.*
Filiformis. *Ziegler.*	*Sardinia.*

20

CARDIADERUS. *Dejean.*

{ Chloroticus. *Gebler.*	*Sibiria.*
{ *Luridus. Sturm.*	id.

1

BARIPUS. *Dejean.*

Rivalis. *Germar.*	*Buen.-Ayres.*
Speciosus. *Klug.*	*Brasil. merid.*

2

PATROBUS. *Megerle.*

Rufipes. *Fabr.*	*Gallia.*

4.

Septentrionis. *Schönherr.*	*Lapponia.*
Var. *Marginatus. Eschsch.*	*Kamtschatka.*
Hyperboreus. *Westermann.*	*Groenland.*
Foveocollis. *Eschsch.*	*Ounalaschka.*
Fossifrons. *Eschsch.*	id.
Depressus. *Gebler.*	*Sibiria.*
Aterrimus. *Eschsch.*	*Amer. bor. occ.*
Rufipennis. *Hoffmansegg.*	*Gal. merid.*
Americanus. *Dej.*	*Amer. bor.*
Longicornis. Say.	id.

9

DOLICHUS. *Bonelli.*

Flavicornis. *Fabr.*	*Italia.*
Badius. *Wied.*	*Cap. Bon. Sp.*
Caffer. *Illiger.*	id.
Vigilans ? Sturm.	id.
Rufipes. *Dej.*	id.
Rufipennis. *Dej.*	id.
Sulcatus. *Dej.*	id.

6

PRISTONYCHUS. *Dejean.*

Terricola. *Olivier.*	*P.*
Subcyaneus. Gyllenhal.	id.
Var. *Sardeus. Dahl.*	*Gal. merid.*
Angusticollis. Dahl.	*Sardinia.*
Subterraneus. Dahl.	*Hungaria.*
Punctatus. *Megerle.*	id.
Punctulatus. Ziegler.	id.
Cimmerius. *Stéven.*	*Russia merid.*
Tauricus. *Dej.*	id.
Inæqualis. Stéven.	id.
Mauritanicus. *Dej.*	*Barbaria.*
Oblongus. *Dej.*	*Gal. merid.*
Angustatus. *Dej.*	id.
Elongatus. *Dej.*	*Croatia.*
Ovatus. Ziegler.	id.
Dalmatinus. *Dej.*	*Dalmatia.*
Cœruleus. *Bonelli.*	*Italia.*
Amethystinus. *Dej.*	id.
Janthinus. *Duftsch.*	*Austria.*
Episcopus. Drapiez.	id.
Var. *Purpuratus. Megerle.*	id.
Alpinus. *Dej.*	*Gal. merid.*
Chalybeus. *Dej.*	id.
Cyanipennis. *Eschsch.*	*Russia merid.*
Complanatus. *Dej.*	*Gal. merid.*
Hypogæus. Hoffmansegg.	*Lusitania.*
Caspicus. *Ménétries. nov. sp.*	*Russia merid.*
Elegans. *Dej.*	*Carniolia.*
Longicollis. Megerle.	id.
Venustus. *Clairville.*	*Gal. merid.*
Subcyaneus. Stéven.	*Russia merid.*
Cœruleus. Bonelli.	*Italia.*

(Læmostenus.)

Alternans. *Dej.*	*Teneriffæ.*

20

CALATHUS. *Bonelli.*

Giganteus. *Parreyss.*	*Corfou.*
Ovalis. *Dej.*	*Græcia.*
Latus. *Dej.*	*Gal. merid.*
Punctipennis. Germar.	*Dalmatia.*
Angusticollis. Sturm.	*Gal. merid.*
Græcus. *Dej.*	*Græcia.*
Cisteloides. *Illiger.*	*P.*
Flavipes. Oliv.	id.
Frigidus. Sturm.	id.
Var. *Nitens. Ziegler.*	*Russia merid.*
Planipennis. Germar.	id.
Punctipennis. Faldermann.	id.
Glabricollis. *Ullrich.*	*Illyria.*
Luctuosus. *Hoffmansegg.*	*Lusitania.*
Rubripes. *Dej.*	*Italia.*
Glabricollis. Géné.	id.
Montivagus. *Dahl.*	*Sicilia.*
Fulvipes. *Gyllenhal.*	*P.*
Flavipes. Duftsch.	id.
Erratus. Sahlberg.	id.

Fuscus. *Fabr.* *P.*
Ambiguus. Paykull. id.
Anceps. Ziegler. *Russia mer.*
Limbatus. *Dej.* *Gal. merid.*
Circumseptus. Germar. id.
Marginellus. Sturm. id.
Angusticollis. *Dej.* *Teneriffæ?*
Complanatus. *Kollar.* *Maderæ.*
Metallicus. *Dahl.* *Hungaria.*
Rotundicollis. *Dej.* *P.*
Elongatus. *Dej.* *German.*
Gregarius. *Say.* *Amer. bor.*
Ingratus. *Eschsch.* *Ounalaschka.*
Ruficollis. *Eschsch.* *California.*
Microcephalus. *Ziegler.* *Gallia.*
Micropterus. Duftsch. id.
Fuscatus. Bonelli. id.
Ochropterus. *Ziegler.* id.
Melanocephalus. *Fabr.* *P.*
Alpinus. *Dej.* *Styria.*

24

PRISTODACTYLA. *Dejean.*

Americana. *Dej.* *Amer. bor.*

1

TAPHRIA. *Bonelli.*

Vivalis. *Illiger.* *Gallia.*

1

MORMOLYCE. *Hagenbach.*

Phyllodes. *Hagenbach.* *Java.*

1

SPHODRUS. *Clairville.*

Planus. *Fabr.* *Gallia.*
Leucophtalmus. Linné. id.
Spiniger. Paykull. id.
Picicornis. *Klug.* *Ægypt.*
Gigas. *Fischer. nov. sp.* *Russia mer.*

Laticollis. *Dej.* *Sibiria.*
Gigas. Fischer. id.
Tilesii. *Bœber.* id.
Dauricus? Fischer. id.
Parallelus. *Dej.* id.
Longicollis. *Stéven.* *Russia merid.*
Elongatus. Stéven. id.

7

PLATYNUS. *Bonelli.*

Erythropus. *Dej.* *Amer. bor.*
Angustatus. *Dej.* id.
Elongatus. *Stéven.* *Russia merid.*
Piceus. *Dej.* *N.....*
Complanatus. *Bonelli.* *Pedemont.*
Depressus. *Lasserre.* *Helvetia.*
Scrobiculatus. *Fabr.* *Austria.*
Morosus. *Buquet. nov. sp.* *Cap. Bon. Sp?*

8

ANCHOMENUS. *Bonelli.*

Melanarius. *Dej.* *Brasilia.*
Longiventris. *Eschsch.* *Sibiria.*
Microthorax. Stéven. *Russia merid.*
Mannerheimii. *Sahlberg.* *Finlandia.*
Angusticollis. *Fabr.* *P.*
Assimilis. Paykull. id.
Var. *Rufipes. Oeskay.* *Hungaria.*
Piceus. Frivaldjsky. id.
Ovipennis. *Eschsch. nov. sp.* *California.*
Cyaneus. *Dej.* *Pyrenæis.*
Chalibeus. *Dej.* *Brasilia.*
Janthinus. *Dej.* id.
Gagates. *Melsh.* *Amer. bor.*
Decentis. Say. id.
Sinuatus. *Dej.* id.
Corvinus. *Dej.* id.
Memnonius. *Knoch.* *German.*
Livens. Gyllenhal. *Suecia.*
Bipunctatus. Sturm. *German.*
Fuliginosus. *Dej.* *Buen.-Ayres.*

Quadricollis. *Dej.*	*Buenos-Ayres.*
Angustatus. *Dej.*	id.
Elongatulus. *Dej.*	*Amer. bor.*
Extensicollis. *Say.*	id.
Viridanus. Dej. Cat.	id.
Thoracicus. *Dej.*	id.
Decorus. *Say.*	id.
Ruficollis. Dej. Cat.	id.
Prasinus. *Fabr.*	*P.*
Viridanus. Oliv.	id.
Melanocephalus. *Dej.*	*Hispania.*
Pallipes. *Fabr.*	*P.*
Albipes. Illiger.	id.
Oblongus. *Fabr.*	*Gallia.*
Tæniatus. Paykull.	id.
Pubescens. *Dej.*	*Amer. bor.*
Chilensis. *Dej.*	*Chili.*
Brasiliensis. *Dej.*	*Brasilia.*
Discosulcatus. *Dej.*	*Buenos-Ayres.*
Dimidiaticornis. *Dej.*	*Brasilia.*
Elegans. *Dej.*	*Carthagena.*
Senegalensis. *Dej.*	*Senegal.*
Sexpunctatus. *Dej.*	*Ins. Bourbon.*
Bicolor. *Eschsch.*	*Kamtschatka.*
Riparius. Gebler.	*Sibiria.*
Contractus. *Eschsch. nov. sp.*	*Kamtschatka.*
Californicus. *Eschsch.*	*California.*
Lepidus. Eschsch.	id.
Ferruginosus. *Eschsch.*	id.
Mollis. *Eschsch.*	*Ounalaschka.*
Sulcatus. *Eschsch.*	*California.*
Striatus. *Eschsch.*	id.
Jægeri. *Mannerh.*	*S. Domingue.*
Rufipes. *Dej.*	*Cap. Bon. Sp.*
Capensis. Klug.	id.
Cymindoides. *Dej.*	*Ægypt.*
Æneipennis. *Dej.*	*Carthagena.*
Quadripustulatus. *Dej.*	id.

AGONUM. *Bonelli.*

Marginatum. *Fabr.*	*P.*
Impressum. *Panzer.*	*German.*
Octopunctatum. *Fabr.*	*Amer. bor.*
Austriacum. *Fabr.*	*Austria.*
Var. *Dalmatinum. Dej. Cat.*	*Dalmat.*
7-Punctatum. Eschsch.	*Russia merid.*
Modestum. *Sturm.*	*Gallia.*
Nigricorne. Panzer.	id.
Austriacum. Dej. Cat.	id.
Cupripenne. *Say.*	*Amer. bor.*
Metallicum. Melsh.	id.
Formosum. Sturm.	id.
Sexpunctatum. *Fabr.*	*Gallia.*
Bifoveolatum. *Sahlberg.*	*Lapponia.*
Nitidulum. *Dej.*	*Amer. bor.*
Parumpunctatum. *Fabr.*	*P.*
Var. *Tibiale. Ziegler.*	id.
Cupreum. *Dej.*	*Amer. bor.*
Morosum. *Dej.*	id.
Femoratum. *Melsh.*	id.
Elongatum. *Dej.*	*Styria.*
Micans. Germar.	*Sibiria.*
Productum. Gebler.	id.
Parvicolle. Ziegler.	*Hungaria.*
Olivaceum. *Eschsch.*	*Kamtschatka.*
Latipenne. *Eschsch.*	*Sibiria.*
Triste. *Dej.*	*Suecia.*
Dolens? Sahlberg.	id.
Viduum. *Panzer.*	*German.*
Var. *Unicolor. Eschsch.*	id.
Mœstum. Ziegler.	id.
Metallescens. Ziegler.	*Croatia.*
Læve. *Ziegler.*	*Austria.*
Nitidulum. Megerle.	id.
Versutum. Gyllenhal.	*Suecia.*
Aheneum. Eschsch.	*Livonia.*
Melanarium. *Dej.*	*Amer. bor.*
Pullatum. Melsh.	id.

Mœrens. *Schüppel.*	*Amer. bor.*
Pullatum. Melsh.	id.
Lugens. *Ziegler.*	*Gallia.*
Emarginatum. *Gyllenhal.*	*Suecia.*
Lugubre. *Andersch?*	*Gallia.*
Afrum? Ziegler.	*Austria.*
Læve? Gyllenhal.	*Suecia.*
Sordidum. *Parreyss.*	*Corfou.*
Carbonarium. *Eschsch.*	*Kamtschatka.*
Angustatum. *Dej.*	*Hungaria.*
Elongatum. Dahl.	id.
Nigrum. *Dej.*	*Gallia.*
Atratum. Megerle.	*Austria.*
Menetriesii. *Dej. nov. sp.*	*Russia merid.*
Subæneum. *Ziegler.*	*Hungaria.*
Subcyaneum. Sturm.	id.
Discopunctatum. Dahl.	id.
Crenatum. Latr.	id.
Chalconatum. *Ménétr. nov. sp.*	*Russia merid.*
Albicrus. *Dej.*	*Amer. bor.*
Brevicolle. *Eschsch.*	*California.*
Fossiger. *Eschsch.*	id.
Oblongum. *Dej.*	*Barbaria.*
Pelidnum. *Duftsch.*	*Gallia.*
Micans. Germar.	*German.*
Inauratum. Eschsch.	*Sibiria.*
Scitulum. *Dej.*	*Germ. bor.*
Gracile. *Sturm.*	*Suecia.*
Fuliginosum. *Knoch.*	id.
Brunnipes. Dej. Cat.	*Gallia.*
Convexum. Eschsch.	*Sibiria.*
Picipes. *Fabr.*	*Gallia.*
Lutescens. Panzer.	*German.*
Canellipes. Eschsch.	*Sibiria.*
Fuscipenne. Germar.	*Livonia.*
Thoreyi. *Von Wintheim.*	*Germ. bor.*
Puellum. *Dej.*	id.
Flavipes. *Dej.*	*Mexico.*
Lenum. *Dej.*	*Amer. bor.*
Striatopunctatum. *Dej.*	id.
Æruginosum. *Dej.*	id.
Excavatum. *Dej.*	*Amer. bor.*
Quadripunctatum. *Payk.*	*Suecia.*
Bogemanni. *Gyllenhal.*	id.
Morio. Duftsch. (Lebia.)	*Austria.*
Luctuosum. *Dej.*	*Amer. bor.*
Lineatopunctatum. *Dej.*	*Buen.-Ayres.*
Rufipes. *Dej.*	*Amer. bor.*
Punctiformis. Say.	id.
Saltuum. Sturm.	id.
Palliatum. *Dej.*	id.
Maculicolle. *Eschsch.*	*California.*
Anthracinum. *Dej.*	*Mexico.*
Corvinum. *Dej.*	*Colombia.*

56

OLISTHOPUS. *Dejean.*

Rotundatus. *Paykull.*	*Gallia.*
Vafer. Duftsch.	*Dalmatia.*
Hispanicus. *Dej.*	*Hispania.*
Punctulatus. *Dej.*	*Gal. merid.*
Gracilipes? Duftsch.	*Dalmatia.*
Fuscatus. *Dej.*	*Gal. merid.*
Sturmii. *Duftsch.*	*German.*
Flavipes. Panzer.	id.
Parmatus. *Melsh.*	*Amer. bor.*

6

TRIGONOTOMA. *Dejean.*

Viridicollis. *M. L.*	*India or.*
Herbstii. Megerle.	id.
Planicollis. *Dej.*	id.

2

CATADROMUS. *Mac Leay.*

Tenebrioides. *Oliv.*	*Java.*
Rajah. Wied.	id.

1

LESTICUS. *Dejean.*

Janthinus. *De Haan.*	*Java.*

1

DISTRIGUS. *Dejean.*

Impressicollis. *Dej.*	*India or.*
Atratus. *Dej.*	id.
Madagascariensis. *Dej.*	*Madagascar.*
Promptus. *Dej.*	*India or.*

4

ABACETUS. *Dejean.*

Gagates. *Dej.*	*Senegal.*
Cordatus. *Dej.*	id.
Crenulatus. *Dej.*	id.
Pubescens. *Dej.*	id.

4

DRIMOSTOMA. *Dejean.*

Schönherri. *Dej.*	*Sierra-Leona.*
Striatocolle. *Dej.*	*Senegal.*
Sulcipenne. *Dej.*	*Sierra-Leona.*
Lævigatum. *Dej. nov. sp.*	*Cayennæ.*

4

MICROCEPHALUS. *Latreille.*

Depressicollis. *Dej.*	*Brasilia.*

1

FERONIA. *Latreille.*

PREMIÈRE DIVISION.

POECILUS. *Bonelli.*

Punctulata. *Fabr.*	*P.*
{ Cuprea. *Fabr.*	id.
{ Var. *Cœrulescens. Fabr.*	*German.*
{ *Media. Megerle.*	*Austria.*
{ *Affinis. Sturm.*	*German.*
{ *Nemorensis. Megerle.*	*Austria.*
{ *Erythropus. Stéven.*	*Russia merid.*
{ Cursoria. *Dej.*	*Gal. merid.*
{ *Punctatostriata. Dahl.*	*Italia.*
Quadricollis. *Dej.*	*Barbaria.*
Chalcites. *Say.*	*Amer. bor.*
{ Lucublanda. *Say.*	id.
{ *Similis. Dej. Cat.*	id.
{ Var. *Viduus. Dej. Cat.*	id.

(Harpalus.)

{ Dimidiata. *Fabr.*	*Gallia.*
{ *Tricolor. Fabr.*	id.
{ *Kugellanni. Illiger.*	id.
{ Var. *Ænea. Dej. Cat.*	*Hispania.*
Crenulata. *Dej.*	id.
{ Viatica. *Bonelli.*	*Italia.*
{ *Koyi. Dahl.*	*Hungaria.*
{ Var. *Marginalis. Megerle.*	*Dalmatia.*
{ *Cyanescens. Besser.*	*Volhynia.*
{ Lepida. *Fabr.*	*P.*
{ Var. *Fulgida. Eschsch.*	*Kamtschatka.*
Gebleri. *Eschsch.*	*Sibiria.*
Gressoria. *Dej.*	*Gal. merid.*
Mauritanica. *Dej.*	*Barbaria.*
Vagans. *Dej.*	*Tucuman.*
Californica. *Eschsch.*	*California.*
{ Striatopunctata. *Dufisch.*	*Austria.*
{ *Crenulata. Dahl.*	*Italia.*
Purpurascens. *Sturm.*	*Tanger.*
Infuscata. *Hoffmansegg.*	*Gal. merid.*
{ Crenata. *Hoffmansegg.*	*Lusitania.*
{ *Glabrata. Dahl.*	*Sicilia.*
{ Lugubris. *Stéven.*	*Russia merid.*
{ *Advena ? Schönherr.*	id.
{ Nitida. *Dej.*	*Hispania.*
{ Var. *Splendida. Eschsch.*	*Russia merid.*
{ Puncticollis. *Dej.*	*Gal. merid.*
{ *Crenatostriata. Stéven.*	*Russia merid.*
{ *Chalybeipennis. Ziegler.*	*Hungaria.*
{ Conformis. *Dej.*	*Ægypt.*
{ *Parallela. Klug.*	id.
{ Occidentalis. *Dej.*	*California.*
{ *Depressa. Eschsch.*	id.
Unistriata. *Eschsch.*	*Chili.*
Peruviana. *Dej.*	*Peruvio.*

Chalybea. *Latr.*	*Nov. Holland.*
Sphodroides. *Dej.*	id.
Rugosa. *Gebler.*	*Sibiria.*

SECONDE DIVISION.

ARGUTOR. *Megerle.*

Lucidula. *Dej.*	*Amer. bor.*
Erratica. *Dej.*	id.
Confusa. *Dej.*	*Buenos-Ayres.*
Vernalis. *Fabr.*	P.
Crenata. Dufstch.	*Austria.*
Clancularia. Eschsch.	*Sibiria.*
Var. *Sedula. Dej. Cat.*	P.
Cursor. Dej. Cat.	*Gal. merid.*
Oblita. *Dej.*	*Buenos-Ayres.*
Erythropus. *Dej.*	*Amer. bor.*
Rufipes. Dej. Cat.	id.
Agilis. *Dej.*	id.
Velox. *Dej.*	id.
Celeris. *Dej.*	id.
Cayennensis. *Dej. nov. sp.*	*Cayennæ.*
Cribricollis. *Dej.*	*Sierra-Leona.*
Antiqua. *Schönherr.*	*India orient.*
Minuta. *Dej.*	*Cap. Bon. Sp.*
Ænea. *Dej.*	*Ægypt.*
Picipes. Klug.	id.
Bicolor. Klug.	id.
Rubripes. *Hoffmans.*	*Gal. merid.*
Negligens. *Megerle.*	*Gallia.*
Longicollis. Sturm.	id.
Inquieta. *Megerle.*	*Hungaria.*
Inquinata. Sturm.	id.
Sturmii. *Dej.*	*German.*
Negligens. Sturm.	id.
Ardens. *Gyllenhal.*	*Brasilia.*
Bonariensis. *Dej.*	*Buenos-Ayres.*
Chilensis. *Dej.*	*Chili.*
Aterrima. Eschsch.	id.
Patruelis. *Dej.*	*Amer. bor.*
Erudita. *Megerle.*	P.
Interstincta. Sturm.	*German.*
Strenua. *Panzer.*	*Gallia.*
Gagates. Megerle.	*German.*
Var. *Diligens. Dej. Cat.*	id.
Intermedia. Dej. Cat.	*Croatia.*
Pulla. *Gyllenhal.*	*Suecia.*
Diligens. Sturm.	*German.*
Rotundicollis? Dufstch.	id.
Pusilla. *Dej.*	*Pyrenæis.*
Amœna. *Dej.*	id.
Pumilio. *Dej.*	id.
Lusitanica. *Dej.*	*Lusitan.*
Crenata. Dej. Cat.	id.

(Calathus.)

Depressa. *Dej.*	*Gallia.*
Calathoides. *Dej.*	*Tanger.*
Rufa. *Megerle.*	*Austria.*
Hispanica. *Dej.*	*Hispania.*
Barbara. *Dej.*	*Gal. merid.*
Elongata. Klug.	*Ægypt.*
Australis. *Dej.*	*Nov. Holland.*
Spadicea. *Dej.*	*Gal. orient.*
Plana. Jenisson.	id.
Subsinuata. *Dej.*	*Styria.*
Unctulata. *Creutzer.*	id.
Brevis. Dej. Cat.	id.
Apennina. *Géné.*	*Italia.*
Amaroides. *Dej.*	*Pyrenæis.*
Attenuata. Sturm. (Amara.)	id.
Abaxoides. *Dej.*	id.
Striatocollis. *Dej.*	*Croatia.*
Picipes. Sturm.	*Hungaria.*

TROISIÈME DIVISION.

OMASEUS. *Ziegler.*

Cophosioides. *Dahl.*	*Hungaria.*
Cyclops. Kollar.	id.
Var. *Bannatica. Sturm.*	id.

Pennata. *Dej.*	P.
Melanaria. *Illiger.*	id.
Melanaris. Gyllenhal.	id.
Leucophtalma. Fabr.	id.
Var. *Nigerrima. Sturm.*	id.
Furva ? Sahlberg.	id.
Atra ? Sahlberg.	id.
Eschscholtzii. *Gebler.*	*Sibiria.*
Melas. *Creutzer.*	*Austria.*
Maura ? Fabr.	id.
Var. *Depressa. Ziegler.*	*Dalmatia.*
Italica. Bonelli.	*Gal. merid.*
Hungarica. *Dej.*	*Hungaria.*
Italica. Dahl.	id.
Altaica. *Gebler.*	*Sibiria.*
Magus. *Eschsch.*	id.
Australasiæ. *Dej.*	*Nov. Holland.*
Vidua. *Dej.*	*Amer. bor.*
Stygica. *Say.*	id.
Ærea. *Eschsch.*	*Chili.*
Complanata. *Dej.*	*Amer. bor.*
Corvina. *Dej.*	id.
Morosa. *Dej.*	id.
Carbonaria. *Dej.*	id.
Luctuosa. *Dej.*	id.
Nigrita. *Fabr.*	P.
Anthracina. *Illiger.*	id.
Gracilis. *Sturm.*	*Gallia.*
Minor. *Dej.*	*Suecia.*
Anthracina. Gyllenhal.	id.
Elongata. *Megerle.*	*Hungaria.*
Meridionalis. *Dej.*	*Gal. merid.*
Aterrima. *Dej.*	*Gallia.*
Nigerrima. *Dej.*	*Hispania.*
Simplicipunctata. Kollar.	*Maderæ.*

QUATRIÈME DIVISION.

STEROPUS. *Megerle.*

Caffra. *Dej.*	*Cap. Bon. Sp.*
Concinna. *Sturm.*	P.
Var. *Valida. Dej.*	*Gal. merid.*
Madida. *Fabr.*	*Gallia.*
Humida. Sturm.	id.
Hoffmanseggii. *Dej.*	*Lusitan.*
Gagatina. Hoffmansegg.	id.
Ebena. Schönherr.	id.
Gagatina. *Dej.*	*Hispania.*
Arrogans ? Duftsch.	id.
Globosa. *Fabr.*	*Barbaria.*
Mannerheimii. *Dej.*	*Russia.*
Æthiops. *Illiger.*	*Austria.*
Maurusiacus. Hummel.	*Russia.*
Obtusus. Mannerheim.	*Sibiria.*
Rufitarsis. *Parreyss.*	*Hungaria.*
Illigeri. *Megerle.*	*Styria.*
Tenebricosa. *Dej.*	*Amer. bor.*
Morio. *Dej.*	id.
Meticulosa. *Dej.*	*Chili.*
Lenis. *Illiger.*	*Cap. Bon. Sp.*

CINQUIÈME DIVISION.

PLATYSMA. *Sturm.*

Corinthia. *Germar.*	*Buen.-Ayres.*
Cordicollis. *Dej.*	id.
Unicolor. *Say. nov. sp.*	*Amer. bor.*
Ebenina. *Dej.*	id.
Chalcea. *Dej.*	*Buenos-Ayres.*
Submarginata. *Say.*	*Amer. bor.*
Flavicornis. *Dej.*	*Senegal.*
Variabilis. *Ménétriés. nov. sp.*	*Russia merid.*
Picimana. *Creutzer.*	*Gallia.*
Monticola. Hellwig.	*German.*
Mœsta. Stéven.	*Russia merid.*
Graja. *Bonelli.*	*Pedemont.*
Cognata. *Dej.*	*Hungaria ?*
Extensa. *Parreyss.*	*Corfou.*
Caucasica. *Ménétriés. nov. sp.*	*Russia merid.*
Marginepunctata. *Dej.*	*Italia.*

Edura. *Dej.*	*Italia.*
Maura. *Duftsch.*	*Styria.*
Conformis. Sturm.	id.
Bilineatopunctata. Dahl.	*Italia.*
Bilineipunctata. Peirol.	id.
Parnassia. Bonelli.	id.
Plana. Sturm.	*Hungaria.*
Tamsii. *Dej.*	*Russia merid.*
Findelii. *Dahl.*	*Hungaria.*
Oblongopunctata. *Fabr.*	*P.*
Cicatricosa. Besser.	*Volhynia.*
Augustata. *Megerle.*	*German.*
Adstricta. *Eschsch.*	*Ounalaschka.*
Vitrea. *Eschsch.*	*Kamtschatka.*
Luczotii. *Chevrolat.*	*Terre-Neuve.*
Hæmatopus. *Dej.*	*Labrador.*
Mœsta. *Dej.*	*Mexico.*
Lugens. *Dej.*	id.
Monacha. *Dej.*	id.
Simplex. *Dej.*	*Buenos-Ayres.*
Assimilis. *Dej.*	id.
Tucumana. *Dej.*	*Tucuman.*
Lacordairei. *Dej.*	id.
Fastidita. *Dej.*	*Amer. bor.*
Tristis. *Dej.*	id.
Adoxa. Say.	id.
Valida. *Eschsch.*	*Am. bor. occ.*
Amethystina. *Eschsch. nov. sp.*	id.
Castanea. *Eschsch.*	id.
Brunnea. *Eschsch.*	*California.*
Angusta. *Eschsch.*	id.
Ventricosa. *Eschsch.*	*Ounalaschka.*
Pinguedinea. *Eschsch.*	id.
Empetricola. *Eschsch.*	id.
Laticollis. Sturm.	id.
Riparia. *Eschsch.*	*Am. bor. occ.*
Frigida. *Eschsch.*	*Kamtschatka.*

SIXIÈME DIVISION.

COPHOSUS. *Ziegler.*

Magna. *Megerle.*	*Hungaria.*
Striatopunctata. Dahl.	id.
Cylindrica. *Herbst.*	id.
Var. *Grandis. Gysselen.*	id.
Filiformis. *Megerle.*	id.
Duponchelii. *Dej.*	*Græcia.*

SEPTIÈME DIVISION.

PTEROSTICHUS. *Bonelli.*

Nigra. *Fabr.*	*Gallia.*
Atra. *Dej.*	*California.*
Aterrima. Eschsch.	id.
Fasciatopunctata. *Fabr.*	*Austria.*
Var. *Striatopunctata. Ullrich.*	*Illyria.*
Parumpunctata. *Dej.*	*Gallia.*
Cristata. Dufour.	*Pyrenæis.*
Hagenbachii ? Sturm.	*Helvetia.*
Var. *Lasserrei. Dahl.*	*Gal. merid.*
Picipes. Lasserre.	*Helvetia.*
Ambigua. *Dej. nov. sp.*	*Corsica.*
Honnoratii. *Dej.*	*Alp. Galliæ.*
Hagenbachii ? Sturm.	*Helvetia.*
Perottii. Latreille ?	*Italia.*
Monticola ? Bonelli.	id.
Rufipes. *Dej.*	*Gal. merid.*
Femorata. *B. L.*	*Gal. orient.*
Rufofemorata. Bonelli.	*Pedemont.*
Dufourii. *Dej.*	*Pyrenæis.*
Truncata. *Bonelli.*	*Alp. Galliæ.*
Obscura. *Steven.*	*Russia merid.*
Regularis ? Fischer.	id.
Panzeri. *Megerle.*	*Austria.*
Ziegleri. *Dahl.*	*Carinthia.*
Flavofemorata. *Bonelli.*	*Pedemont.*
Pinguis. *Bonelli.*	id.

Cribrata. *Bonelli.* *Pedemont.*
Drescheri. *Fischer.* *Sibiria.*
Rutilans. *Bonelli.* *Pedemont.*
{ Welensii. *Dahl.* *Carniolia.*
{ *Fossulata? Ahrens.* id.
Variolata. *Dej.* *Styria.*
{ Fossulata. *Schönherr.* *Hungaria.*
{ *Interpunctata. Megerle.* id.
{ Var. *Minkwitzii. Dahl.* id.
Klugii. *Dahl.* id.
Selmanni. *Dufstsch.* *Austria.*
{ Prevostii. *Dej.* *Helvetia.*
{ Var. *Duvalii. Dej.* id.
{ *Selmanni? Sturm.* id.
Xatartii. *Dej.* *Pyrenæis.*
{ Jurinei. *Panzer.* *Austria.*
{ Var. *Zahlbrucknerii. Gyssel.* id.
{ *Heidenii. Findel.* *Hungaria.*
{ *Clairvillei. Sturm.* *Helvetia.*
{ *Bicolor. Peiroleri.* *Italia.*
{ Externepunctata. *Sturm.* *Alp. Galliæ.*
{ Var. *Sinuatopunctata. Bonelli.* *Pedemont.*
Multipunctata. *Dej.* *Helvetia.*
Spinolæ. *Dej.* *Italia.*
{ Yvanii. *Dej.* *Alp. Galliæ.*
{ *Bilineipunctata? Bonelli.* *Pedemont.*
Muhlfeldii. *Dahl.* *Carinthia.*
Metallica. *Fabr.* *Gal. orient.*
Transversalis. *Dufstsch.* *Austria.*

HUITIÈME DIVISION.

ABAX. *Bonelli.*

{ Striola. *Fabr.* P.
{ *Depressa. Oliv.* id.
{ Var. *Subpunctata. Ziegler.* *Croatia.*
Pyrenæa. *Dej.* *Pyrenæis.*
Exarata. *Bonelli.* *Pedemont.*
Oblonga. *Dej.* *Italia.*
Parallelepipeda. *Megerle.* *Austria.*
Lata. *Megerle.* *Hungaria.*
{ Carinata. *Dufstsch.* *Austria.*
{ Var. *Porcata. Dufstsch.* id.
{ *Crenata. Dahl.* *Hungaria.*
{ Ovalis. *Megerle.* *Gallia.*
{ *Platysma. Hoffmansegg.* id.
{ *Platys. Herbst.* id.
{ *Frigida? Fabr.* id.
{ Parallela. *Dufstsch.* id.
{ *Saxatilis. Panzer.* id.
{ *Fossula. Knoch.* id.
Beckenhauptii. *Dahl.* *Carinthia.*
{ Interrupta. *Gebler.* *Sibiria.*
{ *Confluens. Fischer.* id.
{ *Irregularis. Gebler.* id.
Striata. *Dej.* *Amer. bor.*
Fallax. *Dej.* id.
Americana. *Dej.* id.
Rugipennis. *Dej.* *Cap. Bon. Sp.*
Schüppelii. *Dahl.* *Hungaria.*

NEUVIÈME DIVISION.

PERCUS. *Bonelli.*

{ Corsica. *Latr.* *Corsica.*
{ *Lævigata. Sturm.* id.
Genei. *Dej.* *Italia.*
Passerinii. *Dej.* id.
Bilineata. *Dej.* id.
Plicata. *Dupont.* *Ins. Baleares.*
Stricta. *Dej.* *Græcia.*
Ramburii. *Dej. nov. sp.* *Corsica.*
Loricata. *Dej.* id.
Paykullii. *Rossi.* *Italia.*
Dejeanii. *Ziegler.* id.
Lacertosa. *Dej.* *Sicilia.*
{ Sicula. *Dej.* id.
{ *Striata. Dahl.* id.
Oberleitneri. *Dej.* *Sardinia.*

Stulta. *Dufour.* — *Hispania.*
Ebena. Dej. Cat. — id.
Pigra. Latr. — id.
Polita. *Dej.* — *Lusitan.*
Navarica. *Latr.* — *Pyrenæis.*
Patruelis. Dufour. — *Hispania.*

DIXIÈME DIVISION.

MOLOPS. *Bonelli.*

Striolata. *Fabr.* — *Carniolia.*
Robusta. *Ziegler.* — *Hungaria.*
Dalmatina. *Dej.* — *Dalmatia.*
Alpestris. *Megerle.* — *Hungaria.*
Melas? Sturm. — *Austria.*
Elata. *Fabr.* — *German.*
Gagates. Panzer. — id.
Bucephala. *Parreyss.* — *Croatia.*
Longipennis. *Dej.* — id.
Terricola. *Fabr.* — *Gallia.*
Madida. Paykull. — id.
Picea. Panzer. — id.
Var. *Punctata. Dahl.* — *Hungaria.*
Melas. Ziegler. — *Austria.*
Brunnipes. Megerle. — id.
Caspica. *Ménétr. nov. sp.* — *Russia merid.*
Spinicollis. *Dej.* — *Pyren. orient.*
232

CAMPTOSCELIS. *Dejean.*

Hottentotta. *Oliv.* — *Cap. Bon. Sp.*
Megacephala. Fabr. — id.
Plantaris. Germar. — id.
1

MYAS. *Ziegler.*

Chalybeus. *Ziegler.* — *Hungaria.*
Cyanescens. *Dej.* — *Amer. bor.*
Coracinus. Say. — id.
2

CEPHALOTES. *Bonelli.*

Vulgaris. *Bonelli.* — P.
Cephalotes. Fabr. — id.
Var. *Semistriatus. Besser.* — *Russia merid.*
Politus. *Dej.* — *Sicilia.*
Lævigatus. *Dej.* — *Ægypt.*
Bispinus. Sieber. — id.
Radiculus. Schönherr. — id.
Punctatus. *Klug.* — *Arabia.*
Nobilis. *Dej.* — *Oriente.*
5

STOMIS. *Clairville.*

Pumicatus. *Panzer.* — *Gallia.*
Rostratus. *Duftsch.* — *Styria.*
2

ABARIS. *Dejean.*

Ænea. *Dej.* — *Carthagena.*
1

RATHYMUS. *Dejean.*

Carbonarius. *Dej.* — *Senegal.*
1

PELOR. *Bonelli.*

Rugosus. *Ménétriés. nov. sp.* — *Russia merid.*
Blaptoides. *Creutzer.* — *Austria.*
Spinipes. Fabr. — id.
Stevenii. Fischer. — *Russia merid.*
2

ZABRUS. *Clairville.*

Femoratus. *Dej.* — *Græcia.*
Heros. *Mannerheim. nov. sp.* — *Armenia.*
Gravis. *Dej.* — *Hispania.*
Silphoides. *Hoffmansegg.* — id.
Marginicollis. *Dej.* — id.
Curtus. *Latr.* — *Gallia.*

Inflatus. *Dej.*	*Gal. mer. occ.*
Obesus. *Latr.*	*Pyrenæis.*
Fontenayi. *Solier.*	*Græcia.*
Græcus. *Dej.*	id.
Incrassatus. *Germar.*	*Dalmatia.*
Pinguis. *Hoffmansegg.*	*Lusitania.*
Crassus. *Dej.*	*Teneriffæ.*
Rufipes. Klug.	id.
Puncticollis. *Dej.*	*Barbaria.*
Trinii. *Fischer. nov. sp.*	*Russia merid.*
Gibbosus. *Ménétriés. nov. sp.*	id.
Orsinii. *Géné.*	*Italia.*
Piger. *Dej.*	*Gal. merid.*
Gibbus. *Fabr.*	*P.*
Madidus. Oliv.	id.
Aurichalceus. *Adams.*	*Russia merid.*
Adamsii. Fischer.	id.

20

AMARA. *Bonelli.*

Eurynota. *Kugellann.*	*Gallia.*
Acuminata. Payk.	*Suecia.*
Dilatata. Ziegler.	*Styria.*
Var. *Vulgaris. Ziegler.*	id.
Obsoleta. *Duftsch.*	*Gallia.*
Montivaga. Sturm.	*German.*
Var. *Chlorophana. Megerle.*	*Austria.*
Agrestis. Megerle.	id.
Anachoreta. Ziegler.	id.
Lævigata. Dej. Cat.	*Gallia.*
Similata. *Gyllenhal.*	id.
Constans. Germar.	*German.*
Fulvicornis. Gysselen.	*Austria.*
Misera. Herrich Sch.	*Amer. bor.*
Var. *Chalcipes. Schüppel.*	*Japonia.*
Prætermissa. Sahlberg.	*Lapponia.*
Saphyrea. *Ziegler.*	*Hungaria.*
Vulgaris. *Fabr.*	*Suecia.*
Trivialis. *Duftsch.*	*P.*
Vulgaris. Dej. Cat.	id.
Var. *Impuncticollis. Say.*	*Amer. bor.*

Spreta. *Zimmerm.*	*German.*
Plebeja. *Gyllenhal.*	*Gallia.*
Var. *Littoralis. Eschsch.*	*Am. bor. occ.*
Affinis. Mannerheim.	*Finlandia.*
Femoralis. Megerle.	*Austria.*
Communis. *Fabr.*	*Gallia.*
Nitida. Dej. Cat.	id.
Var. *Rufiventris. Germar.*	*German.*
Ferrea. Sturm.	id.
Tricuspidata. *Sturm.*	id.
Curta. *Dej.*	*Gallia.*
Familiaris. *Duftsch.*	id.
Communis. Dej. Cat.	id.
Var. *Cursor. Sturm.*	*German.*
Gilvipes. Megerle.	id.
Impunctata. Say.	*Amer. bor.*
Lucida. Andersch.	*German.*
Gemina. Zimmerm.	id.
Perplexa. *Dej.*	*Volhynia.*
Tibialis. *Paykull.*	*Suecia.*
Viridis ? Duftsch.	*Austria.*
Interstitialis. *Eschsch.*	*Kamtschatka.*
Punctulata. *Dej.*	id.
Littoralis. Faldermann.	id.
Remotestriata. *Eschsch.*	*Ounalaschka.*
Remota. Sturm.	id.
Californica. *Dej.*	*California.*
Impunctata. Eschsch.	id.
Mexicana. *Chevrolat.*	*Mexico.*
Patruelis. *Dej.*	*Amer. bor.*
Aurata. *Eschsch.*	*California.*
Chalcea. *Dej.*	*Amer. bor.*
Lucidula. *Dej.*	id.
Musculis. *Say.*	id.
Proletaria. Melsh.	id.
Rufipes. *Dej.*	*Gal. merid.*
Fulvipes. Dahl.	*Italia.*
Erythrocnema. Parreyss.	*Corfou.*
Striatopunctata. *Dej.*	*Gallia.*
Fulvipes. Dej. Cat.	id.
Hæmatopa. Parreyss.	*Corfou.*

Monticola. *Zimmerm.*	*Sabaudia.*
Quenselii. *Gyllenhal.*	*Lapponia.*
Metallifera. Andersch.	*Germ. bor.*
Modesta. *Dej.*	*Gal. merid.*
Municipalis? Dufstch.	*Austria.*
Var. *Pavida. Dahl.*	*Germ. bor.*
Brunnea. *Gyllenhal.*	*Suecia.*
Var. *Grandicollis. Dej. Cat.*	*Pyrenæis.*
Lapponica. *Mannerh.*	*Lapponia.*
Rufocincta. *Mannerh.*	*Finlandia.*
Bifrons. *Gyllenhal.*	*Gallia.*
Brunnea. Sturm.	id.
Castanea. Ziegler.	*Austria.*
Sabulosa. *Dej.*	*Gallia.*
Montana. *Dej.*	*Pyrenæis.*
Affinis. *Dej.*	*Hispania.*
Glabrata. *Dej.*	*Gallia.*
Granaria. *Dej.*	*Suecia.*
Infima. Gyllenhal.	id.
Infima. *Knoch?*	*Austria.*
Brevis. Sturm.	*German.*
Rotundata. *Dej.*	*Hispania.*
Brevis. *Dej.*	id.
Simplex. *Dej.*	id.
Livida. Dufour.	id.
Eximia. *Dej.*	*Gal. merid.*
Dalmatina. *Dej.*	*Dalmatia.*
Metallescens. *Dahl.*	*Sardinia.*
Complanata. *Dej.*	*Dalmatia.*
Fusca. *Sturm.*	*Gal. merid.*
Ingenua. *Creutzer.*	*Gallia.*
Lata. Sturm.	id.
Rufoænea. *Dej.*	*Hispania.*
Ruficornis. *Dej.*	*Gal. merid.*
Consularis. *Dufstch.*	*Gallia.*
Lata. Fabr.	*Suecia.*
Patricia. Sturm.	*German.*
Plebeja. Stéven.	*Russia merid.*
Insignis. *Eschsch.*	*California.*
Pastica. *Zimmerm.*	*Russia merid.*

Patricia. *Creutzer.*	*Gallia.*
Mancipium. Stürm.	*German.*
Similata. Dej. Cat.	*Suecia.*
Equestris. Sturm.	*German.*
Zabroides. *Dej.*	*Gal. merid.*
Sicula. *Dahl.*	*Sicilia.*
Robusta. Zimmerm.	id.
Nobilis. *Creutzer.*	*Austria.*
Contractula. Andersch.	id.
Cardui. *Dej.*	*Helvetia.*
Cordicollis. *Ménétr. nov. sp.*	*Russia merid.*
Apricaria. *Fabr.*	*P.*
Crenata. *Dej.*	*Gal. merid.*
Cuniculina. *Andersch.*	*Styria.*
Alpicola. *Dej.*	id.
Exarata. *Dej.*	*Amer. bor.*
Brevis. Sturm.	id.
Confinis. *Dej.*	id.
Fulva. *Degéer.*	*P.*
Concolor. Oliv.	id.
Aurichalcea. *Gebler.*	*Sibiria.*
Harpaloides. *Dej.*	id.
Aulica. Gebler.	id.
Gebleri. *Dej.*	id.
Aulica. *Illiger.*	*P.*
Bicolor. Payk.	id.
Spinipes. Linné.	id.
Picea. Sturm.	id.
Convexiuscula. *Marsham.*	*Anglia.*
Fodinæ. *Eschsch.*	*Sibiria.*
Hyperborea. *Dej.*	*Labrador.*
Melanogastrica. *Eschsch.*	*Ounalaschka.*
Melanogastèr. Sturm.	id.
Brunnipennis. *Dej.*	*Labrador.*
Torrida. *Illiger.*	*Suecia.*
Alpina. Sturm.	id.
Alpina. *Fabr.*	id.
Puncticollis. *Dej.*	*Pyren. orient.*
Pyrenæa. *Dej.*	id.

LOPHIDIUS. *Dejean.*

Testaceus. *Dej.*	*Sierra-Leona.*
Brevicollis. *Dej.*	id.

2

ANTARCTIA. *Dejean.*

{ Carnifex. *Fabr.*	*Buen.-Ayres.*
{ *Hollbergii. Gyllenhàl.*	id.
Latigastrica. *Eschsch.*	*Chili.*
Blanda. *Dej.*	id.
Circumfusa. *Germar.*	*Buen.-Ayres.*
Marginata. *Dej.*	id.
Gilvipes. *Dej.*	id.
Ænea. *Dej.*	id.
Flavipes. *Eschsch.*	*Chili.*
Chilensis. *Dej.*	id.
Malachitica. *Dej.*	*Ins. Malouin.*
Andicola. *Dej.*	*Chili.*
Femorata. *Eschsch.*	id.

12

MASOREUS. *Ziegler.*

{ Luxatus. *Creutzer.*	*Gallia.*
{ *Laticollis. Sturm.* (Trechus.)	*German.*
{ *Weterhallii. Gyllenhal.*	*Suecia.*
{ Ægyptiacus. *Dej.*	*Ægypt.*
{ *Brunneus. Klug.*	id.
Orientalis. *Dej.*	*India or.*

3

PELECIUM. *Kirby.*

Cyanipes. *Kirby.*	*Brasilia.*

1

ERIPUS. *Höpfner.*

Scydmænoides. *Höpfner.*	*Mexico.*
Lævissimus. *Eschsch.*	*California.*

2

CRATOCERUS. *Dejean.*

Monilicornis. *Dej.*	*Brasilia.*

1

SOMOPLATUS. *Dejean.*

Substriatus. *Dej.*	*Senegal.*

1

DAPTUS. *Fischer.*

{ Vittatus. *Gebler.*	*Sibiria.*
{ *Pictus. Fischer.*	*Russia merid.*
{ *Vittiger. Bœber.*	id.
{ *Maculipennis. Dej. Cat.*	*Gal. merid.*
{ Var. *Scaritoides. Dej. Cat.*	*Dalmatia.*
Incrassatus. *Dej.*	*Amer. bor.*

2

CYCLOSOMUS. *Latreille.*

{ Flexuosus. *Fabr.*	*India or.*
{ *Suturalis. Wied.*	id.
Buquetii. *Dej.*	*Senegal.*

2

PROMECODERUS. *Dejean.*

Brunnicornis. *Latreille.*	*Nov. Holland.*

1

AXINOTOMA. *Dejean.*

Fallax. *Dej.*	*Senegal.*

1

ACINOPUS. *Ziegler.*

{ Megacephalus. *Illiger.*	*Gal. merid.*
{ *Tenebrioides. Duftsch.*	id.
{ *Pasticus. Germar.*	id.
{ *Sabulosus. Sturm.*	id.
{ *Picipes. Oliv.*	id.
{ *Scaritoides. Parreyss.*	*Corfou.*

{ Ambiguus. *Dej.*	*Sicilia.*
{ *Rufipes. Dahl.*	id.
{ Bucephalus. *Dej.*	*Gal. merid.*
{ *Megacephalus. Rossi.*	*Italia.*
{ Obesus. *Schönherr.*	*Barbaria.*
{ *Sabulosus ? Fabr.*	id.
Giganteus. *Kollar.*	*Hisp. merid.*
Ammophilus. *Steven.*	*Russia merid.*

6

CRATACANTHUS. *Dejean.*

{ Pensylvanicus. *Dej.*	*Amer. bor.*
{ *Picicollis. Schneider.*	id.
{ *Silensis. Knoch.*	id.

1

PARAMECUS. *Dejean.*

Cylindricus. *Dej.*	*Buen.-Ayres.*
Lævigatus. *Eschsch.*	*Chili.*

2

CRATOGNATHUS. *Dejean.*

Mandibularis. *Dej.*	*Buen.-Ayres ?*

1

AGONODERUS. *Dejean.*

{ Lineola. *Fabr.*	*Amer. bor.*
{ *Furcatus ? Fabr.*	id.
{ Pallipes. *Fabr.*	id.
{ *Americanus. Dej. Cat.*	id.
{ Infuscatus. *Dej.*	id.
{ *S. Crucis ? Fabr.*	id.
Oblongus. *Dej.*	*India or.*
Discipennis. *Dej.*	*Senegal.*

5

BARYSOMUS. *Dejean.*

Höpfneri. *Dej.*	*Mexico.*
Gyllenhalii. *Dej.*	*India or.*
Semivittatus. *Fabr.*	id.

3

AMBLYGNATHUS. *Dejean.*

Cephalotes. *Dej.*	*Cayennæ.*
Corvinus. *Dej.*	id.
Lucidus. *Dej.*	id.
Janthinus. *Dej.*	id.
Marginalis. *Dej. nov. sp.*	id.

5

PLATYMETOPUS. *Dejean.*

Quadrimaculatus. *Dej.*	*Cochinchina.*
Interpunctatus. *Dej.*	*India or.*
Amœnus. *Dej.*	*Java.*
Thunbergi. *Schönh.*	*India or.*
Laticeps. *Eschsch.*	*Ins. Philippin.*
Vestitus. *Dej.*	*Senegal.*
Guineensis. *Dej.*	*Sierra-Leona.*
Schönherri. *Dej.*	id.
Lepidus. *Dej.*	*Senegal.*
Tessellatus. *Dej.*	id.

10

GYNANDROPUS. *Dejean.*

Americanus. *Dej.*	*Amer. bor.*

1

SELENOPHORUS. *Dejean.*

{ Impressus. *Dej.*	*Amer. bor.*
{ *Stigmosus. Germar.*	id.
{ *Palliatus. Fabr.*	id.
{ Pyritosus. *Dej.*	*Cuba.*
{ *Metallicus. Sturm.*	id.
{ Æquinoctialis. *Dej.*	*Brasilia.*
{ *Palliatus. Schüppel.*	id.
{ Alternans. *Dej.*	id.
{ *Apicalis. Sturm.*	id.
Lineatopunctatus. *Dej.*	*Cayennæ.*
Multipunctatus. *Dej.*	id.
Pusillus. *Dej. nov. sp.*	id.
Fossulatus. *Dej.*	*Amer. bor.*

6

Variegatus. *Solier.* — *Brasilia.*
Amaroides. *Dej.* — *Cayennæ.*
Chalceus. *Dej. nov. sp.* — id.
Gressorius. *Dej. nov. sp.* — id.
Punctulatus. *Dej.* — *Buen.-Ayres.*
Lubricipes. *Dej.* — *Tucuman.*
{ Discopunctatus. *Forsström.* — *Amer. ins.*
{ *Palliatus. Dej. Cat.* — id.
Pullus. *Dej.* — *Brasilia.*
Lucidulus. *Dej.* — *N.....*
Cuprinus. *Dej.* — *Amer. ins.*
{ Flavilabris. *Schönherr.* — id.
{ Var. *Lentus. Schönherr.* — id.
{ Beauvoisii. *Dej.* — *Amer. bor.*
{ *Pensylvanicus. Dej. Cat.* — id.
Æneocupreus. *Schönherr.* — *Jamaica.*
Pedicularius. *Dej.* — *Amer. bor.*
Troglodytes. *Dej.* — id.
Promptus. *Dej.* — *Buen.-Ayres.*
Parumpunctatus. *Dej.* — *N.....*
Sinuatus. *Schönherr.* — *Amer. ins.*
Exilis. *Dej.* — *Carthagena.*
Myrmidon. *Dej.* — id.
Ovalis. *Dej.* — *Amer. bor.*
Ellipticus. *Dej.* — id.
Pulicarius. *Dej.* — id.
Granarius. *Dej.* — id.
Chalybeus. *Schönherr.* — *Brasilia.*
Vicinus. *Dej.* — id.
Affinis. *Dej.* — *Cayennæ.*
Blandus. *Dej.* — *Brasilia.*
Anceps. *Dej.* — *Tucuman.*
Aurichalceus. *Dej.* — *Carthagena.*
Celer. *Dej. nov. sp.* — *Cayennæ.*
Gagatinus. *Dej.* — *Amer. bor.*
Coracinus. *Dej.* — *Carthagena.*
Scitulus. *Dej.* — *Brasilia.*
Caliginosus. *Fabr.* — *Amer. bor.*
Speciosus. *Dej.* — *Brasilia.*
Metallicus. *Dej. nov. sp.* — *Cayennæ.*
Lacordairei. *Dej.* — *Tucuman.*
{ Lugubris. *Dej.* — *Amer. bor.*
{ *Congener. Norwich.* — id.
Senegalensis. *Dej.* — *Senegal.*
Exaratus. *Dej.* — id.
Ochropus. *Dej.* — id.
Cursorius. *Dej.* — *Sierra-Leona.*
Piceus. *Dej.* — *Senegal.*
Vagans. *Dej.* — *Sierra-Leona.*
Æruginosus. *Dej.* — *Senegal.*
Micans. *Dej.* — id.
Angustatus. *Dej.* — id.
Orientalis. *Dej.* — *India or.*
Scaritides. *Ziegler.* — *Austria.*
Obtusus. *Dej.* — *Buen.-Ayres.*

59

ANISODACTYLUS. *Dejean.*

Heros. *Fabr.* — *Lusitania.*
{ Virens. *Dej.* — *Gal. merid.*
{ Var. *Distinctus. Solier.* — id.
Pseudoæneus. *Steven.* — *Russia merid.*
{ Signatus. *Illiger.* — *P.*
{ *Eschscholtzii. Gebler.* — *Sibiria.*
{ *Scyticus. M. L.* — *Tartaria.*
{ *Rusticus. Dahl.* — *Hungaria.*
Intermedius. *Dej.* — *Gal. merid.*
Binotatus. *Fabr.* — *P.*
Spurcaticornis. *Ziegler.* — id.
{ Gilvipes. *Ziegler.* — *Gallia.*
{ *Rufipes. Bonelli.* — *Italia.*
{ *Nemorivagus. Duftsch.* — *German.*
Winthemi. *Solier.* — *Ægypt.*
Nigricrus. *Dufour.* — *Senegal.*
Xanthopus. *Dej.* — id.
Javanus. *Dej.* — *Java.*
Californicus. *Eschsch.* — *California.*
Nigrita. *Dej.* — *Amer. bor.*
Agricola. *Say.* — id.
Luctuosus. *Dej.* — id.
Discoideus. *Dej.* — id.

Baltimoriensis. *Say.* — *Amer. bor.*
Brunnipennis. Dej. Cat. — id.
Lætus. *Dej.* — id.
Merula. *Germar.* — id.
Carbonarius. Dej. Cat. — id.
Rusticus. *Say.* — id.
Tristis. *Dej.* — id.
Cænus. *Dej.* — id.
23

BRADYBÆNUS. *Dejean.*

Scalaris. *Oliv.* — *Senegal.*
Signatus. Dej. Cat. — id.
Festivus. *Dej.* — id.
Dorsalis. Dej. Cat. — id.
Sellatus. *Dej.* — id.
3

GEODROMUS. *Dejean.*

Dumolinii. *Dej.* — *Senegal.*
1

HYPOLITHUS. *Dejean.*

Tomentosus. *Dej.* — *Senegal.*
Saponarius. *Oliv.* — id.
Holosericeus. *Dej.* — id.
Escheri. *Buquet.* — id.
Calathoides. *Dej.* — id.
Aciculatus. *Dej.* — id.
Juvencus. *Dej.* — id.
Congener. *Dej.* — id.
Fusculus. *Dej.* — id.
Capensis. *Dej.* — *Cap. Bon. Sp.*
Fuscus. *Dej.* — *Senegal.*
Fletifer. *Schönherr.* — *Sierra-Leona.*
Consobrinus. *Dej.* — *Senegal.*
Pulchellus. *Dej.* — id.
Chlænioides. *Dej.* — *Cayennæ.*
Puberulus. *Dej.* — *Brasilia.*
Rufilabris. *Dej.* — *Cayennæ.*
Paganus. *Dej.* — *Carthagena.*
18

GYNANDROMORPHUS. *Dejean.*

Etruscus. *Schönherr.* — *Gal. merid.*
1

HARPALUS. *Latreille.*

PREMIÈRE DIVISION.

OPHONUS. *Ziegler.*

Columbinus. *Germar.* — *Gal. merid.*
Agricola. Peiroleri. — *Dalmatia.*
Sabulicola. *Panzer.* — *Gallia.*
Obscurus. Dufisch. — id.
Azureus. Oliv. — id.
Monticola. *Dej.* — *Gal. merid. or.*
Diffinis. *Dej.* — id.
Turbidus. Megerle. — *Italia.*
Obscurus. *Fabr.* — *Gal. merid.*
Rotundicollis. Dej. Cat. — id.
Var. *Opacus. Dahl.* — *Hungaria.*
Quadricollis. *Dahl.* — *Sicilia.*
Oblongiusculus. *Dej.* — *Gallia.*
Ditomoides. *Dej.* — *Gal. merid.*
Incisus. *Dej.* — id.
Punctatulus. *Duftsch.* — *Gallia.*
Umbricola. Dahl. — *German.*
Reptans. Dahl. — *Hungaria.*
Laticollis. *Mannerh.* — *Sibiria.*
Similis. *Sturm.* — *Dalmatia.*
Marginicollis. Dahl. — *Sardinia.*
Chlorophanus. *Zenker.* — *Gallia.*
Sabulicola ? Fabr. — id.
Affinis. Dahl. — *Hungaria.*
Azureus. *Illiger.* — *Gal. merid.*
Cribricollis. *Steven.* — *Russia merid.*
Tauricus. Godet. — id.
Cordicollis. Parreyss. — id.
Punctatissimus. Oeskay. — *Hungaria.*
6.

Cordicollis. *Dej.*	*Russia merid.*
Subquadratus. *Dej.*	*Gal. merid.*
Tauricus. Parreyss.	*Russia merid.*
Meridionalis. *Dej.*	*Gal. merid.*
Pumilio. *Dej.*	*Sicilia.*
Tristis. Dahl.	id.
Rotundatus. *Dej.*	*Dalmatia.*
Velutinus. *Dej.*	*Senegal.*
Cordatus. *Dufstch.*	*Gal. merid.*
Porosus. Germar.	*Dalmatia.*
Var. *Denigratus. Sturm.*	*Gal. merid.*
Subcordatus. *Dej.*	*Gallia.*
Gracilis. Ziegler.	id.
Rupicola? Sturm.	id.
Nigripennis. Sturm.	*Tanger.*
Puncticollis. *Paykull.*	*Gallia.*
Foraminulosus? Marsham.	*Anglia.*
Brevicollis. *Dej.*	*Gallia.*
Puncticollis. Sahlberg.	*Finlandia.*
Foraminulosus. Marsham.	*Anglia.*
Parallelus. *Dej.*	*Hispania.*
Complanatus. *Dej.*	*Styria.*
Harpalinus. Ziegler.	*Hungaria.*
Convexicollis. *Ménétr. nov. sp.*	*Russia merid.*
Maculicornis. *Megerle.*	*Gallia.*
Interstitialis. Sturm.	*Carniolia.*
Signaticornis. *Megerle.*	*Gallia.*
Nigricans. Dej. Cat.	*Hungaria.*
Femoratus. *Dej.*	*Amer. bor.*
Sericeus. Harris.	id.
Hirsutulus. *Stéven.*	*Russia merid.*
Griseus. Sturm.	*Gal. merid.*
Planicollis. *Sanvitale.*	*Dalmatia.*
Mendax. *Rossi.*	*Italia.*
Fulvipennis. Dej. Cat.	*Gal. merid.*
Reichenbachii. Sturm.	*Dalmatia.*
Germanus. *Fabr.*	*Gallia.*
Obsoletus. *Dej.*	*Gal. merid.*
Cerinus. Stéven.	*Russia merid.*
Dorsalis. *Dej.*	*Gallia.*
Chloroticus. *Dej.*	*Sicilia.*

Pallidus. *Dej.*	*Hispania.*
Ustulatus. *Gebler.*	*Sibiria.*
Pubescens. *Paykull.*	*Gal. bor.*
Syriacus. *Klug.*	*Syria.*
Brunneus. *Eschsch.*	*California.*
Dilatatus. *Eschsch.*	id.
Stevenii. *Dej.*	*Russia merid.*
Sabulicola. Stéven.	id.

SECONDE DIVISION.

Hospes. *Creutzer.*	*Hungaria.*
Sturmii. *Dej.*	id.
Hospes. Sturm.	id.
Sulcatulus. *Dej.*	*Brasilia.*
Faldermanni. *Dej. nov. sp.*	id.
Obscuripennis. *Dej.*	*Amer. bor.*
Interstitialis. Say.	id.
Semirufus. Sturm.	id.
Ruficornis. *Fabr.*	*P.*
Griseus. *Panzer.*	id.
Luridus. Faldermann.	*Russia merid.*
Bicolor. *Fabr.*	*Amer. bor.*
Pensylvanicus. Degéer.	id.
Flavipes. Dej. Cat.	id.
Faunus. *Say.*	id.
Badius. *Dej.*	id.
Erraticus. *Say.*	id.
Erythropus. *Dej.*	id.
Dichrous. *Dej.*	id.
Nigripennis. *Dej.*	id.
Subcostatus. *Dej.*	*India or.*
Emarginatus. *Dej.*	*Bourbon.*
Brunnipes. *Dej.*	id.
Erosus. *Gebler.*	*Sibiria.*
Dispar. *Dej.*	*Gal. merid.*
Semipunctatus. *Dej.*	*Hispania.*
Æneus. *Fabr.*	*P.*
Var. *Smaragdinus. Dufstch.*	*Austria.*
Confusus. *Dej.*	*P.*
Assimilis. *Dej.*	*Amer. bor.*

Oblitus. *Dej.*	*Dalmatia.*
Diversus. *Dej.*	id.
Distinguendus. *Duftsch.*	*P.*
Patruelis. *Dej.*	*Gal. merid.*
Roserii. Sturm.	id.
Fastiditus. *Dej.*	*Hispania.*
Contemptus. *Dej.*	id.
Minutus. *Dej.*	id.
Lateralis. *Dej.*	id.
Fuscipennis. *Wied.*	*Cap. Bon. Sp.*
Castaneipennis. Sturm.	id.
Cupreus. *Dej.*	*Dalmatia.*
Fastuosus. Dahl.	id.
Metallicus. Godet.	*Russia merid.*
Pulcher. *M. L.*	*Nov. Holland.*
Cupripennis. *Germar.*	*Buen.-Ayres.*
Cupreomicans. Sturm.	id.
Amethystinus. *Dej.*	*Brasilia.*
Fulgens. *Dej.*	id.
Cupreonitens. *Sturm.*	id.
Mexicanus. *Klug.*	*Mexico.*
Glabratus. Sturm.	id.
Peruvianus. *Dej.*	*Peruvio.*
Tucumanus. *Dej.*	*Tucuman.*
Octopunctatus. *Dej.*	*Buen.-Ayres.*
Posticus. *Dej.*	id.
Virescens. *Dej.*	*Mexico.*
Chilensis. *Eschsch.*	*Chili.*
Aulicus. *Dej.*	*Brasilia.*
Viridulus. *Dej.*	id.
Honestus. *Andersch.*	*Gallia.*
Ignavus. Sturm.	id.
Nitidus. Sturm.	id.
Gravenhorstii. Kollar.	*Hungaria.*
Var. *Confinis. Dej. Cat.*	*Gallia.*
Frölichii. Sturm.	id.
Impressipennis. *Dej.*	*Hispania.*
Sulphuripes. *Koronini.*	*Gal. merid.*
Chalybeipennis. Sturm.	id.
Consentaneus. *Dej.*	*Gal. merid.*
Desertus. Stéven.	*Russia merid.*
Sardeus. Dahl.	*Sardinia.*
Pygmæus. *Dej.*	*Gal. merid.*
Brunnicornis. Sturm.	*Dalmatia.*
Goudotii. *Dej.*	*Tanger.*
Pumilus. *Dej.*	*Gal. merid.*
Femoralis. Sturm.	*Austria.*
Tibialis. Sturm.	*Illyria.*
Neglectus. *Dej.*	*Gal. bor.*
Piger. Gyllenhal.	*Suecia.*
Capucinus. Schönherr.	*Lusitania.*
Impunctus. *Wied.*	*Cap. Bon. Sp.*
Fulvicornis. Thunberg.	id.
Abdominalis? Fabr.	id.
Capicola. *Dej.*	id.
Madagascariensis. *Dej.*	*Madagascar.*
Fimetarius. *Illiger.*	*Cap. Bon. Sp.*
Melanarius. *Dej.*	*Nov. Holland.*
Lucidicollis. *Dej.*	id.
Meticulosus. *Dej. nov. sp.*	*Ile-de-France.*
Decipiens. *Dej.*	*Gal. merid.*
Perplexus. *Dej.*	*P.*
Petifii. Megerle.	*Austria.*
Glaberellus. Ziegler.	id.
Flaviventris? Sturm.	*Germania.*
Propinquus. Faldermann.	*Sibiria.*
Saxicola. *Godet.*	*Russia merid.*
Siculus. *Dej.*	*Sicilia.*
Incertus. *Dej.*	*Dalmatia.*
Punctatostriatus. *Ziegler.*	*Gal. merid.*
Gentilis. Parreyss.	*Corfou.*
Calceatus. *Creutzer.*	*P.*
Ferrugineus. *Fabr.*	*Germ. bor.*
Fulvus. *Dej.*	*Ægypt.*
Badius. Klug.	id.
Hottentotta. *Duftsch.*	*P.*
Conformis. Dej. Cat.	id.
Deplanatus. Godet.	*Russia merid.*
Var. *Subsinuatus. Duftsch.*	*Austria.*
Ruficeps. Ocskay.	*Hungaria.*

Quadripunctatus. *Dej.*	*Gallia.*
Seriepunctatus? Gyllenhal.	*Suecia.*
Limbatus. *Dufstch.*	id.
Nitidus. Dej. Cat.	*Gallia.*
Flaviventris? Sturm.	*German.*
Maxillosus. *Stéven.*	*Russia merid.*
Luteicornis. *Dufstch.*	*Austria.*
Limbatus. Dej. Cat.	*Suecia.*
Serotinus. Creutzer.	*German.*
Satyrus. *Knoch.*	*Austria.*
Lævicollis. Dufstch.	id.
Castaneus. Dej. Cat.	*Gallia.*
Var. *Glabricollis. Dej. Cat.*	*Austria.*
Vividus. *Fabr.*	*Maderæ.*
Somnulentus. *Eschsch.*	*Am. bor. occid.*
Herbivagus. *Say.*	*Amer. bor.*
Mæstus. Dej. Cat.	id.
Spadiceus. *Dej.*	id.
Solitaris. *Eschsch.*	*Kamtschatka.*
Marginellus. *Ziegler.*	*Styria.*
Rubripes. *Creutzer.*	*P.*
Azurescens. Gyllenhal.	*Suecia.*
Azureus? Sturm.	*German.*
Viridinitens. Dahl.	*Hungaria.*
Viridicyaneus. Godet.	*Russia merid.*
Glaberellus. Ziegler.	*Austria.*
Sobrinus. *Dej.*	*Pyren. orient.*
Salinus. *Fischer.*	*Sibiria.*
Zabroides. *Dej.*	*Russia.*
Brevicornis. *Gebler.*	*Sibiria.*
Hirtipes. *Panzer.*	*Hungaria.*
Semiviolaceus. *Brongn.*	*Gallia.*
Corvus. Dufstch.	id.
Depressus. Dufstch.	id.
Melampus. Dufstch.	id.
Schreibersii. Dufstch.	id.
Crassipes. Dufstch.	id.
Caspius. Stéven.	*Russia merid.*
Planicollis. Kugellann.	*German.*
Var. *Vicinus. Dej. Cat.*	*P.*

Hypocrita. *Dej.*	*Hispania.*
Optabilis. *Faldermann.*	*Sibiria.*
Reflexicollis. Gebler.	id.
Var. *Oodioides. Faldermann.*	id.
Lumbaris. *Eschsch.*	id.
Impiger. *Megerle.*	*Gallia.*
Var. *Inunctus. Sturm.*	*German.*
Scriepunctatus. Sturm.	id.
Terminatus. *Say.*	*Amer. bor.*
Terminalis. Sturm.	id.
Var. *Vulpeculus. Say.*	id.
Agilis. *Dej.*	id.
Similis. Say.	id.
Tenebrosus. *Dej.*	*Gallia.*
Coracinus? Sturm.	*German.*
Parallelus. Jenisson.	*Pyrenæis.*
Solieri. *Dej.*	*Gal. merid.*
Melancholicus. *Dej.*	*P.*
Piciventris. Parreyss.	*Corfou.*
Litigiosus. *Dej.*	*Gal. merid.*
Ineditus. *Dej.*	*P.*
Tardus. *Gyllenhal.*	id.
Fuliginosus. Dufstch.	*Austria.*
Fulvitarsis. Sturm.	*German.*
Saginatus. Eschsch.	*Livonia.*
Segnis. *Dej.*	*Austria.*
Lentus? Sturm.	id.
Frölichii? Megerle.	id.
Flavicornis. *Dej.*	*Dalmatia.*
Femoralis? Ullrich.	*Illyria.*
Lentus? Sturm.	*Austria.*
Modestus. *Dej.*	*Styria.*
Cautus. *Eschsch.*	*California.*
Nigerrimus. *Dej.*	*Amer. bor.*
Anthracinus. *Dej.*	*Mexico.*
Politus. *Faldermann.*	*Sibiria.*
Serripes. *Dufstch.*	*P.*
Taciturnus. *Dej.*	*Dalmatia.*
Fuscipalpis. *Ziegler.*	*Austria.*
Subcylindricus. *Dej.*	*Hispania.*

Anxius. *Duftsch.*	*Austria.*
Tibialis. Dej. Cat.	*P.*
Nigripes ? Sturm.	*German.*
Servus. *Creutzer.*	*Hungaria.*
Complanatus. Sturm.	*German.*
Flavitarsis. *Sturm.*	id.
Picipennis. *Megerle.*	*Austria.*
Vernalis. Dej. Cat.	*Gallia.*
Assimilis. Sturm.	*German.*
Brachypus. *Stéven.*	*Russia merid.*
Morio. *Ménétriés. nov. sp.*	id.
Mœstus. *Dej.*	*Oceania.*
Æreus. *Dej.*	*Nov. Holland.*
Australis. *Dej.*	id.
Australasiæ. *Dej.*	id.
Rufescens. *Dej.*	*Ægypt.*
Ephippium. *Klug.*	*Senegal.*
Xanthorhaphus. *Wied.*	*Cap. Bon. Sp.*
Fuscoæneus. *Eschsch.*	id.
Parvulus. *Dej.*	id.
Nanus. *Dej.*	id.
Marginepunctatus. *Dej.*	*N.....*
Carbonarius. *Dej.*	*Amer. bor.*
Silipes. *Dej.*	*Tucuman.*
Nigrinus. *Eschsch.*	*Am. bor. occid.*
Egenus. *Dej.*	*Brasilia.*

179

GEOBÆNUS. *Dejean.*

Lateralis. *Illiger.*	*Cap. Bon. Sp.*
Nigropunctatus. Eschsch.	id.

1

STENOLOPHUS. *Megerle.*

Vaporariorum. *Fabr.*	*P.*
Var. *Melanocephalus. Findel.*	*Hungaria.*
Nigriceps. Ziegler.	id.
Discophorus. *Fischer.*	*Russia.*
Centromaculatus. Megerle.	*Austria.*
Dissimilis. *Dej.*	*Amer. bor.*
Unicolor. *Eschsch.*	*California.*

Elegans. *Dej.*	*Gal. merid.*
Ephippium. Ziegler.	*Russia merid.*
Terminalis ? Sturm.	*German.*
Quinquepustulatus. *Wied.*	*India or.*
Velox. *Dej.*	*Senegal.*
Saponarius. Dufour.	id.
Alacer. *Dej.*	id.
Smaragdulus. *Fabr.*	*India or.*
Lucidus. *Dej.*	id.
Proximus. *Dej.*	*Gal. merid.*
Vespertinus. *Illiger.*	*Gallia.*
Ziegleri. Dej. Cat.	id.
Fuliginosus. *Dej.*	*Amer. bor.*
Ochropezus. *Say.*	id.
Marginellus. Dej. Cat.	id.
Limbatus ? Mannerheim.	*Kamtschatka.*
Plebejus. *Dej.*	*Amer. bor.*
Fuscatus. *Dej.*	id.
Spretus. *Dej.*	id.
Marginatus. *Dej.*	*Gal. merid.*
Gracilis. Parreyss.	*Corfou.*
Virescens. Klug.	*Ægypt.*
Fugax. *Dej.*	*Senegal.*
Concinnus. *Dej.*	*Ile-de-France.*
Crenulatus. *Dej.*	*N.....*
Coptoderus. *Dej.*	*Ile-de-France.*

22

ACUPALPUS. *Latreille.*

Discicollis. *Dej.*	*Russia merid.*
Rufithorax. *Mannerheim.*	*Finlandia.*
Cognatus. *Gyllenhal.*	*Suecia.*
Deutschii. Sahlberg.	id.
Alpinus. Schönherr.	id.
Placidus. *Gyllenhal.*	id.
Affinis. Dej. Cat.	id.
Flavus. Stéven.	*Russia merid.*
Consputus. *Duftsch.*	*Austria.*
Ephippiger. Gyllenhal.	*Suecia.*
Vespertinus. Dej. Cat.	*Gallia.*
Var. *Melanocephalus. Dej. Cat.*	id.

Ephippium. *Dej.*	*Russia merid.*
Dorsalis. *Fabr.*	*Gallia.*
Var. *Dorsiger. Sturm.*	id.
Maculatus. Ziegler.	*Austria.*
Suturalis. *Ziegler.*	*Dalmatia.*
Atratus. *Dej.*	*Gal. merid.*
Brunnipes. Sturm.	id.
Pallipes. *Dej.*	*Dalmatia.*
Meridianus. *Linné.*	*P.*
Cruciger. Fabr.	id.
Nigriceps. *Dej.*	*Gallia.*
Terminalis? Sturm.	*German.*
Luridus. *Dej.*	*Gallia.*
Fuscipennis. Sturm.	*German.*
Flavicollis. Sturm.	id.
Liliputanus. Ziegler.	*Austria.*
Exiguus. *Dej.*	*Sibiria.*
Minimus. Mannerheim.	id.
Atrimedeus. *Say. nov. sp.*	*Amer. bor.*
Elongatulus. *Dej.*	id.
Indistinctus. *Dej.*	id.
Longulus. *Dej.*	id.
Testaceus. *Dej.*	id.
Humilis. *Dej.*	id.
Pauperculus. *Dej.*	id.
Consimilis. *Dej.*	id.
Tantillus. *Dej.*	id.
Difficilis. *Dej.*	id.
Misellus. *Dej.*	id.
Lusitanicus. *Dej.*	*Lusitania.*
Distinctus. *Dej.*	*Gal. merid.*
Rufulus. *Dej.*	id.
Harpalinus. *Dej.*	*Gallia.*
Fulvus. Marsham.	*Anglia.*
Var. *Corruscus. Dej. Cat.*	*Austria.*
Collaris. *Paykull.*	*Suecia.*
Similis. *Dej.*	*German.*
Silaceus. *Dej.*	*Brasil. merid.*
Nitidus. *Eschsch.*	*California.*
Viduus. *Dej.*	*Brasilia.*
Scapularis. *Dej.*	*Sierra-Leona.*

Humeralis. *Buquet.*	*Senegal.*
Quadripustulatus. *Dej.*	id.
Quadrillum. *Dej.*	id.
Chilensis. *Eschsch.*	*Chili.*
Unistriatus. *Dej.*	id.
Suturalis. Eschsch.	id.
Mauritanicus. *Dej.*	*Tanger.*
Vulneratus. *Dej.*	*N.....*
Quadrinotatus. *Dej.*	*Sierra-Leona*
Metallescens. *Dej.*	*Gal. merid.*
Albipes. *Sturm.*	id.
Guttula. *Dej.*	*India or.*
Minimus. *Dej.*	id.

46

TETRAGONODERUS. *Dejean.*

Quadrum. *Fabr.*	*Senegal.*
Semivittatus. Dej. Cat.	id.
Interruptus. *Dej.*	id.
Viridicollis. *Dej.*	id.
Quadrisignatus. *Schönherr.*	*India or.*
Quadrinotatus. *Fabr.*	id.
Dilatatus. *Wied.*	id.
Arcuatus. *Klug.*	*Ægypt.*
Biguttatus. *Thunberg.*	*Cap. Bon. Sp.*
Binotatus. Schüp.	id.
Sericatus. *Dej.*	*Ægypt.*
Lecontei. *Dej.*	*Amer. bor.*
Undatus. *Klug.*	*Brasilia.*
Repandus. *Illiger.*	id.
Variegatus. *Dej.*	*Cayennæ.*
Bifasciatus. Sturm.	*Brasilia.*
Femoratus. Klug.	id.
Punctatus. *Wied.*	*India or.*
Figuratus. *Klug.*	*Brasilia.*
Crux. *Illiger.*	id.
Quadriguttatus. *Dej.*	id.

17

TRECHUS. *Clairville.*

Discus. *Fabr.*	*Hungaria.*

Micros. *Herbst.* *German.*
Planatus? Duftsch. id.
Pallidus. Ziegler. id.
Littoralis. *Ziegler.* *Gallia.*
Longicornis. Sturm. *Germania.*
Paludosus. *Gyllenhal.* *Suecia.*
Fulvus. *Dej.* *Hispania.*
Ochreatus. *Dej.* *Styria.*
Rubens. *Fabr.* *P.*
Quadristriatus. Schrank. *German.*
Tempestivus. Zenker. id.
Tristis. Paykull. *Suecia.*
Var. *Quadristriatus. Dej. Cat.* *German.*
Nigriceps. Sturm. *Gal. merid.*
Humeralis. Oeskay. *Hungaria.*
Austriacus. *Dej.* *Austria.*
Rufulus. *Dej.* *Sicilia.*
Rufescens. Dahl. id.
Rivularis. *Gyll.* *Suecia.*
Chalybeus. *Sturm.* *Ounalaschka.*
Subnotatus. *Kollar.* *Corfou.*
Palpalis. *Duftsch.* *Styria.*
Bannaticus. *Dej.* *Hungaria.*
Pyrenæus. *Dej.* *Pyren. or.*
Alpinus. *Dej.* *Styria.*
Rotundipennis. Duftsch. id.
Croaticus. *Dej.* *Croatia.*
Rotundatus. *Dej.* *Styria.*
Limacodes. *Ziegler.* id.
Secalis. *Payk.* *Suecia.*
Var. *Aquatilis. Ziegler.* *German.*
Fulvescens. Dej. Cat. *Anglia.*
Antarcticus. *Dej.* *Ins. Malouin.*
Fulvescens. *Leach.* *Anglia.*

22

LACHNOPHORUS. *Dejean.*

Rugosus. *Dej.* *Carthagena.*
Sexpunctatus. *Dej. nov. sp.* *Cayennæ.*
Pilosus. *Eschsch.* *Brasilia.*

Pubescens. *Dej.* *Amer. bor.*

4

BEMBIDIUM. *Latreille.*

PREMIÈRE DIVISION.

CILLENUM. *Leach.*

Leachii. *Dej.* *Gal. bor.*
Laterale. Leach. *Anglia.*

SECONDE DIVISION.

BLEMUS. *Ziegler.*

Areolatum. *Creutzer.* *Gallia.*

TROISIÈME DIVISION.

TACHYS. *Megerle.*

Fulvicolle. *Dej.* *Dalmatia.*
Scutellare. *Dej.* *Gal. merid.*
Substriatum. Sturm. id.
Riparium. Ullrich. *Illyria.*
Elongatulum. *Dej.* *Hispania.*
Bistriatum. *Megerle.* *Gallia.*
Var. *Pallescens. Dej. Cat.* *Hispania.*
Angustatum. Dej. Cat. *Austria.*
Pusillum. Dej. Cat. id.
Pumilum. *Dej.* *Amer. bor.*
Troglodytes. *Dej.* id.
Nigriceps. *Dej.* id.
Amabile. *Dej.* *Senegal.*
Biplagiatum. *Dej.* id.
Rufescens. *Hoffmansegg.* *Gallia.*
Pumilio. *Duftsch.* id.
Quinquestriatum. Gyllenhal. *Suecia.*
Virens. Megerle. *Austria.*
Silaceum. *Dej.* *Gal. orient.*
Latipenne. Sturm. *German.*

7

Nanum. *Gyllenhal.*	*Suecia.*
Quadristriatum. Sturm.	*German.*
Minimum. Dej. Cat.	*Gallia.*
Var. *Micros. Stéven.*	*Russia merid.*
Inornatum. *Say.*	*Amer. bor.*
Flavicaudum. *Say.*	id.
Ephippiatum. *Say. nov. sp.*	id.
Quadrisignatum. *Creutzer.*	*Gal. merid.*
Var. *Decemstriatum. Megerle.*	*Austria.*
Angustatum. *Dej.*	*Gal. merid.*
Parvulum. *Dej.*	id.
Var. *Pusillum. Dej. Cat.*	*Dalmatia.*
Hæmorrhoidale. *Dej.*	id.
Ferrugineum. *Dej.*	*Amer. bor.*
Xanthopus. *Dej.*	id.
Granarium. *Dej.*	id.
Globulum. *Dej.*	*Hispania.*
Pulicarium. *Dej.*	*Gal. merid.*
Striatopunctatum. Heyden.	*German.*

QUATRIÈME DIVISION.

NOTAPHUS. *Megerle.*

Undulatum. *Sturm.*	*German.*
Majus. Gyll.	*Suecia.*
Articulatum. Dej. Cat.	*P.*
Varium. Gebler.	*Sibiria.*
Ustulatum. *Fabr.*	*German.*
Varium. Oliv.	*P.*
Fumigatum. Ziegler.	*Austria.*
Sibiricum. *Eschsch.*	*Sibiria.*
Var. *Gilvipes. Eschsch.*	*Kamtschatka.*
Indistinctum. *Eschsch.*	*California.*
Obliquum. *Sturm.*	*German.*
Ustulatum. Gyll.	*Suecia.*
Patruele. *Dej.*	*Amer. bor.*
Spretum. *Dej.*	*Mexico.*
Dorsale. *Say.*	*Amer. bor.*
Fumigatum. *Creutzer.*	*Austria.*
Exarticulatum. Megerle.	id.
Ustulatum. Gebler.	*Sibiria.*
Niloticum. *Dej.*	*Ægypt.*
Pallidipenne. *Dej.*	*Gal. merid.*
Ephippium. Brigthwel.	*Anglia.*
Venustulum. *Ziegler.*	*Austria.*
Metallicum. Sturm.	id.
Laticolle. *Megerle.*	id.

CINQUIÈME DIVISION.

Paludosum. *Panzer.*	*German.*
Littoralis. Oliv.	*P.*
Var. *Elegans. Kollar.*	*Hungaria.*
Arenarium. *Melsheim.*	*Amer. bor.*
Impressum. *Fabr.*	*Succia.*
Var. *Argenteolum. Ahrens.*	*Germ. bor.*
Stigmaticum. *Dej.*	*Amer. bor.*
Nitidulum. *Dej.*	id.
Foraminosum. *Sturm.*	*Gallia.*
Bipunctatum. Duftsch.	*Austria.*
Orichalcicum. *Duftsch.*	*Gallia.*
Americanum. *Dej.*	*Amer. bor.*
Antiquum. *Dej.*	id.
Chalceum. *Dej.*	id.
Ægyptiacum. *Dej.*	*Ægypt.*
Pallipes. Klug.	id.
Senegalense. *Dej.*	*Senegal.*
Foveolatum. *Dej.*	id.

SIXIÈME DIVISION.

Striatum. *Fabr.*	*P.*
Ruficolle. *Illiger.*	*Succia.*
Andreæ. *Gyllenhal.*	id.
Pallidipenne. Illiger.	id.
Bipunctatum. *Fabr.*	id.
Var. *Nivale. Godet.*	*Helvetia.*
Quadripunctatum. Dej. Cat.	*Hispania.*
Quadrifossulatum. Parreyss.	*Corfou.*
Tenuicolle. *Klug.*	*Brasilia.*

SEPTIÈME DIVISION.

PERYPHUS. *Megerle.*

Eques. *Sturm.*	*Gal. orient.*
Tricolor. *Fabr.*	*Gal. merid.*
Varicolor. Schönherr.	*Austria.*
Scapulare. *Dej.*	*Gal. merid.*
Conforme. *Dej.*	id.
Modestum. *Fabr.*	*Austria.*
Ustum. *Schönherr.*	*Russia merid.*
Lunatum. *Andersch.*	*Austria.*
Infuscatum. *Dej.*	*Sibiria.*
Bisignatum. *Ménétr. nov. sp.*	*Russia merid.*
Transversale. *Dej.*	*Amer. bor.*
Rupestre. *Fabr.*	*P.*
Littorale. Oliv.	id.
Fluviatile. *Dej.*	id.
Cruciatum. *Dej.*	id.
Signatum. Sturm.	id.
Hispanicum. *Dej.*	*Hispania.*
Femoratum. *Dej.*	*P.*
Ustulatum. Oliv.	id.
Albosignatum. Sturm.	*Germania.*
Obsoletum. *Dej.*	*Austria.*
Prudens. Ziegler.	id.
Saxatile. *Gyllenhal.*	*Succia.*
Oblongum. *Dej.*	*Gal. merid.*
Combustum. *Ménétr. nov. sp.*	*Russia merid.*
Præustum. *Dej.*	*Dalmatia.*
Deletum. *Dej.*	*P.*
Contractum. *Say.*	*Amer. bor.*
Dentellum. *Stéven.*	*Russia merid.*
Mexicanum. *Dej.*	*Mexico.*
Hastii. *Sahlberg.*	*Lapponia.*
Punctiger. Germar.	id.
Pfeiffii. *Sahlberg.*	*Suecia.*
Virens. Gyllenhal.	id.
Prasinum. *Megerle.*	id.
Olivaceum. Gyllenhal.	id.
Var. *Kolströmii. Sahlberg.*	id.
Felmanni. *Mannerh.*	*Lapponia.*
Depressum. *Ménétr. nov. sp.*	*Russia merid.*
Fasciolatum. *Megerle.*	*Austria.*
Var. *Angusticolle. Megerle.*	id.
Cœruleum. *Dej.*	*Gallia.*
Tibiale. *Megerle.*	*Austria.*
Var. *Gilvipes. Parreyss.*	*Buchovina.*
Decorum. *Zenker.*	*Gallia.*
Siculum. *Dej.*	*Sicilia.*
Distinctum. *Dej.*	*Gal. orient.*
Æneum. Sturm. Cat.	*Helvetia.*
Fulvipes ? Sturm.	*Austria.*
Perplexum. *Dej.*	*Styria.*
Angustatum. Dej. Cat.	id.
Fuscicorne. *Dej.*	id.
Monticulum. Sturm.	id.
Brunnicorne. *Dej.*	*Dalmatia.*
Rufipes. Illiger.	*German.*
Var. *Incertum. Dej. Cat.*	*Dalmatia.*
Rufipes. *Gyllenhal.*	*Suecia.*
Brunnipes. Sturm.	*Gallia.*
Var. *Dalmatinum. Dej. Cat.*	*Dalmatia.*
Violaceum. Dej. Cat.	*Styria.*
Alpinum. *Dej.*	id.
Sahlbergii. *Dej.*	*Finlandia.*
Brunnipes. Sahlberg.	id.
Brunnipes. *Megerle.*	*Gallia.*
Erythrocnemum. Parreyss.	*Buchovina.*
Rufipes. Duftsch.	*Austria.*
Stomoides. *Dej.*	*Gallia.*
Oblongum. Sturm.	*Helvetia.*
Albipes ? Sturm.	*Austria.*
Crenatum. *Dej.*	*German.*
Dahlii. *Dej.*	*Sicilia.*
Bipunctatum. Dahl.	id.
Elongatum. *Dej.*	*Gal. merid.*

HUITIÈME DIVISION.

LEJA. *Megerle.*

Lævigatum. *Say.*	*Amer. bor.*

Nigrum. *Melsh.*	*Amer. bor.*
Cayennense. *Dej.*	*Cayennæ.*
Chalcopterum. *Ziegler.*	*Gallia.*
Pygmæum. Fabr.	*Austria.*
Orichalcicum. Illiger.	id.
Ambiguum. *Dej.*	*Hispania.*
Nigricorne. *Gyllenhal.*	*Suecia.*
Celere. *Fabr.*	*P.*
Pygmæum. Dej. Cat.	id.
Rufipes. Oliv.	id.
Properans. Illiger.	*Lusitania.*
Pyrenæum. *Dej.*	*Pyren. or.*
Decipiens. *Dej.*	*Amer. bor.*
Sturmii. *Panzer.*	*P.*
Lineolatum. Creutzer.	*Austria.*
Maculatum. *Dej.*	*Gal. merid.*
Rivulare. *Sturm.*	id.
Unicolor. Ziegler.	*Illyria.*
Normannum. *Dej.*	*Gallia.*
Pusillum. *Gyllenhal.*	*Suecia.*
Atratum. Sturm.	*German.*
Minutum. Dej. Cat.	*Gallia.*
Var. *Doris. Dej. Cat.*	*Gal. merid.*
Kollari. *Dej.*	*Buchovina.*
Gilvipes. Kollar.	id.
Mannerheimii. *Sahlberg.*	*Finlandia.*
Cognatum. *Dej.*	*Mexico.*
Pulchrum. *Gyllenhal.*	*Finlandia.*
Bellum. Sahlberg.	id.
Lepidum. *Dej.*	*Gal. merid.*
Aspericolle. Germar.	*German.*
Doris. *Illiger.*	*Suecia.*
Terminatum. Dej. Cat.	id.
Angusticolle. Dej. Cat.	id.
Var. *Minutum. Fabr.*	*German.*
Hypocrita. *Dej.*	*Pyren. or.*
Gratiosum. *Dej. nov. sp.*	*Italia.*
Schüppelii. *Dej.*	*German.*
Assimile. *Gyllenhal.*	*P.*
Obtusum. *Dej.*	*P.*
Piceum. Spence.	*Anglia.*
Var. *Sexstriatum. Dej. Cat.*	*Germania.*
Guttula. *Fabr.*	*P.*
Riparium ? Oliv.	id.
Immaculatum. Höpfner.	*German.*
Var. *Bisignatum. Dej. Cat.*	id.
Biguttatum. *Fabr.*	*P.*
Subfenestratum. Dej. Cat.	id.
Nigroæneum. Sturm.	id.
Riparium ? Oliv.	id.
Var. *Æneum. Spence.*	*Anglia.*
Fuscipes. Dej. Cat.	*Gal. merid.*
Vulneratum. *Dej.*	*P.*
Biguttatum. Sturm.	*German.*
Bipustulatum. Ocskay.	*Hungaria.*
Transparens. Gebler.	*Sibiria.*

NEUVIÈME DIVISION.

LOPHA. *Megerle.*

Quadriguttatum. *Fabr.*	*P.*
Laterale. *Dej.*	*Gal. merid.*
Quadripustulatum. *Fabr.*	*Gallia.*
Quadrimaculatum. *Linné.*	*P.*
Subglobosum. Payk.	*Suecia.*
Oppositum. Say.	*Amer. bor.*
Articulatum. *Dufstch.*	*P.*
Pœcilum. Dej. Cat.	id.
Fallax. *Dej.*	*Amer. bor.*

DIXIÈME DIVISION

TACHYPUS. *Megerle.*

Picipes. *Megerle.*	*Gallia.*
Pallipes. *Megerle.*	id.
Flavipes. *Fabr.*	*P.*

141

2494

HYDROCANTHARES.

DYTISCUS. *Linné.*

Latissimus. *Fabr.*	*German.*
Dimidiatus. *Illiger.*	*Gallia.*
Circumscriptus. *Dej.*	id.
Dubius. Gyllenhal.	id.
Circumcinctus. *Ahrens.*	id.
Marginalis. *Fabr.*	*P.*
Circumductus. *Ziegler.*	id.
Conformis. Kunze.	id.
Hispanicus. *Dej.*	*Hispania.*
Lapponicus. *Gyllenhal.*	*Lapponia.*
Septentrionalis. *Germar.*	id.
Perplexus. *Dej.*	*Gal. bor.*
Circumflexus. *Fabr.*	*P.*
Flavoscutellatus. Latr.	id.
Sardeus. Dahl.	*Sardinia.*
Punctulatus. *Fabr.*	*P.*
Carolinus. *Dej.*	*Amer. bor.*
Americanus. *Dej.*	id.

14

TROCHALUS. *Eschscholtz.*

Grandis. *Dej.*	*Cayennæ.*
Ellipticus. *Dej.*	*Guadeloupe.*
Occidentalis. *Dej.*	*Cuba.*
Dissimilis. *Dej.*	*Amer. bor.*
Fimbriolatus. Say.	id.
Brasiliensis. *Dej.*	*Brasilia.*
Roeselii. *Fabr.*	*P.*
Dispar. Sturm.	id.
Limbatus. *Fabr.*	*India orient.*
Aciculatus. Oliv.	id.
Javanus. *Dej.*	*Java.*
Capensis. *Dej.*	*Cap. Bon. Sp.*
Bonellii. Dahl.	*Sicilia.*
Lateralis. *Fabr.*	*Ile de France.*
Similis. *Dej.*	*India orient.*
Scapularis. Eschsch.	*Ins. Philipp.*
Senegalensis. *Dej.*	*Senegal.*
Immarginatus. *Fabr.*	id.
Posticus. *Dej.*	*India orient.*
Bivulnerus. *Dej.*	*Senegal.*
Bisignatus. *Sahlberg.*	*India orient.*
Desjardinsii. *Dej.*	*Ile de France.*
Costalis. *Oliv.*	*Cayennæ.*
Patruelis. *Dej.*	*N.....*
Lævigatus. *Fabr.*	*S.-Domingue.*
Consentaneus. *Dej.*	*Brasilia.*

21

ACILIUS. *Leach.*

Sulcatus. *Fabr.*	*P.*
Canaliculatus. *Illig.*	*Hispania.*
Dispar. *Ziegler.*	*Gal. bor.*
Canaliculatus. Gyllenhal.	*Suecia.*
Sulcipennis. Sahlberg.	*Finlandia.*
Semisulcatus. *Dej.*	*Amer. bor.*
Mediatus. Say.	id.
Var. *Abbreviatus. Eschsch.*	*Am. bor. occ.*

4

NOGRUS. *Eschscholtz.*

Griseus. *Fabr.*	*India orient.*
Var. *Sticticus. Fabr.*	*Amer. ins.*
Pallidus. Eschsch.	*Gal. merid.*

1

THERMONETUS. *Eschscholtz.*

Undatus. *Dej.*	*Amer. bor.*
Ornaticollis. *Dej.*	id.
Subfasciatus. *Dej.*	*Cuba.*
Brasiliensis. Eschsch.	*Brasilia.*
Insculptus. *Dej.*	*Cuba.*
Circumscriptus. Latr.	*Mexico.*

Incisus. *Dej.*	*Amer. bor.*
Sculpturatus. *Schönherr.*	*Amer. ins.*
Margineguttatus. *Dej.*	*Brasilia.*

7

GRAPHODERUS. *Eschscholtz.*

Bilineatus. *Payk.*	*Gal. bor.*
Cinereus. *Fabr.*	*P.*
{ Zonatus. *Fabr.*	*Suecia.*
{ *Fasciatocollis. Harris.*	*Amer. bor.*
Austriacus. *Dej.*	*Austria.*
Verrucifer. *Sahlberg.*	*Finlandia.*
Brunnipennis. *Dej.*	*Amer. bor.*
Bivittatus. *Dej.*	*Ile de France.*
Vittatus. *Fabr.*	*India orient.*

8

HYDATICUS. *Leach.*

Fasciatus. *Fabr.*	*India orient.*
Festivus. *Megerle.*	id.
Speciosus. *Dej.*	*Mexico.*
Marmoratus. *Klug.*	*Arabia.*
Bihamatus. *Eschsch.*	*Ins. Philipp.*
Stagnalis. *Fabr.*	*German.*
Strigatus. *Dej.*	*Italia.*
Transversalis. *Fabr.*	*P.*
Hybneri. *Fabr.*	id.
Luzonicus. *Eschsch.*	*Ins. Philipp.*
Palliatus. *Dej.*	*N.....*
{ Capicola. *Dej.*	*Cap. Bon. Sp.*
{ *Coronatus. Hoffmansegg.*	id.
Cinctipennis. *Dej.*	*Amer. bor.*
Fulvicollis. *Dej.*	id.
Uncinatus. *Illiger.*	*Brasilia.*
Irroratus. *Dej.*	id.
Sobrinus. *Dej.*	*Ile de France.*
{ Distinctus. *Dej.*	*Gal. merid.*
{ *Marginalis. Dahl.*	*Italia.*

18

SCUTOPTERUS. *Eschscholtz.*

Coriaceus. *Hoffmansegg.*	*Gal. merid.*
Lanio. *Fabr.*	*Maderæ.*
Pustulatus. *Rossi.*	*Italia.*

3

CYMATOPTERUS. *Eschscholtz.*

{ Fuscus. *Fabr.*	*P.*
{ *Striatus. Oliv.*	id.
Striatus. *Fabr.*	*Suecia.*
Bogemanni. *Gyllenhal.*	id.
{ Dolabratus. *Payk.*	id.
{ Var. *Groenlandicus. Westerm.*	*Groenland.*
Vicinus. *Dej.*	*Amer. bor.*

5

LIOPTERUS. *Eschscholtz.*

{ Oblongus. *Illiger.*	*P.*
{ *Elongatus. Dahl.*	*Italia.*

1

AGABUS. *Leach.*

Serricornis. *Payk.*	*Lapponia.*

1

RANTUS. *Eschscholtz.*

{ Suturalis. *Dej.*	*Germania.*
{ *Notatus. Gyllenhal.*	*Succia.*
{ Notatus. *Fabr.*	*P.*
{ *Conspersus. Gyllenhal.*	id.
{ *Pulverosus. Knoch.*	*Germania.*
Divisus. *Eschscholtz.*	*Amer. bor. oc.*
Maculicollis. *Klug.*	*Mexico.*
Chilensis. *Dej.*	*Chili.*
Bonariensis. *Dej.*	*Buenos-Ayrès.*
{ Agilis. *Fabr.*	*P.*
{ *Suturalis. Harris.*	*Amer. bor.*
{ Adspersus. *Fabr.*	*Gallia.*
{ *Collaris. Gyllenhal.*	*Suecia.*
{ *Insolutus. Eschsch.*	*Sibiria.*

8

COLYMBETES. *Clairville.*

Cicur. *Fabr.*	*Cap. Bon. Sp.*
Angustatus. Dej.	id.
Lebasii. *Dej.*	*Carthagena.*
Sexlineatus. *Dej.*	*Amer. bor.*
Calidus. *Fabr.*	*Brasilia.*
Nubilus. Dej.	id.
Sinaicus. *Dej.*	*Arabia.*
Pacificus. *Eschscholtz.*	*Ins. Sandwich.*
Niger. *Illiger.*	*P.*
Carbonarius? Fabr.	id.
Grapii. Gyllenhal.	*Suecia.*
Bipustulatus. *Fabr.*	*P.*
Carbonarius. Gyllenhal.	id.
Var. *Chalconatus. Gyllenhal.*	*Suecia.*
Picipes. *Dej.*	*Ounalaschka.*
Gagates. *Knoch.*	*Amer. bor.*
Chalconatus. *Panzer.*	*P.*
Glabratus. Bilberg.	*Suecia.*
Var. *Austriacus. Dahl.*	*Austria.*
Angustior. *Gyllenhal.*	*Lapponia.*
Biguttatus. *Oliv.*	*Gal. merid.*
Dilatatus. Kollar.	*Sicilia.*
Guttatus. *Paykull.*	*Gallia.*
Vittiger. *Gyllenhal.*	*Lapponia.*
Aquilus. *Dej.*	*Gal. merid.*
Brunnipes. *Dej.*	*Barbaria.*
Confinis. *Gyllenhal.*	*Lapponia.*
Ater. *Fabr.*	*P.*
Fenestratus. Paykull.	id.
Quadrinotatus. *Eschsch.*	*Amer. bor. oc.*
Quadriguttatus. *Dej.*	*P.*
Confusus. *Dej.*	*Amer. bor.*
Fenestralis. *Knoch.*	id.
Biguttulus. Germar.	id.
Fenestratus. *Fabr.*	*P.*
Æneus. Illiger.	id.
Var. *Æreus. Dahl.*	*Austria.*
Guttiger. *Gyllenhal.*	*Lapponia.*
Fuliginosus. *Fabr.*	*P.*
Lacustris. Fabr.	id.
Meridionalis. *Dej.*	*Gal. merid.*
Bipunctatus. *Fabr.*	*P.*
Basalis. *Dej.*	*Gal. merid.*
Maculatus. *Fabr.*	*P.*
Tæniatus. Harris.	*Amer. bor.*
Interrogatus. *Fabr.*	id.
Abbreviatus. *Fabr.*	*Gallia.*
Didymus. *Oliv.*	*Gal. merid.*
Vitreus. Payk.	id.
Quadrisignatus. *Dej.*	*Peruvio.*
Undecimguttatus. *Dej.*	*Brasilia.*
Nigerrimus. *Dej.*	id.
Striola. *Dej.*	*Amer. bor.*
Erythropterus. *Say.*	id.
Rugulosus. *Dej.*	id.
Reticulatus. *Dej.*	id.
Æruginosus. *Dej.*	id.
Discolor. Harris.	id.
Infuscatus. *Dej.*	id.
Flavescens. *Dej.*	id.
Punctatulus. *Dej.*	id.
Fuscipennis. *Gyllenhal.*	*Lapponia.*
Fossarum. Eschsch.	*Livonia.*
Convexus. *Dej.*	*Gallia.*
Brunneus. *Fabr.*	*Gal. merid.*
Castaneus. Schönherr.	id.
Sturmii. *Schönherr.*	*P.*
Umbrinus. Sturm.	id.
Nigricollis. *Dahl.*	*Sicilia.*
Paludosus. *Fabr.*	*Gallia.*
Congener. *Gyllenhal.*	*Suecia.*
Vicinus. *Dej.*	*Arabia.*
Arcticus. *Payk.*	*Lapponia.*
Uliginosus. *Fabr.*	*Suecia.*
Adpressus. *Mannerheim.*	*Dauria.*
Striolatus. *Gyllenhal.*	*Finlandia.*
Wasastjernæ. *Sahlberg.*	id.

Femoralis. *Payk.* — *P.*
Affinis. *Payk.* — *Suecia.*
Angustus. *Dej.* — *Lapponia.*
Elongatus. Gyllenhal. — id.
Emarginatus. *Dej.* — *Amer. bor.*
Elongatus. *Dej.* — id.
Posticatus. *Fabr.* — *Brasilia.*
Multistriatus. *Dej.* — id.
Striatulus. *Dej.* — *Amer. bor.*
Decemstriatus. *Dej.* — id.
Duodecimstriatus. *Dej.* — *Ile de France.*
Octostriatus. *Dej.* — id.
Lineolatus. *d'Urville.* — *Amboine.*
Parvulus. *Eschsch.* — *Ins. Sandwich.*

70

LACCOPHILUS. *Leach.*

Maculosus. *Knoch.* — *Amer. bor.*
Fasciatus. *Dej.* — id.
Minutus. *Fabr.* — *P.*
Marmoreus. Oliv. — id.
Hyalinus. Leach. — id.
Var. *Obscurus. Panzer.* — id.
Americanus. *Dej.* — *Amer. bor.*
Orientalis. *Dej.* — *Java.*
Irroratus. *Dej.* — *Ile de France.*
Posticus. Eschsch. — *Ins. Philipp.*
Undatus. *Dej.* — *Amer. bor.*
Variegatus. *Knoch.* — *Gal. merid.*

8

NOTERUS. *Latreille.*

Crassicornis. *Fabr.* — *P.*
Capricornis. *Herbst.* — id.
Crassicornis. Gyllenhal. — *Suecia.*
Lævis. *Dej.* — *Gal. merid.*
Oblongus. *Dej.* — *Amer. bor.*
Luctuosus. *Dej.* — *India orient.*
Guttula. *Dej.* — *Ile de France.*

6

HYGROBIA. *Latreille.*

Hermanni. *Fabr.* — *P.*

1

HALIPLUS. *Latreille.*

Elevatus. *Panzer.* — *Gallia.*
Obliquus. *Fabr.* — *P.*
Var. *Viennensis. Dahl.* — *Austria.*
Hartziniæ. Dahl. — *German.*
Ferrugineus. *Linné.* — *P.*
Fulvus. Fabr. — id.
Var. *Testaceus. Dahl.* — *Italia.*
Guttatus. Dahl. — id.
Variegatus. *Dej.* — *P.*
Signatipennis. Dahl. — *Italia.*
Punctatus. *Dej.* — *Amer. bor.*
Americanus. *Dej.* — id.
Impressus. *Fabr.* — *P.*
Var. *Marginepunctatus. Sturm.* — *German.*
Bistriolatus. *Duftsch.* — *P.*
Lineatocollis. Gyllenhal. — id.
Cæsus. *Duftsch.* — id.
Exculptus. Panzer. — id.
Rotundatus. *Dahl.* — *Gal. merid.*
Maculatus. *Say.* — *Amer. bor.*
Var. *Cribrarius. Dej.* — id.

11

HYDROPORUS. *Latreille.*

Duodecimpustulatus. *Fabr.* — *Gallia.*
Depressus. *Fabr.* — id.
Luctuosus. *Dej.* — *Gal. merid.*
Marginicollis. *Dej.* — *Helvetia?*
Alpinus. *Payk.* — *Lapponia.*
Bidentatus. *Gyllenhal.* — id.
Alpinus. Dej. Cat. — id.
Canaliculatus. *Illiger.* — *Hispania.*
Areolatus. *Illiger.* — *Gallia.*
Halensis? Fabr. — id.

Striolatus. *Dej.*	*Anglia?*
Ornatus. *Dej.*	*Arabia.*
Carinatus. *Dej.*	*Hispania.*
Tessellatus. *Dej.*	*Teneriffæ.*
Opatrinus. *Illiger.*	*Gal. merid.*
Capensis. *Dej.*	*Cap. Bon. Sp.*
Fluviatilis. *Leach.*	*Anglia.*
Halensis. Mac Leay.	id.
Rotundatus. Knoch.	*German.*
Sanmarkii. Sahlberg.	*Finlandia.*
Hyperboreus. *Gyllenhal.*	*Lapponia.*
Assimilis. *Payk.*	id.
Nigrolineatus. *Steven.*	*Russia merid.*
Parallelogrammus. Ahrens.	id.
Griseostriatus. *Gyllenhal.*	*Suecia.*
Quadristriatus. Eschsch.	*Ounalaschka.*
Distinctus. *Dej.*	*Gal. merid.*
Consobrinus? Kunze.	id.
Punctum. Gebler.	*Sibiria.*
Lineellus. *Gyllenhal.*	*German.*
Alternans. Knoch.	id.
Picipes. *Fabr.*	*P.*
Porosus. Gebler.	*Sibiria.*
Marklini. *Gyllenhal.*	*Suecia.*
Dorsalis. *Fabr.*	*P.*
Sexpustulatus. *Fabr.*	id.
Var. *Septentrionis. Mannerh.*	*Lapponia.*
Aulicus. *Dej.*	*Amer. bor.*
Pubipennis. *Dej.*	id.
Undulatus. Say.	id.
Ruficeps. *Dej.*	id.
Modestus. *Dej.*	id.
Punctatissimus. *Dej.*	id.
Oblitus. *Dej.*	id.
Angustatus. *Dej.*	id.
Oblongus. *Dej.*	*Ounalaschka.*
Humeralis. *Eschsch.*	*Am. bor. occ.*
Vicinus. *Dej.*	*Barbaria.*
Obsoletus. *Dej.*	*Hispania.*
Neglectus. *Dej.*	*Gal. merid.*
Lituratus? Fabr.	id.

Velutinus. *Dej.*	*N.....*
Incertus. *Dej.*	*Gallia.*
Auritus. Dahl.	*Italia.*
Lapponum. *Gyllenhal.*	*Lapponia.*
Erythrocephalus. *Fabr.*	*P.*
Rufifrons. *Gyllenhal.*	*Suecia.*
Planus. *Fabr.*	*P.*
Pullus. Sturm.	*German.*
Var. *Rufipes. Dahl.*	*Italia.*
Nigricollis. Dahl.	id.
Melanocephalus. Gyllenhal.	*Suecia.*
Pubescens. Gyllenhal.	id.
Deplanatus. *Gyllenhal.*	id.
Morio. *Dej.*	id.
Nigrita. Gyllenhal.	id.
Nigrita. *Fabr.*	*P.*
Melanocephalus. var. Gyllen.	*Suecia.*
Tristis. *Payk.*	*P.*
Var. *Striola. Gyllenhal.*	*Suecia.*
Umbrosus. Gyllenhal.	id.
Scapularis. Sturm.	*German.*
Limbatus. Gysselen.	*Austria.*
Granularis. *Fabr.*	*P.*
Flavipes. *Olivier.*	id.
Xanthopus. Hoffmansegg.	*Hispania.*
Lineolatus. Dahl.	*Italia.*
Eugrammus. Dalman.	*Barbaria.*
Varius. *Dej.*	*Gal. merid.*
Pumilus. Hoffmansegg.	*Hispania.*
Pictus. *Fabr.*	*P.*
Arcuatus. Sturm.	*German.*
Fasciatus. *Dahl.*	*Italia.*
Geminus. *Fabr.*	*P.*
Cristatus. *Dej.*	*Gal. merid.*
Bicarinatus. Jurine.	id.
Cruciatus. Dahl.	*Italia.*
Troglodytes. *Dej.*	*Ægypt.*
Pumilus. *Dej.*	*Gal. merid.*
Unistriatus. *Gyllenhal.*	*Suecia.*
Minutissimus. *Dej.*	*Gal. merid.*
Nanus. *Dej.*	*Amer. bor.*

Pulicarius. *Dej.*	*Amer. bor.*
Exiguus. *Dej.*	id.
Granarius. *Dej.*	id.
Gibbulus. *Dej.*	id.
Confusus. *Dej.*	id.
Lineatus. *Fabr.*	*P.*
Stagnicola. Leach.	*Anglia.*
Lepidus. *Schönherr.*	*Gal. merid.*
Confluens. *Fabr.*	*P.*
Reticulatus. *Fabr.*	id.
Inæqualis. *Fabr.*	id.
Punctatus. Harris.	*Amer. bor.*
Cuspidatus. *Germar.*	*German.*
Maculatus. Dahl.	*Italia.*
Decoratus. *Gyllenhal.*	*Suecia.*
Bicolor. *Dahl.*	*Sardinia.*
Convexus. *Dej.*	*Amer. bor.*
Gibbosus. *Dej.*	id.

74

HYPHIDRUS. *Latreille.*

Ovatus. *Linné.*	*P.*
♂. *Ovalis. Fabr.*	id.
♀. *Gibbus. Fabr.*	id.
Variegatus. *Illiger.*	*Gal. merid.*
Obscurus. *Dej.*	*Ile de France.*
Lyratus. *Schönherr.*	*India orient.*
Distinctus. *Dej.*	*Ins. Bourbon.*
Scriptus. *Fabr.*	id.
Obesus. *Dej.*	*Ile de France.*

7

EPINECTUS. *Eschscholtz.*

Sulcatus. *Dej.*	*Brasilia.*

1

CYCLOUS. *Eschscholtz.*

Major. *Dej.*	*Java.*
Varians. *Klug.*	*Arabia.*
Morio. Dej.	id.
Olivaceus. *Dej.*	*Ins. Bourbon.*

Emarginatus. *Dej.*	*Ile de France.*
Var. *Cephalotes. Dej.*	id.
Micans. *Fabr.*	*Guinea.*
Punctulatus. *Dej.*	*Cap. Bon. Sp.*
Vittatus. *Germar.*	*Amer. bor.*
Mexicanus. *Klug.*	*Mexico.*
Longimanus. *Oliv.*	*S. Domingue.*
Politus. *Dej.*	*Amer. bor.*
Substriatus. *Dej.*	id.
Americanus. *Fabr.*	id.
Metallicus. *Dej.*	*Cuba.*
Rufipes. *Fabr.*	*India orient.*
Australis. Dej. Cat.	*Nov. Holland.*
Australis. *Fabr.*	*India orient.*
Var. *Lævigatus. Dej.*	*Ile de France.*
Subspinosus. Klug.	*Dongola.*
Unidentatus. *Dej.*	*Brasilia.*
Spinosus. *Fabr.*	*India orient.*

17

GYRINUS. *Linné.*

Striolatus. *d'Urville.*	*Nov. Holland.*
Oblongus. *Dej.*	id.
Venator. *Mac Leay.*	id.
Ellipticus. *Dej.*	*Chili.*
Marginatus. *Dej.*	*Cap. Bon. Sp.*
Striatus. *Fabr.*	*Gallia.*
Var. *Strigosus. Fabr.*	*Nov. Holland.*
Lineatus. *Hoffmansegg.*	*Gallia.*
Urinator. Germar.	id.
Natator. *Fabr.*	*P.*
Var. *Mergus. Ahrens.*	*German.*
Austriacus. Dahl.	*Austria.*
Æneus. Leach.	*Anglia.*
Pectoralis. Ullrich.	*Dalmatia.*
Marinus. *Gyllenhal.*	*Gallia.*
Var. *Æneus. Mac Leay.*	*Anglia.*
Marginatus. Eschsch.	*Livonia.*
Splendidus. Megerle.	*Austria.*
Paludosus. Germar.	*German.*
Dorsalis. *Gyllenhal.*	*Suecia.*

Borealis. *Knoch.*	*Amer. bor.*
Affinis. *Dej.*	id.
Picipes. *Eschsch.*	*Amer. bor. oc.*
{ Gibbulus. *Dej.*	*Brasilia.*
{ *Columbinus. Klug.*	id.
{ Ovatus. *Klug.*	id.
{ *Marginellus. Klug.*	id.
{ Modestus. *Dej.*	*Amer. bor.*
{ *Analis. Say.*	id.
Lateralis. *Dej.*	id.
{ Parvulus. *Dej.*	*N.....*
{ *Rufipes. Klug.*	*Mexico.*
Conformis. *Dej.*	*Amer. bor.*
{ Dichrous. *Knoch.*	id.
{ *Arctus. Harris.*	id.
{ Minutus. *Fabr.*	*P.*
{ *Bicolor. Oliv.*	id.
Nitidulus. *Fabr.*	*Ile de France.*
Vicinus. *Dej.*	*Cap. Bon. Sp.*
{ Bicolor. *Payk.*	*Suecia.*
{ Var. *Tauricus. Stéven.*	*Russia merid.*
Augustatus. *Dahl.*	*Dalmatia.*
Elongatus. *Dahl.*	*Austria.*

26

TRIGONOCHEILUS. *Dejean.*

Rostratus. *De Haan.*	*Java.*

1

CYBISTER. *Eschscholtz.*

{ Marginellus. *Dej.*	*Brasilia.*
{ *Cinctus. Germar.*	id.
{ *Marginatus. Klug.*	id.
Scitulus. *Dej.*	id.
Incisus. *Dej.*	*Cayennæ.*
Sericeus. *Eschsch.*	*Ins. Philippin.*
Semivillosus. *Dej.*	*Guinea.*
Specularis. *Schönherr.*	id.
{ Schönherri. *Dej.*	id.
{ *Vittatus. Schönherr.*	id.

7

ORECTOCHILUS. *Eschscholtz.*

Palliatus. *Klug.*	*Ægypt.*
Gangiticus. *Wiedemann.*	*India orient.*
Villosus. *Fabr.*	*Gallia.*

3

323

BRACHÉLYTRES.

VELLEIUS. *Leach.*

Dilatatus. *Fabr.*	*Gallia.*

1

CALLICTENUS. *Dejean.*

Episcopalis. *Dej.*	*Brasilia.*

1

SAUROMORPHUS. *Dejean.*

Meticulosus. *Dej.*	*Brasilia.*

1

PLATYTOMA. *Dejean.*

Hæmatodes. *Dej.*	*Buen.-Ayres.*

1

EMUS. *Leach.*

{ Maxillosus. *Fabr.*	*P.*
{ Var. *Mandibularis. Eschsch.*	*Am. bor. occ.*
{ Sinuatus. *Gyllenhal.*	*Brasilia.*
{ *Variegatus. Mannerh.*	id.
Erythrocephalus. *Fabr.*	*Nov. Holland.*
Hirtus. *Fabr.*	*P.*
Elegans. *Klug.*	*Brasil. merid.*
Insignis. *Dej.*	*Brasilia.*
Variegatus. *Dej.*	id.
Speciosus. *Dej.*	*Amer. bor.*

8.

Nebulosus. *Fabr.*	*P.*
Chrysocephalus. *Grav.*	id.
Pubescens. *Fabr.*	id.
Murinus. *Fabr.*	id.
Chloropterus. *Fabr.*	*Austria.*
Cruentatus. *Dej.*	*Amer. bor.*
Erythropennis. *Dej.*	id.
Immaculatus. *Harris.*	id.
Badius. *Dej.*	*Amer. bor.*
Cinnamopterus? Grav.	id.
Chrysocomus. *Mannerheim.*	*Dauria.*
Flavicornis. *Dej.*	*Austria.*
Erythropterus. Ziegler.	id.
Erythropterus. *Fabr.*	*P.*
Dimidiaticornis. Ziegler.	*Austria.*
Castanopterus. *Grav.*	id.
Dauricus. *Dej.*	*Dauria.*
Lutarius. *Grav.*	*Gallia.*
Interjectus. Ziegler.	*Dalmatia.*
Carinthiacus. *Dahl.*	*Styria.*
Fimetarius. Ziegler.	*Gallia.*
Hispanicus. *Dej.*	*Hispania.*
Stercorarius. *Grav.*	*P.*
Latebricola. *Grav.*	*Austria.*
Fossor. *Fabr.*	*Gallia.*
Fossator. *Grav.*	*Amer. bor.*
Janthinus. *Dej.*	*Brasilia.*
Olens. *Fabr.*	*P.*
Morosus. *Dej.*	*Teneriffæ.*
Italicus. *Géné.*	*Italia.*
Capito. *Dej.*	*Dalmatia.*
Azurescens. *Dej.*	id.
Cyaneus. *Fabr.*	*P.*
Var. *Cyanescens. Ziegler.*	*Styria.*
Subcyaneus. Dahl.	*Austria.*
Similis. *Fabr.*	*P.*
Var. *Alpestris. Dahl.*	*Austria.*
Subterraneus. Dahl.	id.
Morio. *Fabr.*	*P.*
Var. *Hortensis. Dahl.*	*Austria.*
Angustatus. *Leach.*	*P.*

Rufipalpis. *Dej.*	*P.*
Fuscipes. *Dahl.*	*Austria.*
Erraticus. *Dej.*	*Teneriffæ.*
Paganus. *Dej.*	*Amer. bor.*
Tomentosus. *Dej.*	id.
Diversus. *Dej.*	id.
Tricinctus. *Géné.*	*Italia.*
Truncatipennis. *Ziegler.*	*Styria.*
Alpinus. Dahl.	id.
Nigripes. *Dej.*	*P.*
Fuscatus? Gyllenhal.	id.
Ater. Sturm. Grav?	*German.*
Rufipes. *Latr.*	*P.*
Dejeanii. Dahl.	*Dalmatia.*
Jucundus. *Dej.*	*Italia.*
Brunnipes. *Fabr.*	*P.*
Castanipes. Dahl.	*Hungaria.*
Cognatus. *Dej.*	*Italia.*
Bicinctus. *Rossi.*	id.
Decoratus. Dej. Cat.	*Gal. merid.*
Fuscatus. *Grav.*	*Suecia.*
Morio. Gyllenhal.	id.
Subpunctatus. Gyllenhal.	id.
Æneocephalus. *Fabr.*	*P.*
Chalcocephalus. *Fabr.*	id.
Æneocephalus. Gyllenhal.	*Suecia.*
Æneicollis. *Dahl.*	*Austria.*
Picipennis. *Megerle.*	id.
Fulvipennis. Ziegler.	id.
Hottentotta. *Illiger.*	*Cap. Bon. Sp.*
Cinereus. *Dej.*	*Carthagena.*
Femoratus. *Fabr.*	*Amer. bor.*
Gilvipes. *Dej.*	id.
Lebasii. *Dej.*	*Carthagena.*
Amethystinus. *Dej.*	*Amer. bor.*
Viridicollis. *Dej.*	*Carthagena.*
Prælongus. *Harris.*	*Amer. bor.*
Cyanopterus. *Dej.*	*Buen.-Ayres.*
Hæmorroidalis. *Germar.*	*Brasilia.*
Analis. *Dej.*	*Cayennæ.*
Amabilis. *Dej.*	*Brasilia.*

Equestris. *Dej.* *Buenos-Ayres.*
Bicolor. *Dej.* *Cayennæ.*
Silaceus. *Dej.* *Carthagena.*
73

ASTRAPÆUS. *Gravenhorst.*

{ Ulmineus. *Fabr.* P.
{ *Ulmi. Rossi.* *Italia.*
{ Picipes. *Paykull.* *Styria.*
{ *Unicolor. Dej. Cat.* id.
2

MICROSAURUS. *Dejean.*

Lateralis. *Grav.* P.
{ Fuliginosus. *Grav.* id.
{ *Tristis. Gyllenhal.* *Suecia.*
{ *Chloroventris. Dahl.* *Italia.*
{ Var. *Ventralis. Géné.* id.
Molochinus. *Grav.* P.
{ Nitidus. *Fabr.* id.
{ *Variabilis. Gyllenhal.* *Suecia.*
{ Var. *Erythropus. Ziegler.* *Styria.*
{ Scitus. *Grav.* P.
{ *Picipes. Parreyss.* *Corfou.*
{ Var. *Glaber. Sturm.* *German.*
Occultus. *Dahl.* P.
{ Punctatus. *Dahl.* *Austria.*
{ *Concolor. Ziegler.* id.
Lævigatus. *Gyllenhal.* *Gallia.*
Gregarius. *Dej.* *Cap. Bon. Sp.*
Nigerrimus. *Dej.* *Amer. bor.*
Pallipennis. *Harris.* id.
Confusus. *Dej.* *California.*
Patruelis. *Dej.* *Buenos-Ayres.*
Fimbriatus. *Dahl.* *Austria.*
Limbatus. *Knoch.* id.
{ Floralis. *Dahl.* P.
{ *Ochripennis. Ménétriés.* *Russia merid.*
Impressus. *Grav.* P.
{ Maurorufus. *Gyllenhal.* *Finlandia.*
{ *Monticola. Dahl. Dej. Cat.* P.

Præcox. *Grav.* *Suecia.*
Attenuatus. *Grav.* *Austria.*
Vicinus. *Dej.* P.
Scintillans. *Grav.* id.
Subuliformis. *Gyllenhal.* *Suecia.*
Assimilis. *Dahl.* *Austria.*
Boops. *Grav.* *Suecia.*
25

STAPHYLINUS. *Linné.*

Apicicornis. *Dej.* *Nova-Guinea.*
Concinnus. *Dej.* *Brasilia.*
Xanthopterus. *Dej.* *Colombia.*
{ Cœnosus. *Grav.* *Gallia.*
{ *Nitidus. Gyllenhal.* *Suecia.*
{ *Rufipennis. Dahl.* *Austria.*
{ Cyanipennis. *Grav.* *Gallia.*
{ *Cyanopterus. Knoch.* *Amer. bor.*
{ *Cœruleipennis. Mannerheim.* id.
Splendens. *Fabr.* P.
{ Intermedius. *Dej.* id.
{ *Nitidulus. Ziegler.* *Dalmatia.*
Laminatus. *Grav.* P.
{ Æneus. *Grav.* id.
{ *Tristis. Ziegler.* *Austria.*
Melancholicus. *Dej.* *Amer. bor.*
Metallicus. *Grav.* P.
Cephalotes. *Grav.* *Suecia.*
Decorus. *Grav.* P.
{ Politus. *Fabr.* id.
{ Var. *Latipennis. Dahl.* *Austria.*
{ *Moravicus. Megerle.* id.
{ *Maculicornis. Leach.* *Anglia.*
{ Atratus. *Grav.* P.
{ Var. *Lucens. Mannerheim.* *Russia bor.*
{ Carbonarius. *Grav.* *Suecia.*
{ *Rotundicollis. Ménétriés.* *Russia merid.*
Pensylvanicus. *Dej.* *Amer. bor.*
Cœrulescens. *Dej.* P.
{ Punctus. *Grav.* *Gallia.*
{ *Puncticollis. Dahl.* *Austria.*

Consimilis. *Dej.*	*Italia.*
Aheneus. *Dahl.*	*Austria.*
Dahlii. *Dej.*	id.
Nitens. Dahl.	id.
Ebeninus. *Grav.*	*P.*
Fumigatus. Dahl. Dej. Cat.	*Austria.*
Var. *Asphaltinus. Dahl.*	id.
Melanarius. *Dej.*	*Amer. bor.*
Ambiguus. *Dej.*	*Carthagena.*
Chalybeipennis. *Dej.*	*Colombia.*
Varians. *Gyllenhal.*	*P.*
Nigrans. Dahl. Dej. Cat.	*Austria.*
Varius. *Gyllenhal.*	*Suecia.*
Æreus. Knoch.	*Austria.*
Subfuscus. *Gyllenhal.*	*Suecia.*
Sordidus. *Grav.*	id.
Nigrita? *Grav.*	*Austria.*
Lævicollis. *Dej.*	*P.*
Glabricollis. *Dej.*	*Gallia.*
Egenus. *Dej.*	*Amer. bor.*
Fumarius. *Grav.*	*Austria.*
Immundus. Gyllenhal.	*Suecia.*
Marginatus. *Fabr.*	*Gallia.*
Fuscus. *Grav.*	*Suecia.*
Conformis. *Dej.*	*P.*
Discoideus. Gyllenhal.	*Suècia.*
Caucasicus. *Dej.*	*Russia merid.*
Sanguinolentus. *Grav.*	*P.*
Bipustulatus. *Fabr.*	id.
Bimaculatus. *Grav.*	*Austria.*
Biguttatus. Dahl.	id.
Brunnipennis. *Dahl.*	id.
Planus. *Dahl.*	*P.*
Corruscus. Stéven.	*Russia merid.*
Nitidicollis. *Dej.*	*P.*
Lepidus. *Grav.*	*Suecia.*
Flavipes. Dahl.	*Austria.*
Fulvipes. *Grav.*	*P.*
Dimidiatus. *Dej.*	*Austria.*
Dimidiatipennis. *Dej.*	*Gal. merid.*

Distinguendus. *Dej.*	*Gal. merid.*
Tenuis. *Fabr.*	*German.*
Pulchellus. *Dej.*	*Hispania.*
Blandus. *Grav.*	*Amer. bor.*
Fastiditus. *Dej.*	id.
Luridus. *Dej.*	id.
Contemptus. *Dej.*	id.
Neglectus. *Dej.*	id.
Humilis. *Dej.*	id.
Cayennensis. *Dej.*	*Cayennæ.*
Tenellus. *Dej.*	*Tanger.*
Thoracicus. *Dej.*	id.
Rufimanus. *Dej.*	*Gal. merid.*
Discoideus. *Grav.*	*Austria.*
Opacus. *Grav.*	*Suecia.*
Var. *Varians. Dahl.*	*Austria.*
Virgo. *Grav.*	*Suecia.*
Vernalis. *Grav.*	*Austria.*
Albipes. *Grav.*	*Suecia.*
Lucidus. Dahl.	*Austria.*
Fimetarius. *Grav.*	*P.*
Quisquiliarius. *Gyllenhal.*	id.
Ochropus. *Grav.*	*Suecia.*
Micans. *Grav.*	*Austria.*
Ventralis. *Grav.*	*Suecia.*
Agilis. *Grav.*	*P.*
Debilis. Dahl.	*Austria.*
Obsidianus. *Knoch.*	id.
Nitidulus. *Grav.*	*Suecia.*
Marginellus. *Dej.*	*Germania.*
Nanus. *Grav.*	*Suecia.*
Aterrimus. *Grav.*	*P.*
Splendidulus. *Grav.*	*Suecia.*
Cinerascens. *Grav.*	*Austria.*
Cinereus. *Dej.*	*Gal. occid.*
Punctipennis. *Dej.*	*P.*
Elongatulus. *Dej.*	*Italia.*
Troglodytes. *Dej.*	*German.*
Lævigatum. Sturm.	id.

(Lathrobium.)

Procerulus. *Grav.*	*Gal. merid.*
Crassicorne. Dahl. Dej. Cat. (Lathrobium.)	*Austria.*
Var. *Pusillum. Dahl. Dej. Cat.* (Lathrobium.)	id.
Monilicornis. *Dej.*	*Amer. bor.*

86

CAFIUS. *Leach.*

Xantholoma. *Grav.*	*Gallia.*
Lateralis. Leach.	*Anglia.*
Fucicola. *Leach.*	id.
Leachii. *Dej.*	id.
Xantholoma. Leach.	id.
Littoralis. *Dej.*	*Gal. merid.*
Genei. *Dej.*	*Italia.*
Calcutensis. *Dej.*	*India orient.*
Schönherri. *Dej.*	*Jamaica.*
Apicalis. Schönherr.	id.
Gagatinus. *Dej.*	*Carthagena.*
Exsertus. *Dej.*	*S.-Domingue.*
Mandibularis. *Dej.*	id.
Platycephalus. *Dej.*	*Carthagena.*
Baltimorensis. *Grav.*	*Amer. bor.*
Ochropterus. *Dej.*	*Carthagena.*
Apicalis. *Dej.*	*Cayennæ.*
Cribricollis. *Dej.*	*Carthagena.*

15

EULISSUS. *Mannerheim.*

Chalybeus. *Mannerheim.*	*Brasilia.*
Lacordairei. *Dej.*	*Cayennæ.*
Anthracinus. *Dej.*	*Senegal.*

3

XANTHOLINUS. *Dahl.*

Brasiliensis. *Dej.*	*Brasilia.*
Trigonocephalus. *Dej.*	id.
Fulgidus. *Grav.*	*P.*
Fulminans. *Grav.*	id.
Pyropterus. *Grav.*	*P.*
Rugicephalus. Ziegler.	*Austria.*
Lepidotus. Dahl.	id.
Meridionalis. *Dej.*	*Gal. merid.*
Elegans. *Grav.*	*German.*
Tricolor. *Gyllenhal.*	*Suecia.*
Cadaverinus. *Dahl.*	*Austria.*
Lentus. *Grav.*	*Suecia.*
Hispanicus. *Dej.*	*Hispania.*
Cyanipennis. *Dahl.*	*Austria.*
Purpuratus. *Ziegler.*	id.
Incertus. *Dej.*	*Dalmatia.*
Subimpressus. *Dej.*	*P.*
Parumpunctatus. Gyllenhal.	*Suecia.*
Batychrus. *Knoch.*	*Austria.*
Consentaneus. *Dej.*	*Amer. bor.*
Concinnus. *Dej.*	id.
Pulchellus. *Dej.*	id.
Americanus. *Dej.*	id.
Corvinus. *Dej.*	id.
Obscurus. *Dej.*	id.
Spretus. *Dej.*	*Carthagena.*
Californicus. *Dej.*	*California.*
Elongatus. *Grav.*	*P.*
Punctulatus. *Gyllenhal.*	*Suecia.*
Var. *Aheneus. Dahl.*	*Austria.*
Episcopalis. *Knoch.*	id.
Batychrus. Gyllenhal.	*Suecia.*
Ochraceus. *Grav.*	*P.*
Var. *Longiceps. Gyllenhal.*	*Suecia.*
Puncticollis. Ziegler.	*Dalmatia.*
Barbarus. *Dej.*	*Tanger.*
Minutus. *Dej.*	*Gal. merid.*
Parvulus. Dahl.	*Austria.*
Procerulus. Mannerheim.	*Finlandia.*
Pusillus. *Dej.*	*Gal. orient.*
Punctatissimus. *Dej.*	*Gal. merid.*
Alternans. *Grav.*	*Germania.*
Var. *Pilicornis. Gyllenhal.*	*Suecia.*
Melanocephalus. *Grav.*	*Austria.*

32

PLOCHIONOCERUS. *Dejean.*

Violaceus. *Oliv.*	*Cayennæ.*
Monilicornis. *Dej.*	*Brasilia.*

2

PLATYPROSOPUS. *Mannerheim.*

{ Elongatus. *Stéven.*	*Russia merid.*
{ *Fallax. Dej.*	id.
Indicus. *Dej.*	*India orient.*
Orientalis. *Dej.*	id.
{ Senegalensis. *Dej.*	*Senegal.*
{ *Nubicus. Klug.*	*Nubia.*

4

MACROSTENUS. *Dejean.*

Lacordairei. *Dej.*	*Brasilia.*

1

LYEIDIUS. *Leach.*

Xanthopus. *Leach.*	*Amer. bor.*
Affinis. *Dej.*	*Buen.-Ayres.*
Æquinoctialis. *Dej.*	*Carthagena.*
Lividus. *Dej.*	*Amer. bor.*

4

OPHIOMORPHUS. *Dejean.*

Capensis. *Dej.*	*Cap. Bon. Sp.*
Halophilus. *Fischer.*	*Russia asiat.*

2

STILICUS. *Leach.*

Latreillei. *Leach.*	*Amer. bor.*
Pallipes. *Leach.*	id.
{ Melanocephalus. *Leach.*	id.
{ *Bicolor. Say. Grav?*	id.
(Lathrobium.)	
Thoracicus. *Dej.*	id.
Flavipes. *Dej.*	id.
Sulphuripes. *Dej.*	*Carthagena.*

6

ACHELIUM. *Leach.*

Anale. *Dej.*	*Russia merid.*
Cordatum. *Dahl.*	*P.*
Depressum. *Grav.*	*Austria.*
Testaceum. *Dej.*	*Hispania.*

4

LATHROBIUM. *Gravenhorst.*

Brunnipes. *Fabr.*	*Gal. bor.*
{ Multipunctatum. *Grav.*	*P.*
{ *Axillare. Ziegler.*	*Austria.*
Elongatum. *Fabr.*	*P.*
{ Gyllenhalii. *Dej.*	*Suecia.*
{ *Elongatum. var. b. Gyllenh.*	id.
Fulvipenne. *Fabr.*	id.
Scutellare. *Megerle.*	*Austria.*
Rufipenne. *Gyllenhal.*	*Suecia.*
Angustatum. *Dahl.*	*Austria.*
Meridionale. *Dej.*	*Gal. merid.*
Siculum. *Dej.*	*Sicilia.*
Hæmorrhoidale. *Dahl.*	*Austria.*
Americanum. *Dej.*	*Amer. bor.*
Puncticolle. *Dej.*	id.
Rufipes. *Dej.*	id.
Rufescens. *Dej.*	id.
Angusticolle. *Dahl.*	*P.*
Planicolle. *Dahl.*	*Austria.*
Bicolor. *Dahl.*	id.
Picipes. *Dahl.*	id.
Difficile. *Dej.*	*Italia.*
Illyricum. *Dej. Cat.*	*Dalmatia.*
(Xantholinus.)	
{ Biguttulum. *Megerle.*	*Austria.*
{ *Bipunctatum. Dahl.*	id.
Lineare. *Grav.*	*Suecia.*
Posticum. *Dej.*	*Amer. bor.*
{ Terminatum. *Grav.*	*Austria.*
{ *Quadratum. var. b. Gyllenh.*	*Suecia.*
{ Pilosum. *Grav.*	*Austria.*
{ *Quadratum. Gyllenhal.*	*Suecia.*

Fuliginosum. *Dej.*	*Gal. merid.*
Filiforme. *Grav.*	*Austria.*
{ Minutum. *Dej.*	*Suecia.*
{ *Longulum. Gyllenhal.*	id.
Longulum. *Grav.*	*Austria.*
Castaneum. *Dahl. Grav?*	id.
Ferrugineum. *Dahl.*	id.
Nigriceps. *Dej.*	*Amer. bor.*
33	

CRYPTOBIUM. *Mannerheim.*

Fracticorne. *Grav.*	*Austria.*
1	

MICROPHIUS. *Dejean.*

Pæderoides. *Dej.*	*Sicilia.*
Colubrinus. *Dej.*	id.
2	

PÆDERUS. *Fabricius.*

Melanurus. *Géné.*	*Italia.*
{ Riparius. *Fabr.*	*Gallia.*
{ *Littoralis. Megerle.*	*Austria.*
{ Var. *Longipennis. Dahl.*	id.
Brevipennis. *Dahl.*	id.
{ Littoralis. *Grav.*	*P.*
{ *Riparius. Megerle.*	*Austria.*
{ Var. *Speculator. Dahl.*	id.
Littorarius. *Grav.*	*Amer. bor.*
Brasiliensis. *Dej.*	*Brasilia.*
Æquinoctialis. *Dej.*	*Carthagena.*
Mexicanus. *Dej.*	*Mexico.*
Nigripes. *Dej.*	*Brasil. merid.*
Morio. *Mannerheim.*	*S. Domingue.*
Nitidipennis. *Dej.*	*Peruvio.*
Tristis. *Dej.*	*Ile-de-France.*
{ Extraneus. *Wiedemann.*	*India orient.*
{ *Orientalis. Dej.*	id.
Ruficollis. *Fabr.*	*P.*
14	

LITHOCHARIS. *Dejean.*

Fuliginosa. *Dej.*	*Amer. bor.*
Basalis. *Dej.*	id.
Ferruginea. *Dej.*	*Hispania.*
Fuscula. *Ziegler.*	*Austria.*
Testacea. *Dej.*	*P.*
{ Ochracea. *Grav.*	id.
{ *Rubricollis. Gyllenhal.*	*Suecia.*
{ *Lurida. Sturm.*	*Germania.*
Bicolor. *Grav.*	*Austria.*
Misella. *Dej.*	*Gal. merid.*
Pusilla. *Dej.*	*Dalmatia.*
Exigua. *Dej.*	*Italia.*
Minuta. *Dej.*	*Gal. merid.*
11	

RUGILUS. *Leach.*

Raphidioides. *Dej.*	*Carthagena.*
Scabricollis. *Dahl.*	*Austria.*
{ Fragilis. *Grav.*	*Gallia.*
{ *Sanguinicollis. Dahl. Dej. Cat.*	*Austria.*
{ *Thoracicus. Ziegler.*	id.
{ Orbiculatus. *Fabr.*	*P.*
{ Var. *Megacephalus. Dahl.*	*Austria.*
{ *Analis. Dahl.*	id.
{ *Subtilis. Dahl.*	id.
Americanus. *Dej.*	*Amer. bor.*
5	

ASTENUS. *Dejean.*

Quadricollis. *Dej.*	*Hispania.*
Interruptus. *Dej.*	id.
{ Anguinus. *Dej.*	*Gal. merid.*
{ Var. *Pallipes. Dej.*	id.
{ *Elongatus. Dej.*	*Gal. orient.*
{ Bimaculatus. *Dej.*	*Gal. merid.*
{ Var. *Lividus. Dej.*	id.
Luridus. *Dej.*	*Amer. bor.*
{ Longiusculus. *Dej.*	id.
{ *Discopunctatus. Say.*	id.
9	

Procerus. *Knoch.*	P.
Filiformis. Dahl.	*Austria.*
Extensus. Gyllenhal.	*Suecia.*
Angustatus. *Fabr.*	P.
Intermedius. *Dej.*	*Italia.*

9

DIANOUS. *Leach.*

Rugulosus. *Leach.*	*Anglia.*
Cœrulescens. Gyllenhal.	*Suecia.*
Cordatus. *Grav.*	*Gal. merid.*

2

STENUS. *Fabricius.*

Juno. *Grav.*	*Austria.*
Bimaculatus. Gyllenhal.	id.
Kirbyi. *Leach.*	P.
Biguttatus. *Fabr.*	id.
Bipustulatus. Linné.	*Suecia.*
Cicindeloides. *Grav.*	P.
Oculatus. *Grav.*	id.
Geniculatus. *Dej.*	*Gal. merid.*
Gilvipes. *Dej.*	*Dalmatia.*
Aceris. *Leach.*	*Anglia.*
Speculator. *Dahl.*	P.
Boops. Gyllenhal.	*Suecia.*
Nigricornis. Leach.	*Anglia.*
Filum. *Sturm.*	*German.*
Flavipes. *Dahl.*	*Austria.*
Pallipes. *Grav.*	id.
Proboscideus. Gyllenhal.	*Suecia.*
Impunctatus. Sturm.	*German.*
Rusticus. *Dej.*	*Italia.*
Fulvipes. *Dej.*	P.
Longicollis. *Dej.*	*Carthagena.*
Flavicornis. *Dej.*	*Amer. bor.*
Punctatus. *Dej.*	id.
Cribratus. *Dej.*	id.
Americanus. *Dej.*	id.
Cyanescens. *Dej.*	id.
Gagatinus. *Dej.*	id.
Obscurus. *Dej.*	*Amer. bor.*
Boops. *Grav.*	P.
Juno. Gyllenhal.	*Suecia.*
Ater. *Dahl.*	P.
Angustatus. *Leach.*	*Anglia.*
Binotatus. *Grav.*	P.
Subimpressus. Sturm.	*Germania.*
Bifoveolatus. *Gyllenhal.*	*Suecia.*
Clavicornis. *Grav.*	P.
Tarsalis. Gyllenhal.	*Suecia.*
Canaliculatus. *Knoch.*	P.
Niger. *Dahl.*	*Austria.*
Nigritulus. Gyllenhal.	*Suecia.*
Opticus. *Grav.*	P.
Buphtalmus. Gyllenhal.	*Suecia.*
Argus. *Grav.*	*Austria.*
Morio. *Grav.*	id.
Nitidus. *Dahl.*	id.
Latifrons. *Knoch.*	id.
Carbonarius. *Dej.*	*Suecia.*
Fuscipes. *Grav.*	id.
Brunnipes. *Dej.*	id.
Opticus. Gyllenhal.	id.
Contractus. *Dej.*	*Italia.*
Circularis. *Grav.*	*Austria.*
Declaratus. *Sturm.*	*German.*
Circularis. Gyllenhal.	*Suecia.*

41

EVÆSTHETUS. *Gravenhorst.*

Scaber. *Grav.*	*Germ. bor.*
Ruficapillus. *Von Wintheim.*	id.

2

MEGALOPS. *Dejean.*

Cephalotes. *Dej.*	*Carthagena.*

1

OXYPORUS. *Fabricius.*

Rufus. *Fabr.*	P.
Maxillosus. *Fabr.*	*Germania.*

Mannerheimii. *Bilberg.*	*Finlandia.*
Major. *Grav.*	*Amer. bor.*
Femoralis. *Grav.*	id.
Vittatus. *Grav.*	id.
Cinctus. *Grav.*	id.
Variegatus. *Dej.*	id.
Testaceus. *Dej.*	id.

9

OSORIUS. *Leach.*

Tardus. *Dej.*	*Cayennæ.*
Brasiliensis. *Dej.*	*Brasilia.*
Americanus. *Dej.*	*Amer. bor.*
Madagascariensis. *Dej.*	*Madagascar.*

4

ZIROPHORUS. *Dalman.*

Cornutus. *Dalman.*	*Java.*
Armatus. *Dej.*	id.
Scoriaceus. *Germar.*	*Brasilia.*
Planicollis. Dej.	id.
Impressifrons. *Dej.*	*Carthagena.*
Minutus. *Dej.*	id.
Exaratus. *Dej.*	*Brasilia.*
Striatus. *Dej.*	*Cuba.*

7

PROGNATHUS. *Latreille.*

Quadricornis. *Kirby.*	*Gal. occid.*
Humeralis. *Dej.*	*Hungaria.*
Interruptus. *Dej.*	*Carthagena.*

3

BLEDIUS. *Leach.*

Tricornis. *Grav.*	*Gallia.*
Obscurus. *Leach.*	*Anglia.*
Armatus. *Dej.*	*Gal. merid.*
Illyricus. Ullrich.	*Illyria.*
Unicornis. *Dej.*	id.
Taurus. *Dej.*	*Gal. merid.*
Bicornis. Germar.	*German.*
Vitulus. *Dej.*	*Gal. merid.*
Litigiosus. *Dej.*	*Italia.*
Cribrarius. *Dej.*	*Amer. bor.*
Punctatus. *Dej.*	id.
Crassicollis. *Duftsch.*	*P.*
Castaneipennis. *Ziegler.*	id.
Fracticornis. var. b. Gyllenh.	*Suecia.*
Dorsalis. Schüppel.	*Illyria.*
Pallipes. *Grav.*	*P.*
Fracticornis. Gyllenhal.	*Suecia.*
Lævicollis. *Dej.*	id.
Pallipes. Gyllenhal.	id.
Procerus. *Dahl.*	*Austria.*
Femoralis. *Dej.*	*Suecia.*
Talpa. *Gyllenhal.*	id.
Arenarius. *Gyllenhal.*	id.
Maxillosus. *Dej.*	*Gal. merid.*
Emarginatus. *Say.*	*Amer. bor.*

19

PLATYSTETHUS. *Mannerheim.*

Cornutus. *Grav.*	*P.*
♀. *Morsitans. Grav.*	id.
Striolatus. *Ziegler.*	id.
Morsitans. Gyllenhal.	*Suecia.*
Var. *Quisquilius. Oeskay.*	*Hungaria.*
Nodifrons. *Mannerheim.*	*Russia bor.*
Nigrita. *Dej.*	*Amer. bor.*
Politus. *Dej.*	id.

5

OXYTELUS. *Gravenhorst.*

Rugosus. *Leach.*	*Anglia.*
Piceus. *Grav.*	*P.*
Terrestris. *Dahl.*	id.
Carinatus. *Grav.*	id.
Var. *Sculpturatus. Grav.*	*German.*
Flavipes. *Dahl.*	*P.*
Longicornis. *Mannerheim.*	*Suecia.*
Nitidulus. *Grav.*	*P.*
Depressus. Gyllenhal.	*Suecia.*

9.

Depressus. *Grav.* — P.
Nitidulus. Gyllenhal. — Suecia.
Var. *Pusillus. Mannerheim.* — Finlandia.
Americanus. *Dej.* — Amer. bor.
Rugulosus. Say. — id.
Fuscatus. *Dej.* — N.....
Cælatus. *Grav.* — P.
Flavilabris. Dahl. — Austria.
Fusculus. *Sturm.* (Pæderus.) — Germania.
12

TROGOPHLOEUS. *Mannerheim.*

Atratus. *Dej.* — Amer. bor.
Riparius. *Dej.* — Austria.
Bilineatus. Leach. — Anglia.
Impressus. *Dahl.* — Austria.
Corticinus. Gyllenhal. — Suecia.
Corticinus. *Grav.* — Austria.
Fuliginosus. Leach. — Anglia.
Picipennis. *Leach.* — id.
Rufipennis. *Leach.* — id.
6

PHLOEOCHARIS. *Mannerheim.*

Subtilissima. *Mannerheim.* — Finlandia.
1

TÆNOSOMA. *Mannerheim.*

Pusillum. *Gyllenhal.* — Russia bor.
1

CORYNOCERUS. *Dejean.*

Mandibularis. *Dej.* — Russia merid.
Præustus. *Dej.* — Amer. bor.
2

ANTHOPHAGUS. *Gravenhorst.*

Dichrous. *Grav.* — Gal. merid.
Badius. Sturm. — Germania.
Armiger. *Grav.* — Austria.
Flavipennis. *Dej.* — Gal. merid.
Mandibularis. Schönherr. — Lapponia.
Rufipennis. *Dej.* — Gal. orient.
Caraboides. *Grav.* — Suecia.
Alpinus. Dahl. — Austria.
Bimaculatus. *Dahl.* — id.
Testaceus. *Grav.* — id.
Angusticollis. *Mannerheim.* — Russia bor.
Hispanicus. *Dej.* — Hispania.
Alpinus. *Fabr.* — Suecia.
Binotatus. *Dej.* — Gal. orient.
Fasciatus. Sturm. — Germania.
Punctatus. *Dej.* — Amer. bor.
Plagiatus. *Fabr.* — Suecia.
Suturalis. *Ziegler.* — Austria.
Variegatus. *Dahl.* — id.
Longipes. *Mannerheim.* — Suecia.
Obscurus. *Grav.* — P.
Longulus. *Mannerheim.* — Finlandia.
Pubescens. *Mannerheim.* — Suecia.
Rufipes. *Dej.* — Gal. orient.
Cribrarius. *Dej.* — Italia.
Ambiguus. *Dej.* — Gal. merid.
Pustulatus. *Dej.* — Amer. bor.
Dubius. *Dej. Cat.* (Oxytelus.) — P.
Cylindricollis. *Dej. Cat.* (Oxytelus.) — Dalmatia.
25

ANTHOBIUM. *Leach.*

Rugosum. *Grav.* — P.
Rivulare. *Grav.* — id.
Cæsum. *Gyllenhal.* — Suecia.
Oxyacanthæ. *Gyllenhal.* — P.
Sulcatum. Dahl. Dej. Cat. — Austria.
Italicum. *Dej.* — Italia.
Angusticolle. *Leach.* — Anglia.
Viburni. *Grav.* — Suecia.
Subrugosum. *Dej.* — Dalmatia.
Substriatum. Dej. Cat. — id.

{	Brunneum. *Grav.*	*Suecia.*
{	*Bimaculatum. Dahl.*	*Austria.*
	Florale. *Grav.*	*P.*
	Salicinum. *Gyllenhal.*	*Suecia.*
	Oblongum. *Dej.*	*P.*
	Monilicorne. *Gyllenhal.*	*Suecia.*
{	Deplanatum. *Gyllenhal.*	*P.*
{	*Planum. Schönherr. Dej. Cat.*	*Suecia.*
	Fuliginosum. *Dej.*	*Gallia?*
	Planum. *Grav.*	*Suecia.*
	Pusillum. *Grav.*	id.
	Flavicorne. *Von Wintheim.*	*Cap. Bon. Sp.*
	Striatum. *Grav.*	*P.*
	Æneum. *Wesmael.*	*Belgia.*

20

ACIDOTA. *Kirby.*

{	Crenata. *Fabr.*	*P.*
{	*Rufa. Dahl.*	*Austria.*
	Ferruginea. *Dej.*	*P.*

2

OMALIUM. *Gravenhorst.*

	Punctulatum. *Harris.*	*Amer. bor.*
{	Piceum. *Gyllenhal.*	*Suecia.*
{	*Blattoides. Meg. Dej. Cat.*	*Styria.*
	Boreale. *Gyllenhal.*	*Lapponia.*
	Consimile. *Gyllenhal.*	*Finlandia.*
	Assimile. *Gyllenhal.*	*Suecia.*
{	Melanocephalum. *Sturm.*	*German.*
{	*Punctatissimum. Oeskay.*	*Hungaria.*
{	Canaliculatum. *Dej.*	*Styria.*
{	*Laticollis. Dahl. Dej. Cat.*	*Austria.*
	(Anthophagus.)	
	Abdominale. *Sturm.*	*German.*
{	Punctatum. *Dej.*	*P.*
{	*Atrocephalum. Gyllenhal.*	*Suecia.*
{	Quadrum. *Grav.*	id.
{	*Lapidarium. Dej. Cat.*	*Austria.*
	Tectum. *Grav.*	*Suecia.*
	Pygmæum. *Grav.*	id.

{	Inflatum. *Gyllenhal.*	*Suecia.*
{	*Humerale. Dej. Cat.*	*Dalmatia.*
	Ranunculi. *Grav.*	*Austria.*
	Lapponicum. *Mannerheim.*	*Lapponia.*
	Nigricolle. *Leach.*	*Anglia.*
	Pallidipenne. *Dej.*	*Styria.*
	Limbatum. *Dahl.*	*Austria.*
{	Testaceum. *Grav.*	*P.*
{	*Lutescens. Oeskay.*	*Hungaria.*
	Ophthalmicum. *Gyllenhal.*	*Gallia.*
	Productum. *Dej.*	*Pyren. orient.*
	Longipenne. *Ziegler.*	*Styria.*
	Mucronatum. *Dej.*	*Anglia.*
	Luridum. *Dej.*	*Gal. orient.*

24

PROTEINUS. *Latreille.*

{	Brachypterus. *Fabr.*	*P.*
{	*Ovalis. Sturm.*	*German.*

1

PHLOEOBIUM. *Dejean.*

Marginicolle. *Dej.*	*P.*
Nitiduloides. *Dej.*	id.
Sinuatocolle. *Dej.*	id.
Depressum. *Gyllenhal.*	*Suecia.*
Corticale. *Dej.*	*Gal. occid.*

5

OLISTHÆRUS. *Dejean.*

Substriatus. *Gyllenhal.*	*Lapponia.*

1

BOLITOBIUS. *Leach.*

{	Lunulatus. *Fabr.*	*Finlandia.*
{	*Nobilis. Dej. Cat.*	*Croatia.*
	Atricapillus. *Fabr.*	*P.*
	Amœnus. *Dej.*	*Croatia.*
	Cinctus. *Grav.*	*Amer. bor.*
	Trinotatus. *Dej.*	id.
	Dimidiatus. *Dej.*	id.

Distinctus. *Dej.*	*Gallia?*
Terminatus. *Dej.*	*Croatia.*
Trimaculatus. *Fabr.*	*Suecia.*
{ Pygmæus. *Fabr.*	id.
{ *Notatus. Dej. Cat.*	*P.*
Formosus. *Grav.*	*Russia bor.*
Striatus. *Grav.*	*P.*
Inclinans. *Grav.*	*Austria.*
{ Dahlii. *Dej.*	id.
{ *Bicolor. Dahl.*	id.
{ *Analis. var. Grav.*	id.
Analis. *Fabr.*	id.
Cernuus. *Grav.*	*Suecia.*
Merdarius. *Fabr.*	*Austria.*
Brunneus. *Illiger.*	id.
Nitidus. *Dahl.*	id.
Melanocephalus. *Grav.*	id.

20

MYCETOPORUS. *Mannerheim.*

{ Rufescens. *Dej.*	*P.*
{ *Longulus. Mannerheim.*	*Finlandia.*
Rubidus. *Dej.*	*Austria.*
Punctus. *Grav.*	*Suecia.*
Lepidus. *Grav.*	id.
Pronus. *Dahl.*	*Austria.*
Bimaculatus. *Knoch.*	id.
Binotatus. *Knoch.*	id.
Splendidus. *Grav.*	*Suecia.*
{ Nitidulus. *Dahl.*	*Austria.*
{ *Pallidulus. Mannerheim.*	*Finlandia.*
Unicolor. *Dahl.*	*Austria.*
Americanus. *Dej.*	*Amer. bor.*

11

TACHINUS. *Gravenhorst.*

Nobilis. *Dej.*	*Amer. bor.*
{ Humeralis. *Grav.*	*P.*
{ *Rufipes. Dahl.*	*Austria.*
{ Var. *Marginatus. Gyllenhal.*	*Suecia.*
Rufipennis. *Gyllenhal.*	id.
Rufipes. *Fabr.*	*P.*
Pallipes. *Grav.*	id.
{ Signatus. *Grav.*	id.
{ *Pullus. Gyllenhal.*	*Suecia.*
Laticollis. *Grav.*	id.
Dubius. *Gyllenhal.*	*Finlandia.*
Pallens. *Gyllenhal.*	*Suecia.*
Elongatus. *Gyllenhal.*	id.
Concolor. *Dej.*	*Amer. bor.*
Memnonius. *Grav.*	id.
Conformis. *Dej.*	id.
Flavipennis. *Dej.*	id.
Scapularis. *Dej.*	*Russia bor.*
Subterraneus. *Fabr.*	*Suecia.*
{ Biplagiatus. *Dej.*	*Anglia.*
{ *Subterraneus. Leach.*	id.
Intermedius. *Mannerheim.*	*Finlandia.*
{ Fimetarius. *Grav.*	*Suecia.*
{ *Laticollis. Dahl.*	*German.*
Marginellus. *Fabr.*	*P.*
{ Punctatus. *Dej.*	*Austria.*
{ *Fimetarius. Dahl.*	id.
{ Collaris. *Grav.*	*Suecia.*
{ Var. *Corticinus. Grav.*	id.
{ Suturalis. *Grav.*	*Gallia.*
{ *Silphoides. Linné.*	*Suecia.*

23

TACHYPORUS. *Gravenhorst.*

Circumdatus. *Dej.*	*Gal. merid.*
Marginatus. *Grav.*	*P.*
Chrysomelinus. *Fabr.*	*Suecia.*
Saginatus. *Grav.*	*Austria.*
Humerosus. *Knoch.*	id.
{ Analis. *Fabr.*	*P.*
{ *Obtusus. Linné.*	*Suecia.*
Venustulus. *Dej.*	*Amer. bor.*
Celer. *Dej.*	id.
{ Abdominalis. *Fabr.*	*Suecia.*
{ *Assimilis. Ullrich.*	*Illyria.*
Pusillus. *Grav.*	*P.*

Nitidulus. *Grav.*	P.
Cordatus. Dahl.	*Austria.*
Scutellaris. *Dahl.*	id.
Truncatellus. *Grav.*	id.
Ruficollis. *Grav.*	*Suecia.*
Variegatus. Dahl.	*Austria.*
Pumilus. *Dej.*	*Suecia.*
Pusillus. Gyllenhal.	id.
Cervinus. *Dej.*	*Madagascar.*
Testaceus. *Dej.*	*Croatia.*
Cellaris. *Fabr.*	P.
Trinotatus. Dahl.	*Austria.*
Pubescens. *Grav.*	id.
Tristis. Dahl.	id.
Sericeus. *Ziegler.*	P.
Pubescens. Gyllenhal.	*Suecia.*
Genei. *Dej.*	*Italia.*
Lividus. *Dej.*	*Gal. merid.*
Pedicularius. *Grav.*	*Suecia.*
Pisciculus. Knoch.	*Austria.*
Distinctus. *Dej.*	*Styria.*
Bipunctatus. *Grav.*	*Suecia.*
Bimaculatus. *Grav.*	id.
Bipustulatus. Gyllenhal.	id.
Interruptus. *Dej.*	*Styria.*
Agilis. *Dej.*	*Amer. bor.*
Marginalis. *Grav.*	id.
Gibbulus. *Dej.*	id.
Rotundatus. *Dej.*	*Carthagena.*
Granarius. *Dej.*	id.

32

HYPOCYPHTUS. *Schüppel.*

Granulum. *Grav.*	*Austria.*
Globulus. *Dej.*	P.
Longicornis. *Gyllenhal.*	*Suecia.*
Flavicornis. *Dej.*	P.

4

DINARDA. *Leach.*

Dentata. *Grav.*	*Suecia.*
Pedicularia. *Dej.*	*Amer. bor.*

2

LOMECHUSA. *Gravenhorst.*

Strumosa. *Fabr.*	*Suecia.*
Intermedia. *Dej.*	*Styria.*
Paradoxa. *Grav.*	*Gallia.*
Emarginata. *Fabr.*	*Suecia.*

4

ALEOCHARA. *Gravenhorst.*

Fuscipes. *Grav.*	P.
Brevicornis. Dahl.	*Austria.*
Tristis. *Grav.*	P.
Maculipennis. Dahl.	*Austria.*
Bipustulata. Oeskay.	*Hungaria.*
Bipunctata. *Grav.*	P.
Cadaverina. *Dej.*	*Amer. bor.*
Carnivora. *Grav.*	*Suecia.*
Mœrens. *Gyllenhal.*	*Finlandia.*
Unicolor. *Dej.*	*Austria.*
Nitidicollis. Dahl.	id.
Hæmorrhoidalis. Mannerh.	*Finlandia.*
Lanuginosa. *Grav.*	P.
Chilensis. *Dej.*	*Chili.*
Villosa. *Mannerheim.*	*Russia bor.*
Fumata. *Grav.*	*Suecia.*
Rufipennis. *Dahl.*	P.
Lævigata. Gyllenhal.	*Suecia.*
Var. *Lateralis. Ullrich.*	*Illyria.*
Crassicornis. *Dej.*	P.
Brevipennis. *Grav.*	*Russia bor.*
Nitida. *Grav.*	P.
Bilineata. *Gyllenhal.*	*Suecia.*
Pulla. *Grav.*	id.
Melancholica. *Dej.*	*Austria.*
Umbrina. *Dej.*	*Amer. bor.*
Morion. *Grav.*	*Russia bor.*
Exigua. *Mannerheim.*	*Finlandia.*

21

GYMNUSA. *Karsten.*

{ Excusa. *Grav.*	*Austria.*
{ *Brevicollis? Paykull.*	id.
Sericata. *Knoch.*	id.

2

GIROPHÆNA. *Mannerheim.*

{ Indica. *Dej.*	*India or.*
{ *Obscurus. Fabr.*	id.
(Staphylinus.)	
Genei. *Dej.*	*Italia.*
Pulchella. *Dej.*	*Amer. bor.*
Amabilis. *Dej.*	*P.*
{ Nitidula. *Gyllenhal.*	*Suecia.*
{ *Pumila. Dej. Cat.*	*P.*
{ *Maculipennis. Ullrich.*	*Illyria.*
Nana. *Grav.*	*Suecia.*
Affinis. *Mannerheim.*	*Finlandia.*
Parva. *Dej.*	*Amer. bor.*
Polita. *Grav.*	*Austria.*
Pusillima. *Grav.*	id.

10

OXYPODA. *Mannerheim.*

Ruficornis. *Grav.*	*Austria.*
Trimaculata. *Dej.*	*Gal. orient.*
Livida. *Dej.*	*Amer. bor.*
Pallidipennis. *Dej.*	*Austria.*
Atricapilla. *Dahl.*	id.
Lividipennis. *Mannerheim.*	*Finlandia.*
Melanaria. *Mannerheim.*	id.
Opaca. *Grav.*	*Austria.*
Atra. *Grav.*	id.
Umbrata. *Grav.*	*Finlandia.*
Pellucida. *Mannerheim.*	id.
Lateralis. *Mannerheim.*	id.
Sericea. *Dej.*	*Gal. bor.*
Distincta. *Dej.*	*Italia.*
{ Alternans. *Grav.*	*P.*
{ *Fumigatipennis. Ullrich.*	*Illyria.*
Procerula. *Mannerheim.*	*Finlandia.*
Sericata. *Mannerheim.*	*Russia bor.*
Cingulata. *Mannerheim.*	id.
Obfuscata. *Grav.*	*Suecia.*
Anthracina. *Dej.*	*Italia.*
Parvula. *Dej.*	*Dalmatia.*
Subtilis. *Dej.*	*Austria.*
Flavicornis. *Dej.*	*Italia.*
Pauperata. *Dej.*	*Amer. bor.*

24

SPHENOMA. *Mannerheim.*

Abdominale. *Mannerheim.*	*Suecia.*

1

TRYCHOPHYA. *Mannerheim.*

Pilicornis. *Gyllenhal.*	*Suecia.*

1

BOLITOCHARA. *Mannerheim.*

Collaris. *Grav.*	*Austria.*
{ Pulchra. *Grav.*	*P.*
{ *Lunulata. Gyllenhal.*	*Suecia.*
{ Cincta. *Grav.*	*P.*
{ *Punctata. Dej. Cat.*	id.
{ *Lunulata. var. b. Gyllenh.*	*Suecia.*
Ruficollis. *Dahl.*	*Austria.*
Melanocephala. *Dej.*	*Gal. merid.*
Brevicollis. *Dej.*	*Dalmatia.*
Forticornis. *Dahl.*	*Austria.*
Nigricollis. *Grav.*	id.
Albipes. *Dahl.*	id.
Prolixa. *Grav.*	*Austria.*
Circellaris. *Grav.*	id.
Teres. *Grav.*	*Finlandia.*
Annularis. *Mannerheim.*	id.
{ Apicalis. *Dej.*	id.
{ *Analis. Gyllenhal.*	id.
Reptans. *Grav.*	*Suecia.*
Hæmorrhoa. *Mannerheim.*	*Finlandia.*
Crassicornis. *Gyllenhal.*	*Suecia.*

Longiuscula. *Grav.*	*P.*
Sericans. *Grav.*	*Suecia.*
Atricollis. *Dahl.*	*Austria.*
Compressa. *Dej.*	id.
{ Boleti. *Grav.*	*P.*
{ *Castanoptera. Mannerheim.*	*Suecia.*
Socialis. *Paykull.*	id.
Tantilla. *Dej.*	*Gal. merid.*
Nigritula. *Grav.*	*Suecia.*
Axillaris. *Mannerheim.*	*Finlandia.*
Atramentaria. *Gyllenhal.*	*Suecia.*
{ Aterrima. *Grav.*	id.
{ *Longicornis. Gyllenhal.*	id.
Excavata. *Gyllenhal.*	id.
Bifoveolata. *Mannerheim.*	*Finlandia.*
Linearis. *Grav.*	*Austria.*
Angustula. *Gyllenhal.*	*Suecia.*
Atra. *Gyllenhal.*	id.
Elongatula. *Grav.*	*Austria.*
{ Oblonga. *Grav.*	*P.*
{ *Umbrata. Sturm.*	*German.*
Complana. *Mannerheim.*	*Finlandia.*
Terminalis. *Grav.*	*Suecia.*
Exilis. *Grav.*	*Finlandia.*
Quisquiliarium. *Gyllenhal.*	*Suecia.*
Tenella. *Mannerheim.*	*Finlandia.*
Paupercula. *Dej.*	*Gallia?*
Humeralis. *Grav.*	*Gal. orient.*
Foveicollis. *Dej.*	*P.*
Fuscicornis. *Dahl.*	*Austria.*
Limbata. *Grav.*	*P.*
Nigricornis. *Dahl.*	*Austria.*
Pallidicornis. *Dahl.*	id.
Lævicollis. *Dahl.*	id.
Depressa. *Grav.*	*Suecia.*
Foveolata. *Dej.*	*Austria.*
Cinnamomea. *Grav.*	*Suecia.*
Nigriceps. *Dej.*	*Gallia?*
Lurida. *Dahl.*	*Austria.*
Obscurella. *Grav.*	*Suecia.*
Pumilio. *Grav.*	*Suecia.*
Atrata. *Mannerheim.*	*Russia bor.*
{ Troglodytes. *Dej.*	*Suecia.*
{ *Boleti. Linné.*	id.
Suturalis. *Mannerheim.*	*Russia bor.*
Elegantula. *Mannerheim.*	*Finlandia.*
Longicornis. *Grav.*	id.
{ Perplexa. *Dej.*	*Austria.*
{ *Longicornis. Dahl. Dej. Cat.*	id.
Fracticornis. *Grav.*	*P.*
Flexicornis. *Knoch.*	*Austria.*
Sulcilabris. *Dahl.*	id.
Cinerea. *Dej.*	*Gal. merid.*
Murina. *Dej.*	*Dalmatia.*
Consentanea. *Dej.*	*Gal. merid.*
Filiformis. *Knoch.*	*Austria.*
Confusa. *Dej.*	*Italia.*
Graminicola. *Grav.*	*Austria.*
Nitidicollis. *Dahl.*	id.
Fuscata. *Dej.*	*Gal. orient.*
Maura. *Knoch.*	*Austria.*
Minutissima. *Dej.*	*P.*
Misella. *Dej.*	*Gal. merid.*
Modica. *Dej.*	*Italia.*
Patruelis. *Dej.*	*P.*
Fungi. *Grav.*	id.
Agaricola. *Mannerheim.*	*Finlandia.*
Fuscula. *Mannerheim.*	*Russia bor.*
Parvula. *Mannerheim.*	*Finlandia.*
Impressifrons. *Mannerheim.*	*Russia bor.*
Exigua. *Dej.*	*Suecia.*
Pulicaria. *Dej.*	*Amer. bor.*
Æthiops. *Gyllenhal.*	*Suecia.*
Analis. *Grav.*	*Austria.*
{ Corticalis. *Grav.*	id.
{ *Depressa. Stéven.*	*Russia merid.*
Rugulosa. *Dej.*	*Italia.*
Coarctata. *Dej.*	*Gal. orient.*

89

DRUSILLA. *Leach.*

Canaliculata. *Fabr.* — *P.*

1

HOMALOTA. *Mannerheim.*

Plana. *Gyllenhal.* — *Succia.*
Egena. *Dej.* — *Italia.*
Dimidiata. *Grav.* — *Borussia.*
Axillaris. Knoch. Dej. Cat. — *Austria.*

3

CALODERA. *Mannerheim.*

Protensa. *Mannerheim.* — *Suecia.*
Teres. Gyllenhal. — id.

1

FALAGRIA. *Leach.*

Globulicollis. *Dej.* — *Amer. bor.*
Sphæricollis. Say. — id.
Lineolata. *Dej.* — *P.*
Sulcatula. *Grav.* — *Austria.*
Sulcata. *Grav.* — id.
Obscura. *Grav.* — *P.*
Nigra. *Grav.* — *Suecia.*
Picea. *Grav.* — *Austria.*

7

AUTALIA. *Leach.*

Rivularis. *Grav.* — *Suecia.*
Impressa. *Grav.* — *P.*

2

789

STERNOXES.

STERNOCERA. *Eschscholtz.*

Interrupta. *Fabr.* — *Senegal.*
Irregularis. *Klug.* — *Nubia.*
Castanea. *Fabr.* — *Senegal.*
Chrysis. *Fabr.* — *India orient.*
Sternicornis. *Fabr.* — id.
Duvaucelii. *Dej.* — id.
Orientalis? Herbst. — id.

6

JULODIS. *Eschscholtz.*

Cirrosa. *Schönherr.* — *Cap. Bon. Sp.*
Fascicularis. Herbst. — id.
Versicolor. *Dej.* — id.
Hirsuta? Herbst. — id.
Fascicularis. *Fabr.* — id.
Pilosa. Herbst. — id.
Lanigera. *Klug.* — id.
Latreillei. *Dej.* — *Oriente.*
Brugnierei. *Dej.* — id.
Olivieri. *Dej.* — id.
Pistrinaria. *Dej.* — id.
Syriaca. *Olivier.* — *Syria.*
Variolaris. *Fabr.* — *Russia merid.*
Cyanitarsis. *Dej.* — *Senegal.*
Maroccana. *Dej.* — *Tanger.*
Pilosa? Fabr. — id.
Mauritanica. *Dej.* — *Barbaria.*
Onopordinis. *Fabr.* — *Græcia.*
Pubescens. Oliv. — id.
Fidelissima. *Hoffmansegg.* — *Hispania.*
Onopordii. Oliv. — id.
Andreæ. *Fabr.* — *Oriente.*
Xanthographa. Faldermann. — *Persia.*
Calliaudi. *Latr.* — *Dongola.*
Propinqua. *Faldermann.* — *Persia.*
Valenciennei. *Dej.* — *Cap. Bon. Sp.*
Gnaphalon. *Herbst.* — id.
Lasios. *Herbst.* — id.
Tomentosa. *Herbst.* — id.
Hirta. *Fabr.* — id.
Patruelis. *Dej.* — id.

24

ACMÆODERA. *Eschscholtz.*

{ Cruenta. *Oliv.*	*S. Domingue.*
{ *Histrio. Klug.*	id.
Lesueurii. *Dupont.*	*Mexico.*
Multinotata. *Dej.*	id.
{ Ornata. *Fabr.*	*Amer. bor.*
{ *Multiguttata. Dej.*	id.
Flavosignata. *Dej.*	id.
{ Pulchella. *Herbst.*	id.
{ *Ornata. Dej. Cat.*	id.
{ Tubulus. *Fabr.*	id.
{ *Volvulus. Dej. Cat.*	id.
Leprieurii. *Buquet.*	*Senegal.*
Pulchra. *Fabr.*	*Hisp. merid.*
Pectoralis. *Oliv.*	*Cap. Bon. Sp.*
Xanthotænia. *Wiedem.*	id.
Octodecimguttata. *Herbst.*	*Hungaria.*
Tæniata. *Fabr.*	*Gal. merid.*
Pedemontana. *Dej.*	*Pedemont.*
Hirsutula. *Dej.*	*Hispania.*
Pilosellæ. *Bonelli.*	*Gal. merid.*
{ Dorsalis. *Dej.*	*Syria.*
{ *Dorsata. Latr.*	id.
Discoidea. *Fabr.*	*Barbaria.*
Sexpustulata. *Dej.*	*Gal. merid.*
Guttulata. *Latr.*	*Syria.*
Bistriguttata. *Klug.*	*Cap. Bon. Sp.*
Puberula. *Dej.*	id.
Adspersa. *Fabr.*	id.
Stictica. *Dej.*	*Senegal.*
{ Variegata. *Dej.*	*Gal. merid.*
{ *Irrorata. Dahl.*	*Italia.*
Fastidita. *Dej.*	*N.....*
Crinita. *Dej.*	*Syria.*
{ Quadrivittata. *Dej.*	*Cap. Bon. Sp.*
{ *Abbreviata. Klug.*	id.
Gracilis. *Wiedem.*	id.
Hispidula. *Dej.*	*Hispania.*
{ Cylindrica. *Fabr.*	id.
{ Var. *Hirsutula. Dahl.*	*Sicilia.*
Villosula. *Dej.*	*Hispania.*
Vestita. *Dej.*	*Gal. merid.*
{ Elevata. *Klug.*	*Nubia.*
{ *Villosa. Dej.*	id.
Gibbosa. *Fabr.*	*Cap. Bon. Sp.*
{ Polita. *Klug.*	*Nubia.*
{ *Viridana. Dej.*	id.

36

CATOXANTHA. *Dejean.*

{ Bicolor. *Fabr.*	*Java.*
{ *Heros. Wiedem.*	id.
Boisduvalii. *Dej.*	id.

2

CHRYSOCHROA, *Carcel.*

Speciosa. *Dej.*	*Java.*
Ocellata. *Fabr.*	*Ind. orient.*
Dives. *Dej.*	*Senegal.*
Vittata. *Fabr.*	*Ind. orient.*
Fulgida. *Fabr.*	*China.*
Ignita. *Fabr.*	*Ind. orient.*
Fulminans. *Fabr.*	*Java.*
Chrysura. *Eschsch.*	*Ins. Philipp.*
Mutabilis. *Oliv.*	*Ind. orient.*

9

CYRIA. *Serville.*

Imperialis. *Fabr.*	*Nov. Holland.*
Australis. *d'Urville.*	id.

2

STERASPIS. *Dejean.*

{ Principalis. *Dej.*	*Nubia.*
{ *Speciosa. Klug.*	id.
Opulenta. *Dej.*	*Senegal.*
Semigranosa. *Dupont.*	id.
Scabra. *Fabr.*	id.
Squamosa. *Klug.*	*Nubia.*
Brevicornis. *Dej.*	*Senegal.*

6

EUCHROMA. *Serville.*

Gigantea. *Fabr.*	*Cayennæ.*
Herculeana. *Dupont.*	*Mexico.*

2

CONOGNATHA. *Eschscholtz.*

Grandis. *Donovan.*	*Nov. Holland.*
Macularia. *Donovan.*	id.
Variabilis. *Donovan.*	id.
Klugii. *Dej.*	*Brasilia.*
Eximia. Klug.	id.
Superba. *Klug.*	id.
Langsdorfii. *Dej.*	id.
Excellens. Klug.	id.
Equestris. *Fabr.*	id.
Jucunda. *Kirby.*	id.
Illustris. *Dej.*	id.
Amœna. *Kirby.*	id.
Equestris. Dej. Cat.	id.
Carinata. *Mannerheim.*	id.
Granulata. *Dej.*	*Java ?*
Sanguinipennis. *Dej.*	*Brasilia.*
Auricollis. *Mannerheim.*	id.

14

POECILONOTA. *Eschscholtz.*

Sanguinosa. *Mannerheim.*	*Brasilia.*
Decorata. *Dej.*	id.
Lutea. *Dej.*	*Cayennæ.*
Interrogationis. *Klug.*	*Brasilia.*
Histrio. *Dej.*	id.
Scita. *Dej.*	*Cayennæ.*
Lineatocollis. *Dej.*	*Brasilia.*

7

PSILOPTERA. *Serville.*

Collaris. *Fabr.*	*Cayennæ.*
Gloriosa. *Dej.*	*Brasilia.*
Attenuata. *Fabr.*	id.
Spectabilis. *Dej.*	id.
Tessellata. *Dej.*	*Cayennæ.*
Equestris. Oliv.	id.
Regia ? Fabr.	id.
Dynasta. *Dej.*	*Brasilia.*
Viridiaurea. *Schönherr.*	*Cayennæ.*
Fulgida. Oliv.	id.
Crenulata. *Dej.*	id.
Aulica. *Dej.*	*Cuba.*
Assimilis. *Dej.*	*Java ?*
Tuberculata. *Dej.*	*Brasilia.*
Plagiata. *Lacordaire.*	*Tucuman.*
Tucumana. *Lacordaire.*	id.
Bistrigosa. *Dej.*	*Peruvio.*
Bilineata. Latreille.	id.
Cupreoænea. *Latreille.*	*Amer. æquin.*
Marginipennis. *Dej.*	*Cap. Bon. Sp.*
Schönherri. *Dej.*	*Carthagena.*
Principalis. Schönherr.	id.
Hirtomaculata. *Herbst.*	id.
Wurtembergii. *Jæger.*	*S. Domingue.*
Lacordairei. *Dej.*	*Tucuman.*
Dumetorum. *Lacordaire.*	id.
Calida. *Dej.*	*Brasilia.*

22

LAMPETIS. *Dejean.*

Bioculata. *Oliv.*	*Senegal.*
Limbalis. *Illiger.*	*Africa.*
Composita. *P. B.*	*Guinea.*
Mimosæ. Klug.	*Ægypt.*
Opima. *Dej.*	*Senegal.*
Valens. *Dej.*	id.
Catenulata. *Klug.*	*Nubia.*
Oblonga. Dej.	id.
Fastuosa. *Fabr.*	*India orient.*
Cuneiformis. Dej. Cat.	id.
Derosa. *Dej.*	*N.....*
Valida. *Dej.*	*Mexico.*

9

CAPNODIS. *Eschscholtz.*

Miliaris. *Klug.*	*Syria.*
Chrysomelas. Dupont.	id.
Albispersa. Faldermann.	*Persia.*
Cariosa. *Fabr.*	*Italia.*
Anthracina. *Faldermann.*	*Persia.*
Armeniaca. *Faldermann.*	*Armenia.*
Carbonaria. *Klug.*	*Syria.*
Tenebrionis. *Fabr.*	*Gal. merid.*
Tenebricosa. *Fabr.*	id.

7

DICEREA. *Eschscholtz.*

Cuprea. *Fabr.*	*Cap. Bon. Sp.*
Metallica. Oliv.	id.
Pollinosa. *Dej.*	*Java.*
Pisana. *Rossi.*	*Italia.*
Plana. Oliv.	id.
Mœsta. *Fabr.*	*Austria.*
Quadrilineata. *Herbst.*	id.
Salebrosa. *Dej.*	*Senegal.*
Æuea. *Linné.*	*Gal. merid.*
Carniolica. Fabr.	*Carniolia.*
Berolinensis. *Fabr.*	*Gallia.*
♂. *Calcarata. Fabr.*	id.
Var. *Alni. Megerle.*	*Austria.*
Fritillum. Ménétriés.	*Russia merid.*
Acuminata. *Fabr.*	*Succia.*
Var. *Divaricata. Say.*	*Amer. bor.*
Erecta. *Dej.*	id.
Inæqualis. *Dej.*	id.
Tuberculata. Harris.	id.
Spreta. *Dej.*	id.
Corrosa. *Dej.*	id.
Lurida? Fabr.	id.
Coryphæa. *Dej.*	id.
Sylvatica. *Dej.*	id.
Lecontei. *Dej.*	id.
Goudotii. *Dej.*	*Madagascar.*

17.

CHALCOPHORA. *Serville.*

Detrita. *Klug.*	*Syria.*
Mongenetii. Dupont.	id.
Mariana. *Fabr.*	*German.*
Var. *Florentina. Dahl.*	*Italia.*
Virginiensis. *Herbst.*	*Amer. bor.*
Prionoptera. *Dej.*	id.
Fabricii. *Rossi.*	*Italia.*
Stigmatica. *Schönherr.*	*Persia.*
Quadrinotata. Klug.	*Syria.*

6.

EVIDES. *Serville.*

Arrogans. *d'Urville.*	*Nov. Guinea.*
Fucata. *Dej.*	*Java.*
Præstans. *Dej.*	id.
Lævipennis. *Dej.*	*Ins. Bourou.*
Smaragdula. *Fabr.*	*Ins. Philipp.*
Dalmanii. Eschsch.	id.
Philippinensis. *Dej.*	id.
Adamantina. *Dej.*	*Java.*
Satrapa. *Schönherr.*	*India orient.*
Suturalis. Fabr.	id.
Ventricosa. Oliv.	id.
Foveicollis. *d'Urville.*	*Nov. Guinea.*
Elegans. *Fabr.*	*India orient.*
Fulgida. Dej. Cat.	id.
Strigosa. *Dej.*	*Senegal.*
Senegalensis. *Dej.*	id.

12

PEROTIS. *Megerle.*

Chlorana. *Latr.*	*Syria.*
Lugubris. *Fabr.*	*Austria.*
Unicolor. *Oliv.*	*Barbaria.*

3

ANCYLOCHEIRA. *Eschscholtz.*

Cupressi. *Dej.*	*Dalmatia.*
Rustica. *Fabr.*	*Gallia.*

Punctata. *Fabr.*	Gallia.
Hæmorrhoidalis. Herbst.	id.
Flavomaculata. *Fabr.*	id.
Var. *Maculata. Fabr.*	*Sibiria.*
Strigata. Gebler.	id.
Octoguttata. *Fabr.*	*Gallia.*
Rufipes. *Fabr.*	*Amer. bor.*
Lineata. *Fabr.*	id.
Maculipennis. *Dej.*	id.
Consularis. *Dej.*	id.
Fasciata. *Fabr.*	id.
Var. *Sexmaculata. Herbst.*	id.
Signatipennis. Dej.	id.
Decora. *Fabr.*	id.
Bicostata. *Leconte.*	id.
Aciculata. *Dej.*	id.
Striata. *Fabr.*	id.
Mannerheimii. *Dej.*	*S. Domingue.*
Inæqualis. Mannerheim.	id.
Placida. *Dej.*	*Mexico.*
Albosignata. *Dej.*	*S. Domingue.*

17

EURYTHYREA. *Serville.*

Austriaca. *Fabr.*	*Austria.*
Quercus. Herbst.	id.
Micans. *Fabr.*	*Gal. merid.*
Marginata. Oliv.	id.
Similis. *Schönherr.*	*India orient.*
Scutellaris. Oliv.	id.

3

PRISTIPTERA. *Dejean.*

Blanda. *Fabr.*	*Brasilia.*
Ærea. *Dej.*	id.
Corinthia. *Dej.*	id.
Cognata. *Dej.*	*Cayennæ.*

4

CHRYSESTHES. *Serville.*

Angularis. *Schönherr.*	*Brasilia.*
Ambigua. *Dej.*	*Brasilia.*
Brasiliensis. *Dej.*	id.
Tripunctata. *Fabr.*	*Cayennæ.*

4

POLYBOTHRIS. *Dejean.*

Quadrifoveolata. *Dej.*	*Madagascar.*
Madagascariensis. *Dej.*	id.
Stigmatipennis. *d'Urville.*	id.

3

LAMPRA. *Megerle.*

Conspersa. *Gyllenhal.*	*Gallia.*
Variolosa. Payk.	*Suecia.*
Plebeja. Herbst.	*German.*
Rutilans. *Fabr.*	*Gallia.*
Decipiens. *Dej.*	*Russia.*
Festiva. *Fabr.*	*Gal. merid.*

4

POLYCESTA. *Serville.*

Porcata. *Fabr.*	*Amer. ins.*
Depressa. Oliv.	id.
Clathrata. *Dej.*	*Brasilia.*

2

STRIGOPTERA. *Dejean.*

Bipustulata. *d'Urville.*	*Ins. Bourou.*
Bimaculata. *Fabr.*	*Ins. Philipp.*
Bivittata. *Fabr.*	*Cap. Bon. Sp.*

3

PRIONOPHORA. *Dejean.*

Catochlora. *Dej.*	*Cayennæ.*

1

LEPTIA. *Dejean.*

Pulverea. *Dej.*	*Brasilia.*
Viridipunctata. *Dej.*	*Cayennæ.*
Cacica. *Dej.*	*Brasilia.*
Erythropus. *Dej.*	*Amer. bor.*

4

CYPHONOTA. *Dejean.*

Sibirica. *Fabr.* *Sibiria?*
Tatarica. Pallas. *Rus. mer. or.*
Inflata. *Dej.* *Ægypt.*
2

PTOSIMA. *Serville.*

Novemmaculata. *Fabr.* *Gal. merid.*
Luctuosa. *Dej.* *Amer. bor.*
2

GERONIA. *Dejean.*

Vetusta. *Dej.* *Nov. Holland.*
1

POLYCHROMA. *Dejean.*

Decemmaculata. *Kirby.* *Nov. Holland.*
Bicincta. *Dej.* id.
Undulata. *Donovan.* id.
Scalaris. *Dej.* id.
Flavopicta. *Dej.* id.
Crenata. *Donovan.* id.
Cyanicollis. *Mac Leay.* id.
Rufipennis. *Kirby.* id.
Erythroptera. *Dej.* id.
9

SELAGIS. *Dejean.*

Caloptera. *Mac Leay.* *Nov. Holland.*
1

PHÆNOPS. *Megerle.*

Decostigma. *Fabr.* *Austria.*
Quatuordecimguttata. Oliv. id.
Gebleri. *Dej.* *Sibiria.*
Guttulata. Gebler. id.
Luteosignata. *Dej.* *Amer. bor.*
Var. *Bistriguttata. Dej.* id.
Immaculata. *Dej.* id.
Rugata. Dej. id.

{ Appendiculata. *Fabr.* *Austria.*
{ *Morio. Paykull.* *Suecia.*
{ Subguttata. *Dej.* *Amer. bor.*
{ Var. *Cauta. Leconte.* id.
{ Tarda. *Fabr. Ent. sys.* *Austria.*
{ *Cyanea. Fabr. Sys. el.* id.
{ *Clypeata. Paykull.* *Suecia.*
7

ANALAMPIS. *Dejean.*

Concolor. *Dej.* *Brasilia.*
Meticulosa. *Dej.* id.
Inornata. *Dej.* id.
3

CHRYSOBOTHRIS. *Eschscholtz.*

Fallax. *Dej.* *Brasilia.*
Jacquieri. *Dej.* *Cayennæ.*
Singularis. *Dej.* *Brasilia.*
Cayennensis. *Herbst.* *Cayennæ.*
Ambitiosa. *Dej.* *Brasilia.*
Janthina. *Dej.* id.
{ Sexpunctata. *Fabr.* *Cayennæ.*
{ *Impressa. Oliv. Dej. Cat.* id.
Hypocrita. *Dej.* id.
Impressifrons. *Dej.* *Brasilia.*
Sexnotata. *Dej.* *Java.*
{ Spinimana. *Dej.* *Ile de France.*
{ *Dentata. Klug.* *Cap. Bon. Sp.*
{ *Serrata? Fabr.* *Sierra Leona.*
{ Chalcophana. *Klug.* *Ægypt.*
{ *Cuprina. Dej.* id.
Guttata. *Oliv.* *Madagascar.*
Gratiosa. *Dej.* *Java.*
Nigrosignata. *Dej.* *Mexico.*
Viridimaculata. *Dej.* *Cayennæ.*
Ducalis. *Dej.* id.
Generosa. *Dej.* *Brasilia.*
Seximpressa. *Dej.* *Cayennæ.*
Octostigmata. *Dej.* *S. Domingue.*
{ Impressa. *Fabr.* *Amer. merid.*
{ *Serripennis. Dej.* id.

Mexicana. *Dej.*	*Mexico.*
Serrigaster. *Lacordaire.*	*Tucuman.*
Plicata. *Dej.*	*Amer. bor.*
Femorata. *Fabr.*	id.
Cribraria. *Dej.*	id.
Consimilis. *Dej.*	id.
Sobrina. *Dej.*	id.
Dissimilis. *Dej.*	id.
Ægrota. *Dej.*	id.
Distincta. *Dej.*	*Mexico.*
Chrysostigma. *Fabr.*	*Succia.*
Affinis. *Fabr.*	*Gallia.*
Tetragramma. Mannerheim.	*Russia merid.*
Consentanea. *Dej.*	*Gal. merid.*
Rugosula. *Dej.*	*Amer. bor.*
Obscuromaculata. *Dej.*	*Brasilia.*
Lepida. *Dej.*	id.
Hybernata. *Fabr.*	*Amer. bor.*
Mellicula. Dej.	id.
Thoracica. *Fabr.*	*Amer. ins.*
Scitula. *Dej.*	*Amer. bor.*
Azurea. *Dej.*	id.
Chlorocephala. *Dej.*	id.

42

ACTENODES. *Dejean.*

Bellula. *Dej.*	*Cuba.*
Var. *Sobrina. Mannerheim.*	*S. Domingue.*
Excelsa. *Dej.*	*Brasilia.*
Nobilis. *Fabr.*	*Cayennæ.*
Eximia. *Dej.*	*Brasilia.*
Höpfneri. *Dej.*	*Mexico.*
Ziczac. *Dej.*	*Carthagena.*
Compta. *Dej.*	*Brasilia.*
Insignis. *Dej.*	id.
Signata. *B. L.*	*Cayennæ.*
Nervosa. *Dupont.*	*Mexico.*

10

BELIONOTA. *Eschscholtz.*

Scutellaris. *Fabr.*	*Ile de France.*
Var. *Sagittaria. Eschsch.*	*Ins. Philipp.*

Lineatopennis. *Dej.*	*Senegal.*

2

ABROBAPTA. *Dejean.*

Chrysoptera. *Latr.*	*Nov. Holland.*
Viridinitens. *Dej.*	id.

2

ANTHAXIA. *Eschscholtz.*

Sulcipennis. *Dej.*	*Cap. Bon. Sp.*
Contempta. *Dej.*	id.
Opaca. Klug.	id.
Cyanicornis. *Fabr.*	*Gal. merid.*
♀. *Trochilus. Fabr.*	id.
Auricolor. *Herbst.*	*Austria.*
Aurulenta. Fabr.	id.
Manca. *Fabr.*	*P.*
Bella. *d'Urville.*	*Chili.*
Candens. *Fabr.*	*Illyria.*
Salicis. *Fabr.*	*Germania.*
Concinna. *Dej.*	*Chili.*
Nitida. *Rossi.*	*Gal. merid.*
Bipunctata. Oliv.	id.
Foveolata. Herbst.	*Austria.*
Echii. Dahl.	*Italia.*
Var. *Taurica. Parreyss.*	*Russia merid.*
Bicolor. Faldermann.	id.
Hypomelæna. *Illiger.*	*Hispania.*
Maculicollis. Dej. Cat.	*Gal. merid.*
Nitidicollis. *Dej.*	*Hispania.*
Signaticollis. *Dej.*	*Russia merid.*
Læta. *Fabr.*	*Syria.*
Thoracella. Ziegler.	id.
Nitidula. *Fabr.*	*P.*
Cyanipennis. *Dej.*	*Dalmatia.*
Viminalis. *Ziegler.*	*Gal. merid.*
Cichorii. *Oliv.*	id.
Var. *Millefolii. Fabr.*	*Austria.*
Inculta. *Germar.*	*Gal. merid.*
Var. *Ærea. Dahl.*	*Italia.*
Euphorbiæ. Dahl.	*Hungaria.*

Lucidiceps. *Dej.*	*Russia merid.*
Cyanescens. *Dej.*	*Hispania.*
Cœrulescens. Dufour.	id.
Bannatica. *Dej.*	*Hungaria.*
Ærea. Dahl.	id.
Funerula. *Illiger.*	*Gal. merid.*
Confusa. *Dej.*	id.
Umbellatarum. *Fabr.*	id.
Var. *Mœsta. Steven.*	*Russia merid.*
Sepulcralis. *Fabr.*	*Austria.*
Quadripunctata. *Fabr.*	*German.*
Var. *Maura. Megerle.*	*Austria.*
Morio? *Fabr.*	*German?*
Suturalis. *Oliv.*	*Cap. Bon. Sp.*
Perplexa. *Dej.*	id.
Splendidula. Klug.	id.
Triangularis. *Dej.*	id.
Troglodytes. *Dej.*	*Senegal.*
Subsinuata. *Dej.*	*Cuba.*
Quercata. *Fabr.*	*Amer. bor.*
Viridicornis. *Say.*	id.
Viridifrons. *Dej.*	id.
Cyanella. *Dej.*	id.
Flavimana. *Dej.*	id.

38

SPHENOPTERA. *Dejean.*

Lacertosa. *Dej.*	*Oriente.*
Glabrata. *Ménétriés.*	*Russia merid.*
Arnacanthæ. *Godet.*	id.
Lobicollis. *Latr.*	*Syria.*
Dejeanii. *Zoubkoff.*	*Russia merid.*
Daurica. *Mannerheim.*	*Dauria.*
Litigiosa. *Dej.*	*Sicilia.*
Ardua. *Dufour.*	*Hispania.*
Dianthi. *Steven.*	*Russia merid.*
Fossulata. Gebler.	*Sibiria.*
Gemellata. *Dej.*	*Gal. merid.*
Antiqua. *Illiger.*	*Austria.*
Geminata. *Illiger.*	*Gal. merid.*
Lineata. Fabr.	id.
Conjecturalis. Dufour.	*Hispania.*
Sulcipennis. Dahl.	*Sicilia.*
Pumila. *Dej.*	*Hispania?*
Metallica. *Fabr.*	*Hungaria.*
Maillei. *Dej.*	*Senegal.*
Diffinis. *Dej.*	id.
Vicina. *Dej.*	*Sierra-Leona.*
Trispinosa. *Klug.*	*Nubia.*
Proxima. *Dej.*	*Senegal.*
Tricuspidata. *Schönherr.*	*Sierra-Leona.*
Ænea? Fabr.	id.
Oblita. *Dej.*	*Senegal.*
Æraria. *Dej.*	id.
Acuta. *Dej.*	id.
Sulcifrons. *Dej.*	id.
Cuprifrons. *Faldermann.*	*Persia.*
Distinguenda. *Dej.*	*Oriente.*
Szovitzii. *Faldermann.*	*Persia.*
Thalassina. *Dej.*	*Oriente.*
Meyeri. *Gebler.*	*Tartaria.*
Quinquedentata. *Dej.*	*Cap. Bon. Sp.*
Capicola. *Dej.*	id.
Chalcea. *Dej.*	id.
Pulverulenta. *Herbst.*	id.
Intermedia. *Dej.*	id.
Neglecta. *Dej.*	*Senegal.*
Diversa. *Dej.*	id.

36

DIPHUCRANIA. *Dejean.*

Leucosticta. *Kirby.*	*Nov. Holland.*
Squamulata. Mac Leay.	id.
Fissiceps. *Mac Leay.*	id.

2

AGRILUS. *Megerle.*

Mucoreus. *Klug.*	*Brasilia.*
Niveofasciatus. Dej.	id.

Species	Locality
Penicillatus. *Klug.*	*Brasilia.*
Bicornis. Dej.	id.
Auritus. Mannerheim.	id.
Cucullatus. *Dej.*	id.
Quadrituberculatus. *Dej.*	id.
Nodicollis. *Dej.*	id.
Tuberculatus. Klug.	id.
Caliginosus. *Dej.*	id.
Buquetii. *Dej.*	*Senegal.*
Albopunctatus. Buquet.	id.
Exasperatus. *Schönherr.*	*Cap. Bon. Sp.*
Falcatus. *Klug.*	id.
Elongatulus. *Klug.*	id.
Superciliosus. *Wiedem.*	id.
Chalcodes. *Wiedem.*	id.
Leucogaster. *Wiedem.*	id.
Squamulatus. *Dej.*	*Brasilia.*
Atomarius. *Fabr.*	*Cayennæ.*
Linearis. Oliv.	id.
Juvencus. *Dej.*	*Brasilia.*
Fulgidipennis. *Dej.*	id.
Bifasciatus. *Oliv.*	*Gal. merid.*
Undatus. *Fabr.*	*P.*
Rubi. *Fabr.*	*Gal. merid.*
Armatus. *Fabr.*	*India orient.*
Elatus. *Fabr.*	*Gal. merid.*
Sinuatus. Panzer.	*Austria.*
Amethystinus. *Oliv.*	*Gal. merid.*
Episcopalis. *Dej.*	*Dalmatia.*
Fulgurans. Parreyss.	id.
Æneicollis. *Dej.*	*Gal. merid.*
Cylindraceus. *Dej.*	id.
Scenicus. *Dej.*	*Senegal.*
Ferrugineoguttatus. *Herbst.*	*Cap. Bon. Sp.*
Marginicollis. *Dej.*	*Brasilia.*
Albivittis. Germar.	id.
Helwigii. Klug.	id.
Xantholoma. Dalman.	id.
Decemnotatus. *Dej.*	id.
Productus. *Dej.*	id.
Sulcatulus. *Dej.*	*Mexico.*
Caudatus. *Dej.*	*Brasilia.*
Anguinus. *Dej.*	id.
Aculeatus. *Dej.*	id.
Varians. *Dej.*	id.
Confinis. *Dej.*	*Cap. Bon. Sp.*
Psittacus. *Dej.*	*Brasilia.*
Chalybeus. *Dej.*	id.
Fuscipennis. *Dej.*	*Amer. bor.*
Frenatus. *Dej.*	id.
Cupricollis. *Dej.*	id.
Fulgidicollis. *Dej.*	id.
Ruficollis. *Fabr.*	id.
Difficilis. *Dej.*	id.
Acutipennis. *Dej.*	id.
Anxius. *Dej.*	id.
Quadriguttatus. *Dej.*	id.
Conformis. *Dej.*	*Cayennæ.*
Ineditus. *Dej.*	*Carthagena.*
Spiniferus. *Dej.*	*Brasilia.*
Argutulus. *Dej.*	*Buenos-Ayres.*
Longulus. *Dej.*	*Brasilia.*
Obsoletus. *Dej.*	id.
Subfasciatus. *Dej.*	id.
Lucidicollis. *Dej.*	id.
Incertus. *Dej.*	id.
Maculifrons. *Dej.*	id.
Ctenocerus. *Dej.*	id.
Obsoletoguttatus. *Dej.*	*Amer. bor.*
Subæratus. Harris.	id.
Nigricans. *Dej.*	id.
Flavolineatus. *Dej.*	id.
Subcinctus. *Dej.*	id.
Egenus. *Dej.*	id.
Virescens. *Dej.*	id.
Simplex. *Dej.*	*Brasilia.*
Obscuripennis. *Dej.*	id.
Cupricollis. Klug.	id.
Modicus. *Dej.*	id.
Pauperculus. *Dej.*	id.

Exiguus. *Dej.*	*Mexico.*
Inconspicuus. *Klug.*	id.
Occipitalis. *Eschsch.*	*Ins. Philipp.*
Imbricatus. *Klug.*	*Cap. Bon. Sp.*
Miser. *Dej.*	*Senegal.*
Exilis. *Dej.*	id.
Guerinii. *Dej.*	*P.*
Biguttatus. *Fabr.*	id.
{ Mendax. *Dej.*	*Russia bor.*
{ *Cupreus. Megerle.*	id.
Sexguttatus. *Herbst.*	*Gallia.*
Sexsignatus. *Dej.*	*N.....*
{ Sinuatus. *Oliv.*	*Gallia.*
{ *Chryseus. Frœhlich.*	*Austria.*
{ Cinctus. *Oliv.*	*Gal. merid.*
{ *Humilis. Dej. Cat.*	id.
Albogularis. *Frivaldjski.*	*Hungaria.*
Binotatus. *Dej.*	*Italia.*
{ Viridis. *Fabr.*	*P.*
{ *Lineola. Ullrich.*	*Illyria.*
{ *Virescens. Besser.*	*Volhynia.*
{ Cyaneus. *Oliv.*	*P.*
{ *Cœruleus. Herbst.*	*Austria.*
{ Angustulus. *Illiger.*	id.
{ *Viridis. Oliv.*	*P.*
Linearis. *Fabr.*	*Austria.*
Derasofasciatus. *Ziegler.*	*Gallia.*
{ Hyperici. *Creutzer.*	*Austria.*
{ Var. *Chalconatus. Megerle.*	*Illyria.*
{ Sulcicollis. *Dej.*	*P.*
{ *Olivaceus. Gyllenhal.*	*Succia.*
{ Var. *Gracilicornis. Ullrich.*	*Dalmatia.*
{ *Viridanus. Besser.*	*Volhynia.*
{ *Inæqualis. Faldermann.*	*Russia merid.*
Laticornis. *Illiger.*	*Gal. merid.*
Filum. *Schönherr.*	*Hungaria.*
Tauricus. *Dej.*	*Russia merid.*

94

LASIONOTA. *Dejean.*

Quadrifasciata. *Mannerh.*	*Brasilia.*

1

OOMORPHA. *Dejean.*

Columbina. *Dej.*	*Ile de France.*
Ovalis. *Dej.*	id.

2

CALLIMICRA. *Dejean.*

Lucida. *Dej.*	*Brasilia.*
Venustula. *Dej.*	id.

2

BRACHYS. *Dejean.*

Gentilis. *Dej.*	*Cayennæ.*
Alboguttata. *Dej.*	*Amer. bor.*
Tessellata. *Fabr.*	id.
Fucata. *Dej.*	id.
Pedicularia. *Dej.*	*Carthagena.*

5

LIUS. *Eschscholtz.*

Testudinarius. *Dej.*	*Cayennæ.*
Americanus. *Dej.*	*Amer. bor.*
Punctatus. *Dej.*	id.
Dilatatus. *Eschsch.*	*Brasilia.*
Granarius. *Dej.*	*Carthagena.*
Tantillus. *Dej.*	id.
Misellus. *Dej.*	id.

7

TRACHYS. *Fabricius.*

Senegalensis. *Buquet.*	*Senegal.*
Minuta. *Fabr.*	*P.*
{ Pygmæa. *Fabr.*	*Gallia.*
{ Var. *Austriaca. Megerle.*	*Austria.*
{ *Troglodytes. Schönherr.*	id.
{ *Pusilla. Ullrich.*	*Dalmatia.*
Nana. *Fabr.*	*Succia.*
{ Ænea. *Dej.*	*Gal. merid.*
{ *Nana. Sturm.*	*Austria.*
{ *Scrobiculata. Megerle.*	id.

5

APHANISTICUS. *Latreille.*

Emarginatus. *Fabr.*	*Gallia.*
{ Pusillus. *Oliv.*	id.
{ *Latus. Ullrich.*	*Illyria.*

2

MELASIS. *Fabricius.*

{ Flabellicornis. *Fabr.*	*Gallia.*
{ *Plumicornis. Ziegler.*	*Styria.*
Lepaigei. *Dej.*	*Gal. orient.*
Pectinicornis. *Norwich.*	*Amer. bor.*
Brasiliensis. *Dej.*	*Brasilia.*

4

CALLIRHIPIS. *Latreille.*

Javanus. *Dej.*	*Java.*
Sericeus. *Dej.*	id.
Exaratus. *Dej.*	id.
Piceus. *P. B.*	*Amer. bor.*

4

CEROPHYTUM. *Latreille.*

Elateroides. *Latr.*	*P.*

1

PHYLLOCERUS. *Dejean.*

Flavipennis. *Dej.*	*Dalmatia.*

1

CRYPTOSTOMA. *Dej.*

Spinicornis. *Fabr.*	*Cayennæ.*
Brasiliensis. *Dej.*	*Brasilia.*

2

LISSOMUS. *Dalman.*

{ Rubidus. *Dej.*	*Brasilia.*
{ *Punctulatus. Dalman.*	id.
Morio. *Dej.*	id.
Castaneus. *Dej.*	*Cayennæ.*
Puberulus. *Dej.*	id.
Sulcifrons. *Dej.*	*Guadeloupe.*
Villosus. *Dej.*	*Brasilia.*

6

DRAPETES. *Megerle.*

{ Equestris. *Fabr.*	*Austria.*
{ *Cinctus. Panzer.*	id.
Americanus. *Dej.*	*Amer. bor.*
Quadripustulatus. *Dej.*	id.
Dichrous. *Klug.*	*Brasilia.*
Abdominalis. *Dej.*	id.
Rubricollis. *Dej.*	*Amer. bor.*
Cyanipennis. *Klug.*	*Cuba.*
Azureus. *Dej.*	id.
Præustus. *Dej.*	*Cayennæ.*

9

PTEROTARSUS. *Latreille.*

Inæqualis. *Dej.*	*Brasilia.*
Histrio. *Dej.*	id.
Variegatus. *Dej.*	id.
Pulchellus. *Dej.*	id.

4

GALBA. *Latreille.*

Murina. *Dej.*	*Java.*
Flavicornis. *Dej.*	*Amer. bor.*

2

RHIGMAPHORUS. *Dejean.*

Bilineatus. *Dej.*	*Brasilia.*

1

EUCNEMIS. *Ahrens.*

{ Capucinus. *Ahrens.*	*P.*
{ *Deflexicollis. Ziegl. Dej. Cat.*	*Austria.*
Parvulus. *Dej.*	*Amer. bor.*

2

DIRHAGUS. *Eschscholtz.*

Testaceus. *Dej.*	*Brasilia.*

Luridus. *Dej.* *Amer. bor.*
Timidus. *Dej.* id.
Longulus. *Dej.* id.
4

MICRORHAGUS. *Eschscholtz.*

Pygmæus. *Fabr.* *Suecia.*
Sahlbergii. *Mannerheim.* *Finlandia.*
Impressicollis. *Dej.* *Amer. bor.*
Minutus. *Dej.* id.
4

HYPOCÆLUS. *Eschscholtz.*

Buprestoides. *Rossi.* *Italia.*
Filum. *Fabr.* *Austria.*
2

NEMATODES. *Latreille.*

{ Procerulus. *Mannerheim.* *Suecia.*
{ *Pygmæus.* ♀. *Gyll. Dej. Cat.* id.
Flavescens. *Dej.* *Styria.*
Semivittatus. *Harris.* *Amer. bor.*
3

XYLOECUS. *Serville.*

XYLOPHILUS. *Mannerheim.*

Alni. *Fabr.* *Gallia.*
1

SPHÆROCEPHALUS. *Eschscholtz.*

Brasiliensis. *Dej.* *Brasilia.*
1

EURHIPIS. *Dejean.*

Ramicornis. *Klug.* *Cap. Bon. Sp.*
1

TETRALOBUS. *Encyclopédie.*

Flabellicornis. *Fabr.* *Senegal.*
Mystacinus. *Dej.* id.
2

PERICALUS. *Encyclopédie.*

Dupontii. *Dej.* *Mexico.*
Ligneus. *Fabr.* *Cayennæ.*
{ Distinctus. *Herbst.* *Brasilia.*
{ *Acuminatus. Dej. Cat.* id.
Illustris. *Dej.* *Cayennæ.*
Suturalis. *Fabr.* id.
Lævipennis. *Dej.* *Brasilia.*
{ Intermedius. *Herbst.* id.
{ *Fronticornis. Dej. Cat.* id.
Furcatus. *Fabr.* *Cayennæ.*
Decoratus. *Dej.* id.
Eximius. *Dej.* id.
Myrmidon. *Dej.* *Brasilia.*
11

DICREPIDIUS. *Eschscholtz.*

Palmatus. *Dej.* *Amer. bor.*
Ramicornis. *Klug.* *Cuba.*
Lanugicollis. *Dej.* *Cayennæ.*
Ferrugosus. *Dej.* *Brasilia.*
Hæmatopus. *Dej.* id.
{ Ambiguus. *Dej.* id.
{ *Pectinicornis? Eschsch.* id.
Compressicornis. *Dej.* id.
Congener. *Dej.* id.
Semicribratus. *Dej.* *Cayennæ.*
Picicornis. *Dej.* *N.....*
Confinis. *Dej.* *Brasilia.*
Cuneatus. *Dej.* id.
Prionocerus. *Dej.* id.
{ Grandicornis. *Dej.* *S. Domingue.*
{ *Longicornis. Mannerheim.* id.
Corvinus. *Dej.* *Mexico.*
Juvencus. *Dej.* *Brasilia.*
Pubescens. *Dej.* id.
Brunnipennis. *Dej.* id.
Villosulus. *Dej.* *Cayennæ.*
Peruvianus. *Dej.* *Peruvio.*
Anceps. *Dej.* *Mexico.*

Rubens. *Dej.*	*Brasilia.*
Hybridus. *Dej.*	id.
Longicornis. *Dej.*	*Buenos-Ayres.*
Proximus. *Dej.*	*Brasilia.*
Albomarginatus. *Dej.*	id.
Sexsignatus. *Dej.*	*Cayennæ.*
Nigrita. *Dej.*	id.
Gilvipes. *Dej.*	*Brasilia.*
Similatus. *Dej.*	*Cayennæ.*
Vicinus. *Dej.*	id.
Castaneipennis. *Dej.*	*Brasilia.*
Inornatus. *Dej.*	*Carthagena.*
Mendax. *Dej.*	*Brasilia.*
Rufiventris. *Dej.*	id.
Depressicornis. *Dej.*	*Amer. bor.*
Plebejus. *Illiger.*	*Brasilia.*
Cribricollis. *Dej.*	id.
Deletus. *Dej.*	*Cayennæ.*
Venustus. *Dej.*	*Cuba.*
Quadricollis. *Dej.*	*Java.*
Sociatus. *Dej.*	*Senegal.*
Viridanus. *Schönherr.*	*Sierra-Leona.*

43

POMACHILIUS. *Eschscholtz.*

Subfasciatus. *Germar.*	*Brasilia.*
Jucundus. Dej.	id.

1

PHYSORHINUS. *Eschscholtz.*

Bistigma. *Dej.*	*Brasilia.*
Circumdatus. *Dej.*	id.

2

CONODERUS. *Eschscholtz.*

Generosus. *Dej.*	*Brasilia.*
Aculeatus. *Dej.*	id.
Fuscofasciatus. Eschsch.	id.
Quadridentatus. *Dej.*	id.
Mucronatus. Hoffmansegg.	id.
Discolor. Eschsch.	id.
Cincticollis. *Dej.*	*Brasilia.*
Formosus. *Dej.*	id.
Malleatus. Germar.	id.

5

MONOCREPIDIUS. *Eschscholtz.*

Alternans. *Dej.*	*Brasilia.*
Geminatus. Germar.	id.
Lacordairei. *Dej.*	id.
Insignis. *Klug.*	*Buenos-Ayres.*
Scalaris. *Germar.*	id.
Multinotatus. *Dej.*	*Brasilia.*
Signifer. *Dej.*	id.
Abbreviatus. *Klug.*	id.
Semimarginatus. *Latr.*	*Colombia.*
Sexmaculatus. *Dej.*	*Brasilia.*
Australasiæ. *Dej.*	*Nov. Holland.*
Lividus. *Degéer.*	*S. Domingue.*
Elongatus. P. B.	id.
Luteipes. *Dej.*	*Cuba.*
Lobatus. Say.	*Amer. bor.*
Bifloccosus. *P. B.*	*S. Domingue.*
Dissimilis. *Dej.*	*Cuba.*
Canus. Sturm.	id.
Consimilis. *Dej.*	*Amer. bor.*
Vespertinus. *Fabr.*	id.
Puellus. *Dej.*	id.
Scutellaris. *Dej.*	id.
Lætus. *Dej.*	*Carthagena.*
Argutulus. *Dej.*	*Amer. bor.*
Oblitus. *Dej.*	id.
Servulus. *Dej.*	*Buenos-Ayres.*
Amplicollis. *Schönherr.*	*Amer. ins.*
Meticulosus. *Dej.*	*Tucuman.*
Gilvicornis. *Dej.*	*Buenos-Ayres.*
Asininus. Germar.	id.
Concolor. Klug.	id.
Sulphuripes. *Dej.*	*Brasilia.*
Xanthopus. Klug.	id.
Placidus. *Dej.*	*Buenos-Ayres.*
Silipes. *Dej.*	*Brasilia.*

Incertus. *Dej.*	*India orient.*
Humilis. *Dej.*	*Amer. bor.*
Flavangulus. *Dej.*	*N.....*
Rufescens. *Dej.*	id.
Melliculus. *Dej.*	*Brasilia.*
Cinereipennis. *Eschsch.*	*California.*
Unifasciatus. *Fabr.*	*Amer. ins.*
Bellus. *Say.*	*Amer. bor.*

36

DIMA. *Ziegler.*

Elateroides. *Ziegler.*	*Styria.*
Dalmatina. *Dej.*	*Dalmatia.*

2

SYNAPTUS. *Eschscholtz.*

{ Filiformis. *Fabr.*	*Gallia.*
{ *Unguliserris. Schönherr.*	*Russia merid.*

1

CTENONYCHUS. *Dejean.*

{ Marmorosus. *P. B.*	*S. Domingue.*
{ *Exclamationis. Mannerheim.*	id.

1

APTOPUS. *Eschscholtz.*

Dimidiatus. *Dej.*	*Brasilia.*
Venator. *Dej.*	*Mexico.*
Pumilio. *Dej.*	*Brasilia.*

3

CRATONYCHUS. *Dejean.*

MELANOTUS. *Eschscholtz.*

Lugens. *Dej.*	*Amer. bor.*
{ Obscurus. *Fabr.*	*P.*
{ *Fulvipes. Herbst.*	*Austria.*
{ *Castanipes. Paykull.*	*Suecia.*
{ Var. *Elongatus. Ziegler.*	*Styria.*
Brunnipes. *Ziegler.*	*P.*
Fusciceps. *Stéven.*	*Russia merid.*
Aquilus. *Dej.*	*Dalmatia.*
{ Menetriesii. *Dej.*	*Russia merid.*
{ *Sobrinus. Ménétriés.*	id.
Cinerascens. *Dej.*	*Gal. merid.*
{ Niger. *Fabr.*	*P.*
{ *Aterrimus. Oliv.*	id.
{ Fuscus. *Fabr.*	*Ind. orient.*
{ *Orientalis. Dej. Cat.*	id.
Umbilicatus. *Schönherr.*	*Sierra-Leona.*
Porrectifrons. *Dej.*	*Java.*
Spretus. *Dej.*	*N.....*
Paganus. *Dej.*	*Amer. bor.*
{ Communis. *Schönherr.*	id.
{ *Alopex. P. B.*	id.
{ *Flavipes. Say.*	id.
{ *Castanipes. Harris.*	id.
{ *Lepturus. Hoffmansegg.*	id.
Consobrinus. *Dej.*	id.
Simplex. *Germar.*	*Brasilia.*
{ Consanguineus. *Dej.*	*Amer. ins.*
{ *Pallipes. Latr.*	id.
Longiusculus. *Dej.*	*Amer. bor.*
Alutaceus. *Dej.*	id.
Xanthopus. *Dej.*	id.
{ Diffinis. *Dej.*	id.
{ *Americanus. Harris.*	id.
Brunnicornis. *Dej.*	id.
Oblongus. *Dej.*	id.
Gregarius. *Dej.*	id.
Mœrens. *Dej.*	id.
Guyanensis. *Dej.*	*Cayennæ.*
Modicus. *Dej.*	*Amer. bor.*
Egenus. *Dej.*	id.

28

PEROTHOPS. *Eschscholtz.*

Cervinus. *Dej.*	*Amer. bor.*

1

DICRONYCHUS. *Eschscholtz.*

Serraticornis. *Dej.*	*Senegal.*

1

AGRYPNUS. *Eschscholtz.*

Fuscipes. *Fabr.*	*Ind. orient.*
Tomentosus. *Fabr.*	*Ins. Philipp.*
Sondaicus. *Dej.*	*Java.*
{ Senegalensis. *Dej.*	*Senegal.*
{ Var. *Caliginosus. Buquet.*	id.
Notodonta. *Latr.*	*Nubia.*
Javanus. *Dej.*	*Java.*
Puber. *Dej.*	*Senegal.*
Jacquieri. *Dej.*	*Cayennæ.*
Palliatus. *Latr.*	*Nov. Hispan.*
Conspicuus. *Dej.*	*Brasilia.*
Pollinarius. *Dej.*	id.
Macrothorax. *Dej.*	*Cayennæ.*
Lignarius. *Dej.*	*Buenos-Ayres.*
Pollinosus. *Dej.*	*Brasilia.*
Marmoratus. *Fabr.*	*Amer. bor.*
{ Atomarius. *Fabr.*	*Gal. merid.*
{ *Carbonarius. Oliv.*	id.
Fasciatus. *Fabr.*	id.
Conspersus. *Gyllenhal.*	*Suecia.*
Lepidopterus. *Gyllenhal.*	id.
Varius. *Fabr.*	*Austria.*
{ Ornaticollis. *Dej.*	*Amer. bor.*
{ *Pennatus ? Fabr.*	id.
{ *Cruentus ? Oliv.*	id.
Asperatus. *Dej.*	id.
Ravidus. *Dej.*	id.
Histrio. *Dej.*	*Nov. Holland.*
Gravis. *Dej.*	*Ile de France.*
Murinus. *Fabr.*	*P.*
Desjardinsii. *Dej.*	*Ile de France.*
Caliginosus. *Dej.*	*Nov. Holland.*
Modestus. *Mac Leay.*	id.
Hispidulus. *Dej.*	*Java.*
Serricollis. *Dalman.*	id.
{ Crenicollis. *Ménétriés.*	*Russia merid.*
{ *Serricollis. Parreyss.*	id.
Curtus. *Dej.*	*Amer. bor.*
Brevis. *Dej.*	*N.....*
Incisus. *Dej.*	*Ind. orient.*
Lepidotus. *P. B.*	*Guinea.*
Punctipennis. *Dej.*	*Brasilia.*

37

PYROPHORUS. *Illiger.*

{ Noctilucus. *Fabr.*	*Brasilia.*
{ Var. *Divergens. Eschsch.*	id.
{ *Ignifer. Mannerheim.*	*S. Domingue.*
{ Phosphoreus. *Linné.*	*Cayennæ.*
{ *Pellucens. Eschsch.*	id.
Phosphorescens. *Dej.*	*Guadeloupe.*
Indistinctus. *Dej.*	*Cayennæ.*
Ignitus. *Fabr.*	id.
{ Lychniferus. *Dej.*	*Brasilia.*
{ *Acuminatus. Eschsch.*	id.
{ *Corruscus. Mannerheim.*	*S. Domingue.*
{ Luminosus. *Illiger.*	*Brasilia.*
{ *Phosphoreus. Fabr.*	id.
Fulgidus. *Dej.*	*Peruvio.*
{ Corruscus. *Dej.*	*Cuba.*
{ *Causticus. Klug.*	id.
{ *Fenestellatus. Leconte.*	*Amer. bor.*
Igniculus. *Dej.*	*Brasilia.*
Marginicollis. *Dej.*	id.
{ Igniferus. *Dej.*	id.
{ *Ignitus. Eschsch.*	id.
Inflammatus. *Dej.*	id.
Latifrons. *Dej.*	id.
Vesperus. *Dej.*	*Buenos-Ayres.*
Scintillans. *Dej.*	*Brasilia.*
Laternarius. *Dej.*	*Cayennæ.*
Fax. *Dej.*	*Brasilia.*
Flammeus. *Dej.*	id.
Lucidus. *Dej.*	*Cuba.*
Ardens. *Dej.*	*Brasilia.*

{ Lampyris. *Dej.*	*Brasilia.*
{ *Pyrophorus. Dej.*	id.
Empyreus. *Dej.*	id.
Illuminatus. *Dej.*	*Cayennæ.*
Candelarius. *Dej.*	id.
Leporinus. *Dej.*	*Chili.*
Buphthalmus. *Dej.*	*Brasilia.*
Luciferus. *d'Urville.*	*Chili.*

28

CHALCOLEPIDIUS. *Eschscholtz.*

Sulcatus. *Fabr.*	*Amer. ins.*
Defloratus. *Dej.*	id.
Erythroloma. *Dej.*	*Amer. æquin.*
{ Costatus. *Dej.*	*Brasilia.*
{ *Porcatus. Dej. Cat.*	id.
{ *Zonatus. Eschscholtz.*	id.
{ Porcatus. *Fabr.*	id.
{ *Sulcatus. Dej. Cat.*	id.
{ *Limbatus. Eschsch.*	id.
Mexicanus. *Dupont.*	*Mexico.*
Bonplandi. *Dej.*	*Colombia.*
{ Glaucus. *Dej.*	*America.*
{ *Virens. Dej. Cat.*	id.
{ Striatus. *Fabr.*	*Cayennæ.*
{ Var. *Virens. Fabr.*	*Surinam.*
Sulciger. *Dej.*	*Carthagena.*
Angustior. *Dej.*	*Mexico.*

11

HEMIRHIPUS. *Latreille.*

Lineatus. *Fabr.*	*Brasilia.*
Quinquesignatus. *Dej.*	id.
Fascicularis. *Fabr.*	id.
Funebris. *Dej.*	*Senegal.*

4

ALAUS. *Eschscholtz.*

Oculatus. *Fabr.*	*Amer. bor.*
Myops. *Fabr.*	id.
Patricius. *Dej.*	*Cuba.*
Nubilus. *Dej.*	*Java.*
Parreyssii. *Steven.*	*Russia merid.*
Maculatus. *Fabr.*	*S. Domingue.*
Lacteus. *Dej.*	*Java.*
Vetustus. *Dej.*	*Senegal.*
Putridus. *Dej.*	*Java.*

9

OXYCLEIDIUS. *Eschscholtz.*

Nigriceps. *Dej.*	*Brasilia.*

1

ATHOUS. *Eschscholtz.*

Rufus. *Fabr.*	*Styria.*
Angusticollis. *Megerle.*	id.
{ Rhombeus. *Oliv.*	*P.*
{ *Ziegleri. Dej. Cat.*	*Styria.*
{ Undulatus. *Paykull.*	id.
{ *Trifasciatus. Gyllenhal.*	id.
Bifasciatus. *Gyllenhal.*	*Lapponia.*
Anguinus. *Dej.*	*Amer. bor.*
Puzosii. *Dej.*	*Pyrenæis.*
Tenebricosus. *Dej.*	*Gal. merid.*
Monachus. *Dej.*	*Amer. bor.*
Mœstus. *Dej.*	id.
{ Longus. *Dej.*	id.
{ *Pyrrhos. Say.*	id.
Corticinus. *Dej.*	id.
{ Fastiditus. *Dej.*	id.
{ *Longicornis. Harris.*	id.
Subglaber. *P. B.*	*S. Domingue.*
Madagascariensis. *Dej.*	*Madagascar.*
Dejeanii. *Yvan.*	*Gal. merid.*
Tauricus. *Dej.*	*Russia merid.*
Coarctatus. *Dej.*	*Gal. merid.*
{ Scrutator. *Herbst.*	*Suecia.*
{ *Testaceus. Paykull.*	id.
{ *Luridipennis. Besser.*	*Volhynia.*
{ Hirtus. *Herbst.*	*P.*
{ *Aterrimus. Fabr.*	id.
{ *Niger. Oliv.*	id.
{ Var. *Pubescens. Mannerheim.*	*Russia.*

12

Sulcicollis. *Dej.*	*Amer. bor.*
Parallelus. Say.	id.
Eques. *Dej.*	id.
Rugulosus. *Dej.*	*Cuba.*
Castanipes. *Fabr.*	*Amer. ins.*
Vestitus. Mannerheim.	*S. Domingue.*
Decipiens. *Dej.*	*Amer. bor.*
Anachoreta. *Dej.*	id.
Decoloratus. Harris.	id.
Viduus. *Dej.*	id.
Ater. *Dej.*	*Gal. orient.*
Stenosomus. *Dej.*	*Java.*
Angularis. *Dej.*	*Amer. bor.*
Vestitus. *Dej.*	*Pyrenæis.*
Cervinus. *Dej.*	*Gal. orient.*
Procerus. *Illiger.*	*Hispania.*
Parallelus. *Dej.*	*Gal. merid.*
Var. *Marginalis. Dahl.*	*Italia.*
Longicollis. *Fabr.*	*P.*
Suturalis. Panzer.	*Germania.*
Marginatus. Paykull.	id.
Difformis. *Ziegler.*	*Gallia.*
Var. *Distinctus. Ullrich.*	*Illyria.*
Hæmorrhoidalis. *Fabr.*	*Germania.*
Sputator. Oliv.	*P.*
Ruficaudis. Gyllenhal.	*Suecia.*
Leucophæus. *Dej.*	*Gallia.*
Inunctus. *Panzer.*	*P.*
Crassicollis. *Dej.*	id.
Vittatus. *Fabr.*	id.
Subfuscus. *Gyllenhal.*	*Gallia.*
Var. *Analis. Dahl.*	*Hungaria.*
Carus. Ménétriès.	*Russia merid.*
Ferruginosus. *Eschscholtz.*	*Am. bor. occ.*
Mendicus. *Dej.*	*Amer. bor.*
Gilvipennis. *Dej.*	id.
Glabricollis. *Dej.*	id.
Obscuriceps. *Dej.*	id.
Ineditus. *Dej.*	*Brasilia.*
Cayennensis. *Dej.*	*Cayennæ.*
Neglectus. *Dej.*	*Cayennæ.*
Flavicans. *Dej.*	id.
Faldermanni. *Dej.*	*Brasilia.*
Hirsutulus. Faldermann.	id.
Flavipennis. *Dej.*	id.

53

CAMPYLUS. *Fischer.*

Denticollis. *Fabr.*	*Austria.*
Linearis. *Fabr.*	*Gallia.*
Denticollis. Fischer.	*Russia merid.*
Mesomelas. *Fabr.*	*Germania.*
Borealis. *Paykull.*	*Lapponia.*
Mutabilis. *Dej.*	*Kamtschatka.*
Variabilis. Eschscholtz.	id.
Lecontei. *Dej.*	*Amer. bor.*

6

LIMONIUS. *Eschscholtz.*

Diversus. *Dej.*	*Amer. bor.*
Perplexus. *Dej.*	id.
Confusus. *Dej.*	id.
Pubicollis. *Dej.*	id.
Cœrulescens. *Dej.*	*Austria.*
Borealis. Dej. Cat.	id.
Russus. *Dej.*	*Hispania.*
Cylindricus. *Paykull.*	*Suecia.*
Æruginosus. Oliv.	*P.*
Var. *Gracilicornis. Megerle.*	*Illyria.*
Nigripes. *Gyllenhal.*	*P.*
Mus. *Illiger.*	id.
Ruficrus. Latreille.	id.
Minutus. Sahlberg.	*Finlandia.*
Nigricornis. Ziegler.	*Austria.*
Lucidulus. Dahl.	*Hungaria.*
Serraticornis. *Paykull.*	*Suecia.*
Minutus. *Fabr.*	*P.*
Nitidicollis. Meg. Dej. Cat.	*Austria.*
Minusculus. *Dej.*	*Croatia.*
Variolosus. Parreyss.	id.

Lythrodes. *Germar.*	*Gallia.*
Minutus. Dej. Cat.	id.
Bructeri. Ziegler.	*Austria.*
Var. *Parvulus. Ziegler.*	id.
Bructeri. *Fabr.*	*Suecia.*
Minutus. Paykull.	id.
Subæneus. Ziegler.	*Austria.*
Bipustulatus. *Fabr.*	*P.*
Nigritarsis. *Steven.*	*Russia merid.*
Varicollis. *Dej.*	*Mexico.*
Stigma. *Herbst.*	*Amer. bor.*
Aurifer. *Leconte.*	id.
Fulgidicollis. *Dej.*	id.
Misellus. *Dej.*	id.
Quercinus. *Say.*	id.
Semiæneus. *Dej.*	id.

23

MELANOXANTHUS. *Eschscholtz.*

Dimidiatipennis. *Dej.*	*India orient.*
Melanocephalus. *Fabr.*	id.
Lepidus. *Dej.*	*Java.*

3

AEOLUS. *Eschscholtz.*

Flavofasciatus. *Dej.*	*Brasilia.*
Terminalis. *Dej.*	id.
Signatipennis. *Dej.*	*Cayennæ.*
Scriptus. *Fabr.*	*Brasilia.*
Amabilis. Dej.	id.
Notulatus. *Dej.*	*Cayennæ.*
Signifer. Mannerheim.	*S. Domingue.*
Facetus. *Dej.*	id.
Varians. *Dej.*	*Carthagena.*
Fuscipennis. *Dej.*	id.
Canus. *Dej.*	id.
Malignus. *Buquet.*	*Senegal.*
Crucifer. *Rossi.*	*Italia.*
Cruciger. Dahl.	id.
Cinnamomeus. *Dej.*	*Nov. Holland.*
Cyanipennis. *Dej.*	*Cuba.*

13

CARDIOTARSUS. *Eschscholtz.*

Capensis. *Dej.*	*Cap. Bon. Sp.*

1

CARDIOPHORUS. *Eschscholtz.*

Thoracicus. *Fabr.*	*P.*
Ruficollis. *Fabr.*	*Suecia.*
Corsicus. *Dej.*	*Corsica.*
Siculus. *Dej.*	*Sicilia.*
Discicollis. *Herbst.*	*Austria.*
Venustulus. *Dej.*	*Syria.*
Sardeus. *Dej.*	*Sardinia.*
Submaculatus. *Dej.*	*Gal. merid.*
Ornatus. *Dej.*	id.
Biguttatus. *Fabr.*	id.
Notatus. *Fabr.*	*Ind. orient.*
Klugii. *Dej.*	*Cap. Bon. Sp.*
Ornatus. Klug.	id.
Bellulus. *Dej.*	id.
Sexpunctatus. *Illiger.*	*Hispania.*
Signatus. Oliv.	id.
Bipunctatus. *Fabr.*	*Italia.*
Bisignatus. *Dej.*	*Hispania.*
Testaceus. *Fabr.*	*Styria.*
Equiseti. *Herbst.*	*P.*
Canescens. Markel.	*Germania.*
Var. *Lateralis. Fabr.*	*Austria.*
Griseolus. Megerle.	*Illyria.*
Advena. *Fabr.*	*Gal. merid.*
Pollux. Germar.	*Germania.*
Ebeninus. Gebler.	*Sibiria.*
Luridipes. *Dej.*	*Gallia.*
Serricornis. *Ziegler.*	*Germania.*
Rufipes. *Fabr.*	*P.*
Albipes. *Megerle.*	*Austria.*
Exaratus. *Dej.*	*Gal. merid.*
Bivittatus. *Dej.*	*Sicilia.*
Anxius. *Dej.*	*N....*
Difficilis. *Dej.*	***Ile de France.***
Desertus. *Dej.*	id.

12.

Castaneithorax. *P. B.* *Guinea.*
Discipennis. *Dej.* *Senegal.*
Instrenuus. *Buquet.* id.
Languidus. *Buquet.* id.
Cognatus. *Dej.* id.
Opacus. *Dej.* id.
Pauperculus. *Dej.* id.
Beniniensis. *P. B.* *Guinea.*
Quadriplagiatus. *Dej.* *Senegal.*
Striatopunctatus. *Dej.* id.
Fastidiosus. *Dej.* id.
{ Subspinosus. *P. B.* *Guinea.*
{ *Tridentatus. Fabr.* id.
Erythrogaster. *Dej.* *Cap. Bon. Sp.*
Capicola. *Dej.* id.
Sobrinus. *Dej.* *Ind. orient.*
{ Flavius. *Dej.* *Arabia.*
{ *Thoracicus. Klug.* (Eucnemis.) id.
Lævicollis. *Dej.* *Amer. bor.*
Convexus. *Say.* id.
Atripennis. *Dej.* *Mexico.*
Patruelis. *Dej.* *Peruvio.*
Micros. *Dej.* id.
{ Nigrofasciatus. *Dej.* *Amer. bor.*
{ *Areolatus. Say.* id.
Exilis. *Dej.* *Carthagena.*
Lebasii. *Dej.* id.
Quadrivulneratus. *Dej.* id.
53

APHANOBIUS. *Eschscholtz.*

Flabellatus. *Dej.* *Java.*
Infuscatus. *Dej.* *Amer. bor.*
Velutinus. *Dej.* *Brasilia.*
Torridus. *Dej.* *Amer. bor.*
Luridus? *Fabr.* id.
Cribrarius. *Dej.* id.
Luctuosus. *Dej.* *Brasilia.*
{ Sturmii. *Dej.* *Cuba.*
{ *Cribricollis. Sturm.* id.

Acutipennis. *Dej.* *Ins. Bourbon.*
9

AMPEDUS. *Megerle.*

ELATER. *Eschscholtz.*

{ Sanguineus. *Fabr.* *P.*
{ *Semiruber. Leach.* *Anglia.*
Ephippium. *Fabr.* *P.*
Præustus. *Fabr.* *Suecia.*
Ferrugatus. *Ziegler.* *P.*
Crocatus. *Ziegler.* id.
Ochropterus. *Dej.* *Russia merid.*
Elongatulus. *Fabr.* *P.*
Balteatus. *Fabr.* *Gallia.*
{ Austriacus. *Ziegler.* *Austria.*
{ *Glycereus? Panzer.* *Gal. merid.*
Tristis. *Fabr.* *Suecia.*
Sanguinipennis. *Say.* *Amer. bor.*
{ Luridipennis. *Dej.* id.
{ *Nigricollis. Say.* id.
Lugubris. *P. B.* id.
Sellatus. *Dej.* id.
Verticinus. *P. B.* id.
Collaris. *Say.* id.
Sanguinicollis. *Panzer.* *Austria.*
Sinuatus. *Ziegler.* id.
{ Auritus. *Herbst.* *Finlandia.*
{ *Arrogans. Dufstch. Dej. Cat.* *Austria.*
{ *Erythrogonus. Muller.* *Germania.*
{ Megerlei. *Dej.* *Gal. orient.*
{ *Bicolor. Megerle.* *Dalmatia.*
Foveicollis. *Dej.* *Styria.*
Æthiops. *Frœhlich.* *P.*
Morio. *Ziegler.* *Gal. merid.*
Nigerrimus. *Dej.* *P.*
Nigrinus. *Gyllenhal.* *Suecia.*
Anthracinus. *Dej.* *Gal. merid.*
{ Nigellus. *Dej.* *Austria.*
{ *Serraticornis. Dej. Cat.* id.
Tibialis. *Megerle.* *P.*

Carbonicolor. *Eschscholtz.*	*Am. bor. occ.*
Nigricans. *Dej.*	*Amer. bor.*
Atriventris. Harris.	id.
Rubripes. *Dej.*	id.
Rufipes. P. B.	id.
Consentaneus. *Dej.*	*N.....*
Incertus. Dej. Cat. p. 33.	id.
Pullus. *Dej.*	*Amer. bor.*
Signaticollis. *Dej.*	id.
Despectus. *Dej.*	id.
Scitulus. *Dej.*	id.
Pusio. *Dej.*	id.
Flavescens. *Dej.*	id.

38

CRYPTOHYPNUS. *Eschscholtz.*

HYPOLITHUS. *Eschscholtz.*

Ochreatus. *Dej.*	*Brasilia.*
Littoralis. *Eschscholtz.*	*Kamtschatka.*
Nocturnus. *Eschscholtz.*	*Am. bor. occ.*
Riparius. *Fabr.*	*Suecia.*
Silaceipes. Harris.	*Amer. bor.*
Rivularis. *Gyllenhal.*	*Lapponia.*
Pumilus. Dej. Cat.	*Gallia.*
Pumilus. *Dej.*	*Kamtschatka.*
Bicolor. Eschscholtz.	id.
Hyperboreus. *Gyllenhal.*	*Lapponia.*
Planatus. Eschscholtz.	*Kamtschatka.*
Pulchellus. *Fabr.*	*Gallia.*
Troglodytes. *Dej.*	*Gal. merid.*
Riparius. Bonelli.	*Pedemont.*
Quadripustulatus. *Fabr.*	*Gal. merid.*
Var. *Quadrinotatus. Ziegler.*	*Styria.*
Minimus. *Dej.*	*Gal. merid.*
Quadripustulatus. var. Gyll.	*Suecia.*
Höpfneri. *Dej.*	*Germania.*
Quadrum. *Gyllenhal.*	*Suecia.*
Agricola. Zetterstedt.	*Danemark.*
Exiguus. *Dej.*	*Gal. merid.*
Brunnipes. Ullrich.	*Illyria.*

Minutissimus. *Peiroleri.*	*Gal. orient.*

15

OOPHORUS. *Eschscholtz.*

Trinotatus. *Dej.*	*Brasilia.*
Quadrilineatus. *Dej.*	id.
{ Cingulatus. *Dej.*	*Amer. bor.*
{ *Cinctus. P. B.*	id.
Amœnus. *Dej.*	*Brasilia.*
{ Nigrosignatus. *Dej.*	*Amer. bor.*
{ *Dorsalis. Say.*	id.
Elegans. *Fabr.*	*Amer. ins.*
Dimidiaticollis. *Dej.*	*N.....*
Puberulus. *Dej.*	id.
Marginalis. *Dej.*	*Amer. ins.*
Delicatulus. *Dej.*	*Amer. bor.*
Blandus. *Dej.*	id.
Dilectus. *Say.*	id.
Gentilis. *Dej.*	id.
Trilineatus. *Dej.*	*N.....*
Distinguendus. *Dej.*	id.
Bistrigatus. *Dej.*	*Ile de France.*
Seniculus. *Dej.*	*Senegal.*
Inops. *Dej.*	id.

18.

DRASTERIUS. *Eschscholtz.*

Bimaculatus. *Fabr.*	*Gal. merid.*
Caucasicus. *Godet.*	*Russia merid.*
{ Rossii. *Steven.*	id.
{ *Sexpunctatus. Ménétriés.*	id.
Grisescens. *Dej.*	*Ægypt.*
Musculus. *Dej.*	id.
Tantillus. *Dej.*	*Cap. Bon. Sp.*
Triangularis. *Eschsch.*	*Ins. Philipp.*
Sulcatulus. *Dej.*	*Ind. orient.*
Hirtulus. *Dej.*	*Carthagena.*
Dorsiger. *Dej.*	*Brasilia.*

10

CYLINDRODERUS. *Eschscholtz.*

Elateroides. *Dej.* *Brasilia.*
Femoratus. *Dej.* *N.....*
Stenoderus. *Dej.* *Brasilia.*
3

MACRODES. *Dejean.*

Strictus. *Dej.* *Hisp. merid.*
1

STEATODERUS. *Eschscholtz.*

Ferrugineus. *Fabr.* *P.*
Gagatinus. *Dej.* *Amer. bor.*
Cuneiformis. *Dej.* id.
Acutus. *Dej.* *Java.*
4

MEGACNEMIUS. *Eschscholtz.*

Erythroderus. *Dej.* *Brasilia.*
1

LUDIUS. *Latreille.*

{ Hunteri. *Mac Leay.* *Nov. Holland.*
{ *Ramifer. Eschscholtz.* id.
Aulicus. *Panzer.* *Gal. merid.*
Signatus. *Panzer.* *Austria.*
Cupreus. *Fabr.* *Germania.*
Æruginosus. *Fabr.* id.
{ Pectinicornis. *Fabr.* id.
{ Var. *Anceps. Dahl.* *Hungaria.*
Hæmatodes. *Fabr.* *Gallia.*
Castaneus. *Fabr.* *P.*
{ Bœberi. *Eschscholtz.* *Sibiria.*
{ *Interruptus. Bœber.* id.
Eschscholtzii. *Faldermann.* *Persia.*
Apicalis. *Dej.* *Pyrenæis.*
Anticus. *Dej.* *N.....*
{ Metallescens. *Dej.* *Amer. bor.*
{ *Irradians. Leconte.* id.
Tessellatus. *Fabr.* *P.*
{ Assimilis. *Gyllenhal.* *Suecia.*
{ *Scutellum. Knoch.* *Germania.*
Cruciatus. *Fabr.* id.
Bicinctus. *Dej.* *Amer. bor.*
Propola. *Leconte.* id.
Holosericeus. *Fabr.* *P.*
Chrysocomus. *Dahl.* *Hungaria.*
Sericeus. *Gebler.* *Sibiria.*
Hypocrita. *Dej.* *Amer. bor.*
Cuprarius. *Dej.* id.
{ Æneus. *Fabr.* *Gallia.*
{ Var. *Germanus. Linné.* *Germania.*
{ *Nitidissimus. Ziegler.* *Styria.*
{ *Chalybeus. Géné.* *Italia.*
Pyrenæus. *Dej.* *Pyrenæis.*
{ Rugosus. *Megerle.* *Styria.*
{ *Rugipennis. Sturm.* *Helvetia.*
{ Latus. *Fabr.* *Austria.*
{ *Germanus. Oliv.* *P.*
{ Melancholicus. *Fabr.* *Lapponia.*
{ Var. *Scabricollis. Eschsch.* *Kamtschatka.*
Impressus. *Fabr.* *Suecia.*
{ Metallicus. *Paykull.* *P.*
{ *Ochropus. Kugelann.* *Germania.*
{ *Gebleri. Mac Leay.* *Sibiria.*
Piger. *Dej.* *Amer. bor.*
Costalis. *Paykull.* *Lapponia.*
{ Guttatus. *Dej.* *Styria.*
{ *Fenestratus. Parreyss.* id.
Fulgens. *Fabr.* *China.*
Corinthius. *Dej.* *Java.*
Latreillei. *Dej.* *Ind. orient.*
Melanarius. *Dej.* *Amer. bor.*
{ Lacunosus? *Fabr.* id.
{ *Morio. Say.* id.
{ Lævigatus. *Fabr.* id.
{ *Piceus. Degéer.* id.
{ Nigrans. *Dej.* id.
{ *Æthiops? Herbst.* id.
Depressus. *Ziegler.* *Austria.*
Volitans. *Eschsch.* *Am. bor. occ.*

Sagitticollis. *Eschsch.*	*Am. bor. occ.*
Umbricola. *Eschsch.*	id.
Caricinus. *Eschsch.*	id.
♀. *Lobatus. Eschsch.*	id.
Resplendens. *Eschsch.*	id.
Cuprinus. *Dej.*	*Amer. bor.*
Æneicollis. *Dej.*	id.
Appressifrons. Say.	id.
Pudibundus. *Dej.*	*Mexico.*
Mentonalis. *Latr.*	*N.....*
Australis. *d'Urville.*	*Nov. Holland.*
Obscuripes. *Schönherr.*	*Ind. orient.*
Sericans. *Dej.*	*Cap. Bon. Sp.*
Servus. *Klug.*	id.
Caffer. *Dej.*	id.
Sibiricus. *Gebler.*	*Sibiria.*
Affinis. *Paykull.*	*Suecia.*
Ovierensis. Ziegler.	*Carinthia.*
Quercus. *Oliv.*	*Gal. merid.*
Pallipes. Paykull.	*Suecia.*
Longulus. *Gyllenhal.*	id.

59

CARDIORHINUS. *Eschscholtz.*

Rubicundus. *Dej.*	*Brasilia.*
Spadiceus. *Dej.*	id.
Apicida. *Dej.*	id.
Vulneratus. *Germar.*	id.
Axillaris. *Dej.*	id.
Scapularis. *Dej.*	id.
Humeralis. Mannerheim.	id.
Humeralis. *Dej.*	id.
Brasiliensis. *Dej.*	id.
Plagiatus. *Germar.*	id.
Trivittatus. *Dej.*	id.
Conformis. *Dej.*	id.
Maculicollis. *Dej.*	id.
Brunnicollis. *Dej.*	*Cayennæ.*
Strigicollis. *Dej.*	id.
Bilineatus. *Fabr.*	id.

15

HEMIOPS. *Eschscholtz.*

Luteus. *Dej.*	*Java.*

1

COSMESUS. *Eschscholtz.*

Fuscofasciatus. *Dej.*	*Brasilia.*
Sexpustulatus. *Dej.*	id.
Obscurofasciatus. *Dej.*	id.
Obscuromaculatus. *Dej.*	id.
Lineatocollis. *Dej.*	id.

5

AGRIOTES. *Eschscholtz.*

Pilosus. *Fabr.*	*P.*
Obscurus. Oliv.	id.
Vilis. Illiger.	*Austria.*
Fuscicollis. *Parreyss.*	*Gal. merid.*
Fulvescens. *Dej.*	*Gal. orient.*
Rufipennis. Dahl.	*Italia.*
Gallicus. *Dej.*	*P.*
Gilvellus. *Ziegler.*	id.
Testaceus. Sturm.	*Germania.*
Var. *Fusculus. Megerle.*	*Austria.*
Sputator. Ziegler.	*P.*
Blandus. Germar.	*Germania.*
Rusticus. *Dej.*	*Gal. merid.*
Segetis. *Gyllenhal.*	*Suecia.*
Striatus. Fabr.	*P.*
Variabilis. *Fabr.*	id.
Obscurus. Gyllenhal.	*Suecia.*
Sputator. *Fabr.*	*P.*
Var. *Umbrosus. Sturm.*	*Germania.*
Flavicornis. Ziegler.	*Austria.*
Posticus. Megerle.	id.
Gibbicollis. Megerle.	id.
Ruficornis. Ziegler.	*Dalmatia.*
Rufulus. *Dej.*	*P.*
Incultus. *Dej.*	*Amer. bor.*
Contemptus. *Dej.*	id.
Propinquus. *Dej.*	id.

Tardus. *Dej.*	*Amer. bor.*
Augustatus. *P. B.*	id.
Subuliformis. *Mannerheim.*	*S. Domingue.*
Hirsutulus. *Dej.*	*Carthagena.*

17

SERICOSOMUS. *Serville.*

SERICUS. *Eschscholtz.*

Brunneus. *Fabr.*	*Germania.*
Fugax. *Fabr.*	id.
Rubidus. *Ziegler.*	*Styria.*
Fulvipennis. *Dej.*	*German.*

4

DOLOPIUS. *Megerle.*

Marginatus. *Fabr.*	*Germania.*
Lateralis. Oliv.	*P.*
Dorsalis. Paykull.	*Suecia.*
Var. *Cinerascens. Ziegler.*	*Austria.*
Fulvicollis. Dahl.	*Hungaria.*
Vitta. Dahl.	id.
Rufipennis. *Dej.*	*Gal. merid.*
Californicus. *Dej.*	*California.*
Lateralis. Eschsch.	id.
Pauperatus. *Dej.*	*Amer. bor.*
Umbraticus. *Say.*	id.
Silaceus. *Say.*	id.
Ingratus. *Dej.*	id.
Trivialis. *Dej.*	*Brasilia.*
Cylindricollis. *Sturm.*	*Cuba.*
Chilensis. *Dej.*	*Chili.*

10

ECTINUS. *Eschscholtz.*

Theseus. *Germar.*	*Dalmatia.*
Aterrimus. *Linné.*	*Suecia.*
Atratus. Illiger.	*Germania.*
Volhynensis. *Ziegler.*	*Volhynia.*
Dichrous. *Dej.*	*Amer. bor.*
Subæneus. *Ziegler.*	*Styria.*

Siccus. *Buquet.*	*Senegal.*

6

ADRASTUS. *Megerle.*

Limbatus. *Fabr.*	*P.*
Var. *Suturalis. Ziegler.*	id.
Pygmæus. Ziegler.	id.
Pusillus. Ziegler.	*Austria.*
Humeralis. Ziegler.	id.
Umbrinus. *Germar.*	*P.*
Styriacus. *Dej.*	*Gal. merid.*
Alpinus. Dahl.	*Illyria.*
Var. *Pustulatus. Dahl.*	*Hungaria.*
Quadrimaculatus. *Fabr.*	*Gal. merid.*
Bisbimaculatus. Schönherr.	*Austria.*
Terminatus. *Dahl.*	*Dalmatia.*

5

1156

MALACODERMES.

RHIPICERA. *Latreille.*

Mystacina. *Fabr.*	*Nov. Holland.*
Marginata. *Latreille.*	*Brasilia.*
Cyanea. *Dej.*	id.
Rufipennis. *Dej.*	*Amer. bor.*

4

CEBRIO. *Fabricius.*

Gigas. *Fabr.*	*Gal. merid.*
♀. *Brevicornis. Oliv.*	id.
Xanthomerus. *Hoffmansegg.*	id.
Morio. *Dufour.*	*Hispania.*
Ustulatus. *Dej.*	id.
Testaceus. *Dej.*	id.
Siculus. *Dej.*	*Sicilia.*
Melanocephalus. *Dej.*	id.

Ruficollis. *Fabr.*	*Tanger.*
Pectinicornis. *Dej.*	*Java.*
Bicolor. *Fabr.*	*Amer. bor.*

10

SANDALUS. *Knoch.*

Niger. *Knoch.*	*Amer. bor.*

1

ATOPA. *Fabricius.*

Cervina. *Fabr.*	*Gallia.*
Cinerea. *Fabr.*	id.
Var. *Elongata. Faldermann.*	*Persia occid.*
Melanophtalma. *Dej.*	*Amer. bor.*
Ornaticollis. *Dej.*	id.
Aurita. *Dej.*	id.
Fulvula. *Wiedem.* (Bruchus.)	*Java.*

6

CLADON. *Dejean.*

Flabellicorne. *Dej.*	*Brasilia.*

1

PTILODACTYLA. *Illiger.*

Caliginosa. *Dej.*	*Brasilia.*
Murina. *Dej.*	id.
Fulvipes. *Dej.*	id.
Obscura. *Dej.*	id.
Femorata. *Dej.*	id.
Flavipes. *Dej.*	id.
Nebulosa. *Dej.*	id.
Signata. *Dej.*	id.
Lævigata. *Dej.*	*Cayennæ.*
Elaterina. *Illiger.*	*Amer. bor.*
Nitida. Degéer. (Pyrochroa.)	id.
Leporina. *Lacordaire.*	*Cayennæ.*
Pallipes. *Dej.*	id.
Puncticollis. *Dej.*	id.
Brunnea. *Dej.*	*Carthagena.*
Flabellata. *Dej.*	*Amer. bor.*
Lucida. *Lacordaire.*	*Cayennæ.*
Picea. *Lacordaire.*	id.

Scapularis. *Dej.*	*Cayennæ.*
Humeralis. *Dej.*	*Brasilia.*
Elongata. *Lacordaire.*	*Cayennæ.*
Minuta. *Lacordaire.*	id.

21

EPICYRTUS. *Dejean.*

Marginatus. *Dej.*	*Brasilia.*
Obscurus. *Dej.*	id.
Gibbosus. *Dej.*	id.
Luridus. *Dej.*	*Cayennæ.*
Tessellatus. *Dej.*	id.

5

CYPHON. *Fabricius.*

Pallidus. *Fabr.*	*P.*
Melanurus. Schönherr.	*Suecia.*
Limbatus. *Dej.*	*P.*
Flavicollis. *Dej.*	*Gallia.*
Marginatus. *Fabr.*	*P.*
Nimbatus. Panzer.	id.
Lividus. *Fabr.*	id.
Senegalensis. *Dej.*	*Senegal.*
Fuscipennis. *Dej.*	*Amer. bor.*
Collaris. *Dej.*	id.
Marginicollis. *Dej.*	id.
Oblongus. *Dej.*	id.
Murinus. *Dej.*	id.
Thoracicus. *Dej.*	id.
Obscurus. *Dej.*	id.
Griseus. *Fabr.*	*P.*
Pubescens. *Fabr.*	id.
Padi. *Gyllenhal.*	id.
Pusillus. *Dej.*	*Dalmatia.*
Nigricans. *Dej.*	id.
Testaceus. *Dej.*	*P.*
Serraticornis. Müller.	*Germania.*
Dorsalis. *Dej.*	*Amer. bor.*
Pulchellus. *Dej.*	id.
Hieroglyphicus. *Dej.*	*Senegal.*

13

EUBRIA. *Ziegler.*

Palustris. *Ziegler.*	*Gallia.*

1

SCYRTES. *Latreille.*

Hemisphæricus. *Fabr.*	*P.*
Orbicularis. *Panzer.*	id.
Lividus. *Dej.*	*Ile de France.*
{ Orbiculatus. *Fabr.*	*Amer. bor.*
{ *Tibialis. Harris.*	id.
Suturalis. *Dej.*	id.
Variegatus. *Dej.*	*Ins. Bourbon.*
Pictus. *Fabr.* (Chrysomela.)	*Ind. orient.*

7

NYCTEUS. *Latreille.*

{ Hæmorrhous. *Ziegler.*	*Austria.*
{ *Mordelloides. Germar.* (Scaphidium.)	*Germania.*
Hispanicus. *Dej.*	*Hispania.*
Testaceus. *Dej.*	*Lusitania.*

3

LYCUS. *Fabricius.*

Amplissimus. *Dej.*	*Senegal.*
Dilatatus. *Dej.*	id.
Scutellaris. *Dej.*	id.
Trabeatus. *Dej.*	id.
Venosus. *Dej.*	id.
Oblitus. *Dej.*	id.
Diversus. *Dej.*	id.
Latissimus. *Fabr.*	id.
Armatus. *Buquet.*	id.
Fastiditus. *Dej.*	id.
Contemptus. *Dej.*	id.
Distinguendus. *Dej.*	id.
Distinctus. *Dej.*	id.
Adustus. *Dej.*	id.
Sinuatus. *Schönherr.*	*Sierra Leona.*
Togatus. *Klug.*	*Mexico.*
Palliatus. *Fabr.*	*Cap. Bon. Sp.*
{ Rostratus. *Fabr.*	id.
{ *Dentipes. Schönherr.*	id.
Proboscideus. *Fabr.*	*Sierra Leona.*
Neglectus. *Dej.*	*Senegal.*
Apicalis. *Dej.*	id.
Posticus. *Dej.*	*Cap. Bon. Sp.*
Præustus. *Fabr.*	*Ind. orient.*
Petelii. *Buquet.*	*Java.*
Subrutilus. *Buquet.*	id.
Apicida. *Dej.*	*Cochinchina.*
Ferrugineus. *Fabr.*	*Java.*
Coccineus. *Dej.*	id.
Inæqualis. *Fabr.*	id.
Porrectus. *Buquet.*	id.
Vapidus. *Buquet.*	id.
{ Rufipennis. *Fabr.*	*Nov. Holland.*
{ *Nigrirostris. Mac Leay.*	id.

32

LYGISTOPTERUS. *Dejean.*

Cardinalis. *Klug.*	*Mexico.*
Succinctus. *Latreille.*	*Peruvio.*
Lætus. *Dej.*	*Brasilia.*
Festivus. *Dej.*	id.
Dichrous. *Klug.*	id.
Substriatus. *Dej.*	*Amer. bor.*
Sanguineus. *Fabr.*	*P.*

7

CHARACTUS. *Dejean.*

Fasciatus. *Fabr.*	*Cayennæ.*
Unifasciatus. *Dej.*	id.
Intermedius. *Dej.*	*Brasilia.*
{ Mexicanus. *Dej.*	*Mexico.*
{ *Succinctus. Dupont.*	id.
Limbatus. *Fabr.*	*Brasilia.*
Brasiliensis. *Dej.*	id.
Pulcher. *Lacordaire.*	*Cayennæ.*
Signatus. *Dej.*	*Brasilia.*
Faldermannii. *Dej.*	id.

Lebasii. *Dej.*	*Carthagena.*
Bicinctus. *Dej.*	*Mexico.*
Var. *Lesueurii. Dupont.*	id.
Bifasciatus. *Klug.*	id.
Nobilis. *Dej.*	*Amer. bor.*
Reticulatus. *Fabr.*	id.
Vicinus. *Dej.*	id.
Reticulatus. Dej. Cat.	id.
Var. *Duplicatus. Klug.*	*Mexico.*
Inquinatus. *Dej.*	*Amer. bor.*
Dimidiatipennis. *Dej.*	id.
Terminalis. *Say.*	id.
Terminatus. *Latreille.*	*Amer. æquin.*
Nigricornis. *Latreille.*	*Peruvio.*
Auritus. *Dej.*	*Brasilia.*
Obscurus. *Dej.*	id.
Tricolor. *Fabr.*	*Cayennæ.*
Similis. *Dej.*	*Carthagena.*
Cognatus. *Dej.*	id.
Sobrinus. *Dej.*	*Tucuman.*
Conformis. *Dej.*	id.
Variegatus. *Dej.*	*Brasilia.*
Maculosus. *Dej.*	id.
Palmatus. *Dej.*	*Amer. bor.*
Basalis. *Klug.*	*Mexico.*
Laticornis. *Dej.*	*Brasilia.*
Scenicus. *Lacordaire.*	*Cayennæ.*
Nanus. *Dej.*	*Carthagena.*
Pulchellus. *Dej.*	id.
Trivittatus. *Dej.*	*Brasilia.*
Strigatus. *Dej.*	id.
Ambiguus. *Dej.*	id.
Interruptus. *Dej.*	id.
Obsoletus. *Dej.*	id.
Bivittatus. *Dej.*	id.
Spretus. *Dej.*	id.
Tæniatus. *Dej.*	id.
Anxius. *Dej.*	id.
Decipiens. *Dej.*	id.
Consentaneus. *Dej.*	id.
Interstitialis. *Lacordaire.*	*Cayennæ.*

Mystacinus. *Dej.*	*Amer. bor.*
Nigricans. *Dej.*	*Brasilia.*
Pectinicornis. *Dej.*	*Guadeloupe.*
Consanguineus. *Dej.*	*Buenos-Ayres.*
Luridus. *Dej.*	*Carthagena.*
Rufulus. *Dej.*	id.
Dorsalis. *Dej.*	*Brasilia.*
Infuscatus. *Dej.*	id.
Scapularis. *Dej.*	id.
Gracilis. *Dej.*	id.
Confinis. *Dej.*	id.
Pusillus. *Dej.*	id.
Illustratus. *Lacordaire.*	*Cayennæ.*
Subclathratus. *Lacordaire.*	id.
Suturalis. *Latreille.*	*Amer. æquin.*
Clathratus. *Dej.*	*Carthagena.*
Exiguus. *Dej.*	id.
Exilis. *Dej.*	*Brasilia.*
Pumilus. *Dej.*	id.
Axillaris. *Dej.*	*Cayennæ.*
Nefarius. *Lacordaire.*	id.
Umbraticola. *Lacordaire.*	id.
Piger. *Lacordaire.*	id.
Deletus. *Lacordaire.*	id.
Abactus. *Lacordaire.*	id.
Flabellatus. *Schönherr.*	*Sierra Leona.*
Michelii. *Petit.*	*Mexico.*
Letourneurii. *Petit.*	id.
Blandus. *Dej.*	*S. Domingue.*
Bicolor. *Fabr.*	id.
Formosus. Mannerheim.	id.
Elegans. *Dej.*	*Cuba.*
Aulicus. *Dej.*	id.
Patruelis. *Dej.*	*Java.*
Scitulus. *Buquet.*	id.
Flammeolus. *Buquet.*	id.
Rhipicerus. *Dej.*	id.
Australis. *Dej.*	*Nov. Holland.*
Cinctus. *Fabr.*	*Oceania.*
Atratus. *Fabr.*	id.

86

DYCTYOPTERUS. *Latreille.*

{ Aurora. *Fabr.*	*Gallia.*
{ *Reticulatus. Megerle.*	*Styria.*
Rubens. *Megerle.*	*Gallia.*
{ Affinis. *Paykull.*	*Finlandia.*
{ *Nigricollis. Megerle.*	*Styria.*
Erythropterus. *Dej.*	*Russ. mer. or.*
Minutus. *Fabr.*	*Gallia.*
{ Maculicollis. *Dej.*	*Hungaria.*
{ *Aurora. Megerle.*	*Styria.*
Hamatus. *Eschsch.*	*Am. bor. occ.*
Simplicipes. *Eschsch.*	id.
Exaratus. *Dej.*	*Amer. bor.*
Humeralis. *Fabr.*	id.
Rugulosus. *Dej.*	id.
Assimilis. *Dej.*	id.
Flabellicornis. *Fabr.*	id.
Marginellus. *Fabr.*	id.
Confusus. *Dej.*	id.
Marginicollis. *Dej.*	id.
Perplexus. *Dej.*	id.
Pygmæus. *Dej.*	id.
Difficilis. *Dej.*	id.
Fuliginosus. *Dej.*	*Cayennæ.*
Consimilis. *Dej.*	*Carthagena.*
Humilis. *Dej.*	id.
Troglodytes. *Dej.*	id.
Strigosus. *Lacordaire.*	*Cayennæ.*
Debilis. *Buquet.*	*Senegal.*

25

EURYCERUS. *Dejean.*

Platycerus. *Wiedemann.*	*Java.*
Speciosus. *Dej.*	id.

2

OMALISUS. *Geoffroy.*

Sanguinipennis. *Dej.*	*Dalmatia.*
Suturalis. *Fabr.*	*P.*

2

ATELA. *Dejean.*

Cephalotes. *Dej.*	*Brasilia.*

1

PHENGODES. *Hoffmansegg.*

Plumosa. *Fabr.*	*Amer. bor.*
Flavicollis. *Latreille.*	*Peruvio.*

2

AMYDETES. *Hoffmansegg.*

PHENGODES. *Dej. Catal.*

Plumicornis. *Latreille.*	*Brasilia.*
Præusta. *Dej.*	id.
Pusilla. *Dej.*	id.

3

RABDOTA. *Dejean.*

Costata. *Dej.*	*Carthagena.*
Pulchella. *Dej.*	*Brasilia.*

2

NYCTOCHARIS. *Dejean.*

Lacordairei. *Dej.*	*Brasilia.*
Pennicornis. *Dej.*	id.
Phyllogaster. *Lacordaire.*	*Cayennæ.*

3

DADOPHORA. *Dejean.*

{ Hyalina. *Klug.*	*Brasilia.*
{ *Basalis. Klug.*	id.

1

SELAS. *Dejean.*

Latreillei. *Kirby.*	*Brasilia.*
Testudinaria. *Lacordaire.*	*Cayennæ.*

2

AUGE. *Dejean.*

Herbstii. *Dej.*	*Brasilia.*

Panzeri. *Dej.*	*Brasilia.*
Olivieri. *Dej.*	*Cayennæ.*

3

ACTENISTA. *Dejean.*

Melanoptera. *Dej.*	*Cayennæ.*
Unifasciata. *Dej.*	id.
Festiva. *Dej.*	*Brasilia.*
Mystacina. *Dej.*	id.
Cacica. *Dej.*	id.
Patricia. *Dej.*	id.
Schüppelii. *Dej.*	id.

7

NEMATOPHORA. *Dejean.*

Macrocera. *Dej.*	*Brasilia.*

1

LYCHNURIS. *Dejean.*

Savignyi. *Kirby.*	*Brasilia.*
Albomarginata. *Dej.*	id.
Rhipicera. *Dej.*	id.
Vicina. *Dej.*	id.
Decipiens. *Dej.*	id.
Perplexa. *Dej.*	id.
Lugubris. *Dej.*	id.
Luctuosa. *Dej.*	id.
Speciosa. *Dej.*	id.
Albocincta. *Dej.*	id.
Depressicornis. *Dej.*	*Cayennæ.*
Pennata. *Dej.*	id.
Rubricollis. *Dej.*	*Java.*
Bicolor. *Fabr.*	id.
Flavicollis. *De Haan.*	id.
Morosa. *Dej.*	*Mexico.*
Flavolineata. Dupont.	id.
Laticornis. *Fabr.*	*Amer. bor.*
Atra. Olivier.	id.
Klugii. *Dej.*	*Brasilia.*
Bimaculata. Klug.	id.
Pyrophora. Klug.	id.
Quadriguttata. *Dej.*	*Brasilia.*
Mellicula. *Dej.*	*Cayennæ.*
Ornata. *Dej.*	*Brasilia.*
Scitula. *Dej.*	id.
Venustula. *Dej.*	id.
Circumdata. *Dej.*	id.
Longicornis. *Dej.*	id.
Nigricornis. *Dej.*	id.
Flava. *Lacordaire.*	*Cayennæ.*
Eucera. *Lacordaire.*	id.
Dimidiatipennis. *Dej.*	*Cuba.*
Rufa. Latreille.	id.
Puella. *Dej.*	*Amer. bor.*
Nana. *Dej.*	*S. Domingue.*

31

SPENTHERA. *Dejean.*

Amœna. *Dej.*	*Brasilia.*
Similis. *Dej.*	*Colombia.*

2

NYCTOPHANES. *Dejean.*

Maculata. *Fabr.*	*Brasilia.*
Dilatata. *Dej.*	*Cayennæ.*
Bimaculata. *Dej.*	*Brasilia.*
Notulata. *Dej.*	*N.....*
Major. *Dej.*	*Brasilia.*
Lineata. *Schönherr.*	id.
Ignita. *Fabr.*	*Cayennæ.*
Chrysophtalma. *Dej.*	*Brasilia.*
Fenouxii. *Petit.*	*Cayennæ.*
Lurida. *Dej.*	*Buenos-Ayres.*
Fuscata. *Dej.*	*Cayennæ.*
Scintillans. *Latreille.*	*Amer. æquin.*
Chlorotica. *Dej.*	*Brasilia.*
Difficilis. *Dej.*	id.
Sublineata. *Dej.*	*Buenos-Ayres.*
Pallida. *Olivier.*	*Cayennæ.*
Virescens. *Dej.*	id.
Hypocrita. *Dej.*	*Carthagena.*
Auxia. *Dej.*	*Cayennæ.*

Ovata. *Dej.* — *Cayennæ.*
Foliacea. *Lacordaire.* — id.
{ Modesta. *Dej.* — *Brasilia.*
{ *Breviuscula. Faldermann.* — id.
Subhyalina. *Lacordaire.* — *Cayennæ.*

23

ELLYCHNIA. *Dejean.*

Aulica. *Dej.* — *Amer. bor.*
Herbigrada. *Lacordaire.* — *Cayennæ.*
Crepuscularia. *Lacordaire.* — id.
Argutula. *Dej.* — id.
Ruficollis. *Dej.* — id.
Jucunda. *Dej.* — id.
Scutellaris. *Dej.* — id.
Consimilis. *Dej.* — id.
Guttula. *Fabr.* — id.
Nigripennis. *Dej.* — *Brasilia.*
{ Corrusca. *Fabr.* — *Amer. bor.*
{ *Signaticollis. Dej. Cat.* — id.
Marginicollis. *Dej.* — id.
Discicollis. *Dej.* — *Mexico.*
Neglecta. *Dej.* — *Amer. bor.*
Nigricans. *Say.* — id.
Minuta. *Dej.* — id.

16

PYRACTOMENA. *Dejean.*

Læta. *Dej.* — *Brasilia.*
Postica. *Klug.* — *Mexico.*
Solieri. *Dej.* — *Brasilia.*
Flavocincta. *Dej.* — *Amer. bor.*
Concinna. *Dej.* — id.
Diffinis. *Dej.* — id.
Candens. *Dej.* — id.
Circumcincta. *Dej.* — id.
Angustata. *Dej.* — id.
{ Bilineata. *Dej.* — *S. Domingue.*
{ *Vitticollis. Mannerheim.* — id.
{ Xantholoma. *Dej.* — *N.....*
{ *Marginata. Latreille.* — id.

11

PYGOLAMPIS. *Dejean.*

Fabricii. *Dej.* — *Brasilia.*
Distincta. *Dej.* — id.
Linnei. *Dej.* — *Buenos-Ayres.*
Coronata. *Dej.* — *Brasilia.*
Infuscata. *Dej.* — id.
Tæniata. *Dej.* — id.
Fuliginosa. *Dej.* — id.
Confinis. *Dej.* — id.
Consentanea. *Dej.* — id.
Leucogaster. *Dej.* — *Martinique.*
Marginata. *Fabr.* — *Cayennæ.*
{ Limbalis. *Dej.* — *Brasilia.*
{ *Truncata. Eschsch.* — id.
Patruelis. *Dej.* — id.
Sobrina. *Dej.* — id.
Glauca. *Olivier.* — *S. Domingue.*
Livida. *Olivier.* — *Cayennæ.*
Duripennis. *Lacordaire.* — id.
Miniata. *Dej.* — id.
Mexicana. *Dupont.* — *Mexico.*
Pyralis. *Fabr.* — *Amer. bor.*
Consanguinea. *Dej.* — id.
Marginella. *Dej.* — id.
Albilatera. *Schönherr.* — *Brasilia.*
Vittigera. *Schönherr.* — *Martinique.*
Confusa. *Dej.* — *Brasilia.*
Assimilis. *Dej.* — id.
Cognata. *Dej.* — id.
Melanocera. *Lacordaire.* — *Cayennæ.*
Mediocris. *Lacordaire.* — id.
Fastidita. *Dej.* — id.
Elongata. *Dej.* — *Buenos-Ayres.*
Contempta. *Dej.* — *Amer. bor.*
Fallax. *Dej.* — *Carthagena.*
Æquinoctialis. *Dej.* — id.
Diversa. *Dej.* — *Brasilia.*
Limbella. *Mannerheim.* — id.
Distinguenda. *Dej.* — id.
Parvula. *Dej.* — *Carthagena.*

Linearis. *Latreille.*	*Amer. æquin.*
Uliginosa. *Burchell.*	*Cap. Bon. Sp.*
Quadrimaculata. *Dej.*	*S. Domingue.*
Discoidea. *Schönherr.*	*Guadeloupe.*
Blanda. *Dej.*	*Cuba.*
Lepida. *Dej.*	*S. Domingue.*
Præusta. *Dej.*	id.
Carnea. *Dej.*	id.

46

LAMPYRIS. *Linné.*

Sylvatica. *Burchell.*	*Cap. Bon. Sp.*
Conspicua. Schönherr.	id.
Noctiluca. *Fabr.*	*P.*
Zenkeri. *Germar.*	*Dalmatia.*
Mauritanica ? Fabr.	*Gal. merid.*
Splendidula. *Fabr.*	id.
Cincta. *Fabr.*	*Java.*
Parallela. *Dej.*	*N.....*
Oblita. *Dej.*	*Brasilia.*
Misella. *Dej.*	*S. Domingue.*
Brevicornis. *Dej.*	*Amer. bor.*

9

GEOPYRIS. *Dejean.*

Hemiptera. *Fabr.*	*P.*

1

PHOTURIS. *Dejean.*

Variegata. *Dej.*	*Brasilia.*
Fuscipes. *Dej.*	id.
Dimidiata. *Dej.*	id.
Signata. *Dej.*	id.
Decorata. *Dej.*	id.
Biplagiata. *Dej.*	id.
Aurita. *Dej.*	id.
Semicincta. Mannerheim.	id.
Biguttata. *Dej.*	id.
Lunifera. Eschsch.	id.
Ambigua. *Dej.*	id.
Intermedia. *Dej.*	*Brasilia.*
Limbata. *Dej.*	id.
Cervina. *Dej.*	id.
Lesueurii. *Dupont.*	*Mexico.*
Franckii. *Dej.*	*Brasilia.*
Equestris. *Dej.*	id.
Lineatocollis. *Dej.*	*Amer. bor.*
Versicolor. *Fabr.*	id.
Congener. *Dej.*	id.
Affinis. *Dej.*	id.
Lebasii. *Dej.*	*Carthagena.*
Cantharoides. *Dej.*	*Cayennæ.*
Cayennensis. Dej. Cat. (Cantharis.)	id.
Litigiosa. *Dej.*	*Buenos-Ayres.*
Melancholica. *Dej.*	*Brasilia.*
Tibialis. *Dej.*	id.
Var. *Fruticola. Eschsch.*	id.
Fuscicornis. *Dej.*	id.
Pellucida. *Dej.*	id.
Hectica ? *Fabr.*	id.
Femorata. *Dej.*	id.
Egena. *Dej.*	*Mexico.*
Collaris. *Dej.*	*Brasilia.*
Amabilis. *Dej.*	id.
Mannerheimii. *Faldermann.*	id.
Elegans. *Dej.*	id.
Tenuicornis. *Dej.*	id.

34

COLOPHOTIA. *Dejean.*

Mehadiensis. *Dahl.*	*Hungaria.*
Mingrelica. Mannerheim.	*Russ. mer. or.*
Italica. *Fabr.*	*Gal. merid.*
Pedemontana. *Bonelli.*	*Italia bor.*
Illyrica. *Dej.*	*Dalmatia.*
Australis. *Fabr.*	*Nov. Holland.*
Marginipennis. *d'Urville.*	*Ins. Waigiou.*
Quadripunctata. *Dej.*	*Senegal.*
Capensis. *Fabr.*	*Cap. Bon. Sp.*

Japonica. *Fabr.*	*Java.*
Capensis. Schönherr.	*Cap. Bon. Sp.*
Striata. Latreille.	id.
Vespertina. *Fabr.*	*Ind. orient.*
Terminata. Dej. Cat.	id.
Philippensis. *Dej.*	*Ins. Philipp.*
Præusta. Eschsch.	id.
Senegalensis. *Dej.*	*Senegal.*
Ochracea. *Dalman.*	*Java.*
Conformis. *Dej.*	*N.....*
Apicalis. *Dej.*	*Nov. Holland.*
Incerta. *Dej.*	*Oceania.*
Flavescens. *Dej.*	id.
Quadrinotata. Latreille.	id.
Antica. *Dej.*	id.
Madagascariensis. Dupont.	*Madagascar.*
Bambucina. *Eschscholtz.*	*Ins. Philipp.*
Mendax. *Dej.*	*Senegal.*
Gratiosa. *Dej.*	id.
Pygmæa. *Dej.*	*Cap. Bon. Sp.*

22

DRILUS. *Olivier.*

Flavescens. *Fabr.*	*P.*
♀. *Vorax. Mielzinsky.* (Cochleoctonus.)	id.
Fulvicollis. *Dej.*	*Dalmatia.*
Ater. *Dej.*	*Germania.*
Pectinatus. Schönherr. (Dasytes.)	id.
Var. *Floralis. Sturm.*	id.
Fulvitarsis. *Steven.*	*Russia merid.*

4

CTENIDION. *Dejean.*

Thoracicum. *Dej.*	*Sicilia.*
Ruficollis. Hoffmansegg. (Drilus.)	id.

1

CALLIANTHIA. *Dejean.*

Dilatipennis. *Dej.*	*Brasilia.*
Latissima. *Dej.*	id.
Bicincta. *Dej.*	id.
Octomaculata. *Dej.*	id.
Quadripunctata. *Dej.*	id.
Fallax. Illiger.	id.
Basalis. *Dej.*	id.
Patruelis. *Dej.*	id.
Crocata. *Dej.*	id.
Unipunctata. *Dej.*	id.
Lutea. *Dej.*	id.
Crocea. *Dej.*	id.
Dissimilis. *Dej.*	id.
Notata. *Dej.*	id.
Dimidiatipennis. *Dej.*	id.
Confinis. *Dej.*	id.
Lata. *Dej.*	id.
Sellata. *Dej.*	id.
Diversa. *Dej.*	id.
Transversalis. *Dej.*	id.
Flavofasciata. *Dej.*	id.
Apicalis. *Dej.*	id.
Compressicornis. *Klug.*	*Mexico.*
Dimidiata. Höpfner.	id.
Pulchella. *Mac Leay.*	*Nov. Holland.*
Luctuosa. *Latreille.*	*Peruvio.*
Adusta. *Dej.*	*Brasilia.*
Heros. *Dej.*	*Mexico.*
Jugeletii. *Petit.*	*Brasilia.*
Lacordairei. *Dej.*	id.
Equestris. *Dej.*	id.
Nigrofasciata. *Dej.*	id.
Postica. *Dej.*	id.
Höpfneri. *Dej.*	*Mexico.*
Unifasciata. *Dej.*	*Brasilia.*
Balteata. *Mannerheim.*	id.
Axillaris. *Dej.*	id.
Vidua. *Dej.*	id.

Melanoptera. *Dej.*	*Brasilia.*
Blanda. *Dej.*	id.
Interrupta. *Klug.*	id.
Albonotata. Klug.	id.
Perplexa. *Dej.*	id.
Varians. *Dej.*	id.
Variabilis. Klug.	id.
Bisignata. *Dej.*	*Amer. bor.*
Bimaculata. *Fabr.*	id.
Marginata. *Fabr.*	id.
Philadelphica. *Dej.*	id.
Scapularis. *Klug.*	*Mexico.*
Klugii. *Dej.*	id.
Axillaris. Klug.	id.
Litigiosa. *Dej.*	id.
Dorsalis. Klug.	id.
Schüppelii. *Dej.*	*Brasilia.*
Basalis. Klug.	id.
Transversalis. Klug.	id.
Trimaculata. *Dej.*	id.
Tæniata. *Dej.*	*Buenos-Ayres.*
Scripta. Germar.	id.
Leucoloma. *Dej.*	*Brasilia.*
Fallax. *Dej.*	id.
Rostrata. *Lacordaire.*	*Cayennæ.*
Propinqua. *Dej.*	id.
Inedita. *Dej.*	id.
Suturalis. *Dej.*	*Carthagena.*
Lebasii. *Dej.*	id.
Erythrodera. *Dej.*	id.
Similis. *Dej.*	id.
Cognata. *Dej.*	id.
Consimilis. *Dej.*	id.
Consobrina. *Dej.*	*Mexico.*
Fucata. *Faldermann.*	*Brasilia.*
Guttula. *Dej.*	id.
Cruciata. *Dej.*	id.
Variegata. *Dej.*	id.
Necydalea. Klug.	id.
Conformis. *Dej.*	id.
Neglecta. *Dej.*	id.
Melancholica. *Dej.*	*Chili.*

70

XANTHESTHA. *Dejean.*

Clavicornis. *Westermann.*	*India orient.*
Antennata. *d'Urville.*	*Ins. Bourou.*
Terminata. *Dej.*	*Ins. Philipp.*
Atricornis. Eschscholtz.	id.
Pectoralis. *Fabr.*	*Java.*

4

ANISOCERA. *Dejean.*

Dilaticornis. *Dej.*	*Cap. Bon. Sp.*

1

PODABRUS. *Fischer.*

Alpinus. *Paykull.*	*Suecia.*
Var. *Thoracicus. Fischer.*	*Sibiria.*
Annulatus. Fischer.	id.
Pensylvanicus. *Dej.*	*Amer. bor.*
Diadema. *Fabr.*	id.
Longicollis. *Dej.*	id.
Verticalis. *Dej.*	id.
Congener. *Dej.*	id.
Anceps. *Dej.*	id.
Piniphilus. *Eschscholtz.*	*Am. bor. occ.*

8

CANTHARIS. *Linné.*

Chalybeipennis. *Dej.*	*N....*
Oculata. *Gebler.*	*Russia.*
Illyrica. *Dej.*	*Dalmatia.*
Antica. *Mack.*	*P.*
Fusca. Gyllenhal.	*Suecia.*
Hispanica. *Dej.*	*Hispania.*
Fusca. *Fabr.*	*P.*
Rustica. Gyllenhal.	*Suecia.*
Varipes. *Dej.*	*Gal. merid.*
Dispar. *Fabr.*	*P.*
Pellucida. *Fabr.*	*Germania.*
Fuscipennis. *Dej.*	*Dalmatia.*

14

Cyanipennis. *Ziegler.*	*Styria.*
Elata. Faldermann.	*Russia merid.*
Violacea. *Paykull.*	*Suecia.*
Cyanoptera. *Dej.*	*N.....*
Collaris. *Dej.*	*Russia merid.*
Abdominalis. *Fabr.*	*Gal. merid.*
Tristis. *Fabr.*	id.
Nigricans. *Fabr.*	*Germania.*
Var. *Albomarginata. Sturm.*	id.
Lugubris. *Dej.*	*Mexico.*
Rufimana. *Dej.*	*Amer. bor.*
Carolina. *Fabr.*	id.
Brasiliana. *Dej.*	*Brasilia.*
Marginicollis. *Dej.*	id.
Aurita. Klug.	id.
Aurita. *Dej.*	id.
Hæmathodera. *Dej.*	id.
Caduca. *Lacordaire.*	*Cayennæ.*
Obscura. *Fabr.*	*P.*
Discicollis. *Ziegler.*	id.
Marginella. *Dej.*	*Lusitania.*
Affinis. *Dej.*	*Hispania.*
Ambigua. *Dej.*	*Carthagena.*
Chilensis. *Eschscholtz.*	*Chili.*
Signaticollis. *Dej.*	*Amer. bor.*
Bilineata. Say.	id.
Guyanensis. *Dej.*	*Cayennæ.*
Fuliginosa. *Dej.*	*Mexico.*
Oblita. *Dej.*	*Brasilia.*
Lateralis. *Fabr.*	*P.*
Thoracica. *Gyllenhal.*	*Suecia.*
Fulvicollis. *Fabr.*	id.
Thoracica. Oliv. Dej. Cat.	*P.*
Nivalis. Germar.	*Germania.*
Flavilabris. *Gyllenhal.*	*Suecia.*
Ruficollis. *Fabr.*	*Gallia bor.*
Distinguenda. *Dej.*	*N.....*
Italica. *Dej.*	*Italia.*
Fulvicollis. Dej. Catal.	*Gal. merid.*
Læta. *Fabr.*	*Italia.*

Frenata. *Dej.*	*Java.*
Viridescens. *Fabr.*	*Cap. Bon. Sp.*
Smaragdula. Sch. Fabr?	id.
Capensis. *Dej.*	id.
Incisa. Wiedemann.	id.
Capicola. *Dej.*	id.
Bivittata. *Fabr.*	id.
Geminata. Klug.	id.
Excisa. Wiedemann.	id.
Chalybea. *Dej.*	*Brasilia.*
Albosignata. *Dej.*	id.
Concinna. *Dej.*	id.
Mexicana. *Dej.*	*Mexico.*
Cincta. *Dej.*	*Brasilia.*
Decipiens. *Dej.*	id.
Variabilis. *Dej.*	id.
Cinctipennis. *Dej.*	*Amer. ins.*
Maculicornis. *Dupont.*	*Guadeloupe.*
Murinipennis. *Dej.*	*Amer. bor.*
Vittigera. *Andersch.*	*Styria.*
Coronata. *Schönherr.*	*Hispania.*
Menetriesii. *Dej.*	*Russia merid.*
Femoralis. Ménétriés.	id.
Livida. *Fabr.*	*P.*
Translucida. *Dej.*	*Styria.*
Rufa. *Linné.*	*Germania.*
Fœtida. Ménétriés.	*Russ. merid.*
Bicolor. *Fabr.*	*P.*
Vicina. *Dej.*	*Russ. merid.*
Pallidipennis. Steven.	id.
Unicolor. *Faldermann.*	id.
Proxima. *Dej.*	id.
Anxia. *Dej.*	*Cayennæ.*
Binotata. *Dej.*	*Germania.*
Humeralis. *Sturm.*	id.
Var. *Apicalis. Ziegler.*	*Austria.*
Cincta. Megerle.	*Styria.*
Fumigata. *Ziegler.*	*Dalmatia.*
Signata. Germar.	id.
Præusta. *Dej.*	*Styria.*

Melanura. *Fabr.*	*P.*
Consentanea. *Dej.*	*Italia.*
Terminata. Dahl.	id.
Apicipennis. *Dej.*	*Brasilia.*
Infuscata. *Dej.*	id.
Ustulata. *Dej.*	*Cayennæ.*
Dimidiata. *Fabr.*	*Cap. Bon. Sp.*
Geniculata. *De Haan.*	*Java.*
Capitata. *Dej.*	*Styria.*
Livida. Megerle.	id.
Pilosa. *Paykull.*	*Suecia.*
Linearis. *Dej.*	id.
Alpestris. *Dej.*	*Styria.*
Bicolor. Ziegler.	id.
Fuscicornis. *Olivier.*	*P.*
Melanocephala. Panzer.	*Germania.*
Var. *Præusta. Ziegler.*	*Dalmatia.*
Styriaca. *Dej.*	*Styria.*
Marginipennis. *Dej.*	*Russ. merid.*
Assimilis. *Gyllenhal.*	*Suecia.*
Pectoralis. Sturm.	id.
Nigricornis. *Megerle.*	*Styria.*
Lividipennis. Sturm.	*Germania.*
Liturata. *Gyllenhal.*	*Suecia.*
Clypeata. *Illiger.*	*Germania.*
Nivea, Panzer.	id.
Sibirica. *Faldermann.*	*Sibiria.*
Daurica. *Dej.*	id.
Intermedia. *Dej.*	*Styria.*
Nigrifrons. *Dej.*	*Russ. merid.*
Testacea. *Fabr.*	*P.*
Pallipes. *Fabr.*	*Germania.*
Pallida. *Fabr.*	*P.*
Sulcicollis. *Dej.*	*Græcia.*
Femoralis. *Ziegler.*	*Gal. merid.*
Pallidipennis. *Dej.*	id.
Atrata. *Dej.*	*Gal. orient.*
Opaca. *Dej.*	*Lusitania.*
Elongata. *Gyllenhal.*	*Suecia.*
Atra. Paykull.	id.
Atra. *Fabr.*	id.
Paludosa. *Gyllenhall.*	*Suecia.*
Rufitibia. *Oeskay.*	*Hungaria.*
Cembricola. *Eschscholtz.*	*Kamtschatka.*
Nigrita. *Dej.*	*Amer. bor.*
Difficilis. *Dej.*	id.
Lineola. *Fabr.*	id.
Rufipes. *Say.*	id.
Fastidita. *Dej.*	id.
Puella. *Dej.*	id.
Brevicollis. *Dej.*	id.
Cingulata. *Dej.*	id.
Diffinis. *Dej.*	id.
Circumcincta. *Dej.*	id.
Pusilla. *Dej.*	id.
Diluta. *Dej.*	id.
Longula. *Dej.*	id.
Concolor. *Dej.*	id.
Minuta. *Dej.*	*Cayennæ.*
Gracilis. *Dej.*	*Mexico.*
Amabilis. *Dej.*	*Cap. Bon. Sp.*
Impressicollis. *Dej.*	id.
Senegalensis. *Dej.*	*Senegal.*
Elegans. *Dej.*	*Brasilia.*
Amœna. *Dej.*	id.
Hypocrita. *Dej.*	id.
Incerta. *Dej.*	id.
Australis. *Dej.*	*Nov. Holland.*

132

SILIS. *Megerle.*

Spinicollis. *Megerle.*	*P.*
♀. *Lampyroides. Zenker.*	id.
Brevicollis. Schneider.	*Germania.*
Rubricollis. *Dej.*	*Dalmatia.*
Denticollis. Sturm.	*Danemark.*
Pallida. *Eschscholtz.*	*Am. bor. occ.*
Lepida. *Dej.*	*Amer. bor.*
Contempta. *Dej.*	id.
Mendax. *Dej.*	id.
Hybrida. *Dej.*	*Buenos-Ayres.*

14.

Apicicornis. *Dej.*	*Cayennæ.*
Confusa. *Dej.*	*Brasilia.*
Sobrina. *Dej.*	*Buenos-Ayres.*
Signata. *Klug.*	*Mexico.*
Foveicollis. *Dej.*	*Carthagena.*

12

MALTHINUS. *Latreille.*

Hirtipennis. *Dej.*	*Brasilia.*
Nigriceps. *Dej.*	*Amer. bor.*
Abdominalis. *Dej.*	id.
Brasiliensis. *Dej.*	*Brasilia.*
Terminatus. *Dej.*	id.
Brevipennis. Klug.	id.
Brevipennis. *Fabr.*	*America.*
Serraticornis. *Dej.*	*Amer. bor.*
Americanus. *Dej.*	id.
Egenus. *Dej.*	id.
Flavus. *Latreille.*	*P.*
Flaveolus. Paykull.	*Suecia.*
Fasciatus. *Olivier.*	*P.*
Angusticollis. *Dej.*	*Pyren. orient.*
Biguttulus. *Paykull.*	*Suecia.*
Longicornis. *Oeskay.*	*Hungaria.*
Biguttatus. *Fabr.*	*P.*
Marginatus. *Latreille.*	id.
Minimus. Gyllenhal.	*Suecia.*
Rubricollis. *Dej.*	*Gal. orient.*
Sanguinicollis. *Schönherr.*	*P.*
Sanguinolentus. Gyllenhal.	*Suecia.*
Var. *Maculicollis. Mannerh.*	id.
Cephalotes. *Dej.*	*Dalmatia.*
Longiceps. *Dej.*	*Gal. merid.*
Nigricollis. *Dej.*	*Germania.*
Marginicollis. *Dej.*	*Dalmatia.*
Laticollis. Schüppel.	*Illyria.*
Discicollis. *Dej.*	*Gal. merid.*
Sulcifrons. *Dej.*	*Styria.*
Sanguinolentus. var. c. Gyll.	*Suecia.*
Maurus. *Ziegler.*	*Austria.*
Fuscescens. Sturm.	id.

Atratus. *Dej.*	*Pyren. orient.*
Pallipes. *Dej.*	*Austria.*
Longipennis. *Dej.*	*Germania.*
Minimus. var. b. Gyllenhal.	*Suecia.*
Pusillus. *Duftschmid.*	*Austria.*
Brevicollis. *Paykull.*	*Suecia.*

30

MALACHIUS. *Fabricius.*

Festivus. *Dej.*	*Senegal.*
Pulcher. *Fabr.*	*Guinea.*
Lætus. *Fabr.*	*India orient.*
Rufus. *Fabr.*	*Gal. merid.*
Æneus. *Fabr.*	*P.*
Ornatus. *Faldermann.*	*Persia occid.*
Faldermannii. *Dej.*	id.
Dimidiatus. Faldermann.	id.
Rubidus. *Ziegler.*	*Gal. merid.*
Bipustulatus. *Fabr.*	*P.*
Geniculatus. *Dej.*	*Gal. merid.*
Calcar. Ziegler.	*Dalmatia.*
Setosus. Ziegler.	*Styria.*
Armeniacus. *Faldermann.*	*Persia occid.*
Spinipennis. *Ziegler.*	*Gal. merid.*
Affinis. *Dej.*	*Russia merid.*
Spinosus. *Dej.*	*Gal. merid.*
Macrocephalus. *Dej.*	*Hispania.*
Elegans. *Olivier.*	*P.*
Viridis. *Fabr.*	*Suecia.*
Var. *Elegans. Fabr.*	*P.*
Dilaticornis. *Dej.*	*Dalmatia.*
Dentifrons. *Dej.*	*Gal. merid.*
Cornutus. *Gebler.*	*Sibiria.*
Marginellus. *Fabr.*	*P.*
Immaculatus. *Dej.*	*Pyren. orient.*
Unicolor. *Dej.*	id.
Pectinicornis. *Dej.*	*Cap. Bon. Sp.*
Ventralis. *Dej.*	*Ins. Philipp.*
Abdominalis. Eschscholtz.	id.
Westermannii. *Dej.*	*Guinea.*
Smaragdulus. *Dej.*	*Senegal.*

Chalybeus. *Dej.*	*Ile de France.*
Heterocerus. *d'Urville.*	*Nova Guinea.*
Viridipennis. *Fabr.*	*Cap. Bon. Sp.*
Oculatus. Thunberg.	id.
Capensis. *Dej.*	id.
Senegalensis. *Buquet.*	*Senegal.*
Eximius. *Dej.*	*Amer. bor.*
Tricolor. *Say.*	id.
Vittatus. *Say.*	id.
Histrio. *Eschscholtz.*	*California.*
Quadrimaculatus. *Fabr.*	*Amer. bor.*
Lebasii. *Dej.*	*Carthagena.*
Bifasciatus. *Buquet.*	*Senegal.*
Dimidiatus. *Dej.*	*Amer. bor ?*
Gracilis. *Dej.*	*Dalmatia.*
Lepidus. *Dej.*	*Gal. merid.*
Abdominalis. ♂. Illiger.	*Lusitania.*
Rotundipennis. *Dej.*	*Dalmatia.*
Collaris. Ziegler.	id.
Rufilabris. *Dej.*	*Gal. merid.*
Abdominalis. ♀. Illiger.	*Lusitania.*
Ramburii. *Dej.*	*Corsica.*
Siculus. *Dej.*	*Sicilia.*
Rufitarsis. *Dej.*	*Gal. merid.*
Pulicarius. *Fabr.*	*P.*
Marginalis. *Megerle.*	id.
Rubricollis. *Gyllenhal.*	id.
Ruficollis. Olivier.	id.
Cyanipennis. *Dej.*	*Hispania.*
Lateralis. *Dej.*	*P.*
Sanguinolentus. *Fabr.*	id.
Equestris. *Fabr.*	id.
Fasciatus. *Fabr.*	id.
Guttatus. *Dej.*	*Hispania.*
Cœruleus. *Dej.*	*Dalmatia.*
Cardiacæ. *Fabr.*	*Succia.*
Cinctus. *Dej.*	*Amer. bor.*
Nigripennis. *Dej.*	id.
Erythroderus. *Dej.*	id.
Auritus. *Dej.*	id.
Nigripennis. Say.	id.

Discicollis. *Dej.*	*Amer. bor.*
Cyanopterus. *Dej.*	id.
Melanopterus. *Dej.*	id.
Labiatus. *Fabr.*	id.
Sanguinicollis. *Dej.*	*Hispania.*
Vicinus. *Dej.*	id.
Thoracicus. *Fabr.*	*P.*
Dalmatinus. *Dej.*	*Dalmatia.*
Pedicularius. *Fabr.*	*P.*
Præustus. Sahlberg.	*Finlandia.*
Flavipes. *Ziegler. Fabr ?*	*Austria.*
Appendiculatus. Megerle.	*Illyria.*
Obscurus. *Dej.*	*Amer. bor.*
Pumilus. *Dej.*	id.
Luridipennis. *Dej.*	id.
Lividus. *Dej.*	id.
Exilis. *Dej.*	id.
Quadrinotatus. *Dej.*	*Carthagena.*
Basalis. *Dej.*	id.
Nigricollis. *Dej.*	id.
Pumilio. *Dej.*	id.
Præustus. *Fabr.*	*Styria.*
Productus. Oliv.	id.
Hederæ. Melsheimer.	*Germania.*
Albifrons. *Fabr.*	*P.*
Dispar. *Dej.*	*Dalmatia.*
Nodipennis. Stéven.	*Russia merid.*
Amœnus. *Dej.*	*Dalmatia.*
Signaticollis. *Dahl.*	*Austria.*
Sinuatus. Ziegler.	id.
Marginatus. *Dej.*	*Gal. merid.*
Venustus. *Jousselin.*	*Gallia.*
Ulicis. *Hoffmansegg.*	*Lusitania.*
Limbatus. *Fabr.*	*Tanger.*
Suturalis. *Dej.*	*Gal. merid.*
Pulchellus. *Dej.*	id.
Riparius. *Dej.*	id.
Pygmæus. *Dej.*	id.
Graminicola. *Andersch.*	*Styria.*
Fulvipes. Ullrich.	*Austria.*
Flavipes. Gyllenhal.	*Succia.*

Pallipes. *Olivier.*	*P.*
Concolor. *Fabr.*	*Austria.*
{ Marginicollis. *Dej.*	*Russia merid.*
{ *Flavipes. Stéven.*	id.
{ Angulatus. *Fabr.*	*Austria.*
{ ♂. *Cephalotes. Olivier.*	*P.*
{ Femoralis. *Ziegler.*	*Austria.*
{ *Flavicornis. Stéven.*	*Russia merid.*
Lobatus. *Olivier.*	*P.*
Venustulus. *Dej.*	*Gal. merid.*
Pusillus. *Dej.*	*Illyria.*
Hemipterus. *Dej.*	*Gal. merid.*

104

EPIPHYTA. *Dejean.*

{ Collaris. *De Haan.*	*Java.*
{ *Tereticollis. Sturm.*	id.
Sanguinea. *De Haan.*	id.
Melanura. *Dej.*	*Senegal.*
Terminata. *Dej.*	*India orient.*
Thoracica. *De Haan.*	*Java.*

5

DASYTES. *Fabricius.*

{ Gigas. *Dej.*	*Brasilia.*
{ *Fasciatus. Germar.*	id.
{ *Balteatus. Mannerheim.*	id.
Festivus. *Dej.*	id.
Illustris. *Dej.*	*Chili.*
Rubripennis. *Latreille.*	*Peruvio.*
{ Bonplandi. *Dej.*	id.
{ *Rubripennis. var. Latreille.*	id.
Aulicus. *Dej.*	*Colombia.*
Speciosus. *Dej.*	*Brasilia.*
Pictus. *Dej.*	id.
Interruptus. *Lacordaire.*	*Tucuman.*
{ Novemmaculatus. *Dej.*	*Brasilia.*
{ *Variegatus. Germar.*	id.
Vittatus. *Dej.*	id.
{ Quadrilineatus. *Germar.*	*Buenos-Ayres.*
{ Var. *Tæniatus. Klug.*	*Brasilia.*
{ Lineatus. *Fabr.*	*Brasilia.*
{ *Rivulosus. Mac Leay.*	id.
Posticus. *Dej.*	id.
Tæniatus. *Dej.*	id.
Lividus. *Dej.*	id.
Marginellus. *Dej.*	*Tucuman.*
Œnotheræ. *Eschscholtz.*	*Chili.*
Carbonarius. *Dej.*	*Peruvio.*
Infuscatus. *Dej.*	*Chili.*
Lebasii. *Dej.*	*Carthagena.*
Scutellaris. *Fabr.*	*Hispania.*
Villosus. *Hoffmansegg.*	id.
{ Ater. *Fabr.*	*Gal. merid.*
{ Var. *Mixtus. Ziegler.*	*Dalmatia.*
{ *Albipila. Megerle.*	*Austria.*
{ *Pilosus. Germar.*	*Sibiria.*
{ Pulverulentus. *Dej.*	*Dalmatia.*
{ *Carbonarius. Dahl.*	*Hungaria.*
Bipustulatus. *Fabr.*	*Italia.*
Cruciatus. *Dej.*	*Sicilia.*
Quadripustulatus. *Fabr.*	*Gal. merid.*
Hæmorrhoidalis. *Fabr.*	*Tanger.*
Thoracicus. *Dej.*	*Gal. merid.*
Curtus. *Dej.*	*Dalmatia.*
{ Rubidus. *Megerle.*	*Hungaria.*
{ *Marginatus. Latr.* (Zygia.)	*Syria.*
Floralis. *Gyllenhal.*	*Suecia.*
Pectinicornis. *Dej.*	*Sicilia.*
Serricornis. *Parreyss.*	*Corfou.*
{ Nigricornis. *Fabr.*	*Suecia.*
{ *Punctatus. Dej. Catal.*	*P.*
Metallicus. *Sturm. Fabr ?*	*Germania ?*
{ Cylindrus. *Dej.*	*Italia.*
{ *Cylindricus. Dahl.*	id.
{ *Oblongus. Parreyss.*	*Corfou.*
{ Cylindricus. *Dej.*	*Gal. merid.*
{ *Metallicus. Schönherr.*	*Lusitania.*
{ Var. *Virens. Dahl.*	*Hungaria.*
{ Antiquus. *Schönherr.*	*Gal. merid.*
{ *Nigricornis. Dej. Catal.*	*P.*
{ *Micans. Dahl.*	*Illyria.*

Cribrarius. *Dej.*	*Græcia.*
Affinis. *Dej.*	*Hispania.*
Gilvipes. *Dej.*	*Tanger.*
Pulchellus. *Dej.*	*Hispania.*
Viridis. *Linné.*	*Cap. Bon. Sp.*
Elegans. *Parreyss.*	*Corfou.*
{ Smaragdinus. *Dej.*	*Sicilia.*
{ *Splendidulus. Dahl.*	*Etruria.*
{ Nobilis. *Illiger.*	*Gal. merid.*
{ *Viridis. Dahl.*	*Etruria.*
Distinctus. *Dej.*	*Styria.*
Cœruleus. *Fabr.*	*P.*
{ Obscurus. *Gyllenhal.*	*Suecia.*
{ Var. *Nitens. Megerle.*	*Austria.*
Niger. *Fabr.*	*Germania.*
Nigrinus. *Dej.*	*Lusitania.*
{ Maurus. *Dej.*	*Gal. merid.*
{ Var. *Pauperculus. Megerle.*	*Austria.*
{ *Setosus. Parreyss.*	*Corfou.*
Atratus. *Dej.*	*Dalmatia.*
Variolosus. *Dej.*	*Hispania.*
Subæneus. *Schönherr.*	*Gal. merid.*
Æneus. Olivier.	*P.*
Nigricornis. Sturm.	*Germania.*
Rigidus. Megerle.	*Austria.*
Flavipes. *Fabr.*	*Suecia.*
Fulvipes. Sturm.	*Germania.*
♂. *Hirtellus. Ziegler.*	*Austria.*
♀. *Æneus. Ziegler.*	id.
Plumbeus. *Oliv.*	*P.*
Nitidus. Megerle.	*Dalmatia.*
Fuscipes. *Dej.*	*Austria.*
Senegalensis. *Dej.*	*Senegal.*
Caffer. *Dej.*	*Cap. Bon. Sp.*
Filiformis. *Dej.*	*Croatia.*
Linearis. *Fabr.*	*P.*
Cinereus. *Faldermann.*	*Persia occid.*
Pallipes. *Illiger.*	*P.*
Dubius. Olivier.	id.
Flavipes. Panzer.	*Germania.*
Lividus ? Fabr. (Lagria.)	id.
Var. *Testaceus. Olivier.*	*P.*
Ochropus. Megerle.	*Austria.*
Rufipes. Schönherr.	*Russia merid.*
Olivaceus. Faldermann.	*Persia occid.*
Marginatus. *Ullrich.*	*Illyria.*
Analis. *Gebler.*	*Tartaria.*
Variegatus. *Dej.*	*Hispania.*
Canescens. *Eschscholtz.*	*California.*
Tibialis. *Dej.*	*Chili.*
Exaratus. *Dej.*	*Amer. bor.*
Basalis. *Dej.*	id.
Serratus. *Dej.*	id.

74

PELECOPHORA. *Dejean.*

Catoirei. *Dej.*	*Ile de France.*
Illigeri. *Sch.* (Notoxus.)	id.
Confluens. *Dej.*	id.
Lineata. *Dej.*	*Ins. Bourbon.*
Pallipes. *Latreille.*	*Ile de France.*

5

ZYGIA. *Fabricius.*

Oblonga. *Fabr.*	*Gal. merid.*

1

MELYRIS. *Fabricius.*

Viridis. *Fabr.*	*Cap. Bon. Sp.*
Abdominalis. *Fabr.*	*India orient.*
{ Bicolor. *Fabr.*	*Ægypt.*
{ *Fulvipes. Klug.*	*Arabia.*
{ Lineata. *Fabr.*	*Cap. Bon. Sp.*
{ *Ciliata. Olivier.*	id.
{ *Violacea. Sturm.*	id.
Calvei. *Petit.*	*Senegal.*
{ Granulata. *Fabr.* (Opatrum.)	*Gal. merid?*
{ *Costata. Sturm.*	*Hispania.*

6

CALENDYMA. *Dejean.*

Viridifasciatum. *Lacordaire.*	*Chili.*

1

913

TEREDILES.

CYLIDRUS. *Latreille.*

Cœruleus. *Dej.*	*Ile de France.*
Cyaneus ? Fabr.	id.

1

TILLUS. *Fabricius.*

Elongatus. *Fabr.*	*P.*
Ambulans. *Fabr.*	*Germania.*
Elongatus. ♂ ?	id.
Collaris. *Dej.*	*Amer. bor.*
Sexmaculatus. *Dej.*	*Brasilia.*
Louvelii. *Petit.*	*Senegal.*
Unifasciatus. *Fabr.*	*P.*
Tricolor. *Dej.*	*Gallia bor.*
Terminatus. *Klug.*	*Cap. Bon. Sp.*
Bifasciatus. *Klug.*	id.
Dimidiatus. *Dej.*	*Senegal.*

10

CALLITHERES. *Latreille.*

Joannisii. *Petit.*	*Madagascar.*

1

EURYPUS. *Kirby.*

Rubens. *Kirby.*	*Brasilia.*

1

NOTOXUS. *Fabricius.*

Giganteus. *Dej.*	*Mexico.*
Dorsalis. *Dej.*	*Senegal.*
Hanetii. *Petit.*	id.
Javanus. *Dej.*	*Java.*
Marmoratus. *Dej.*	*Cap. Bon. Sp.*
Capensis. Klug.	id.
Brunneus. *Dej.*	*Amer. bor.*
Modestus. *Dej.*	*Mexico.*
Terebrans. *Lacordaire.*	*Cayennæ.*
Angustatus. *Eschscholtz.*	*California.*
Mollis. *Fabr.*	*P.*
Subfasciatus. *Ziegler.*	*Gal. merid.*
Unifasciatus. Dahl.	*Sicilia.*
Pallidus. *Olivier.*	*P.*
Longicollis. *Dej.*	*Amer. bor.*
Rufescens. *Dej.*	id.
Transversalis. *Dej.*	id.
Univittatus. *Rossi.*	*Italia.*
Fasciatus. Olivier.	*Gal. merid.*

16

TRICHODES. *Fabricius.*

Octopunctatus. *Fabr.*	*Gal. merid.*
Umbellatarum. *Olivier.*	*Barbaria.*
Dahlii. *Dej.*	*Sicilia.*
Affinis. Dahl.	*Sardinia.*
Alvearius. *Fabr.*	*P.*
Affinis. *Dej.*	*Ægypt.*
Vicinus. *Dej.*	*Oriente.*
Illustris. *Stéven.*	*Russia meria*
Var. *Phœdinus. Godet.*	id.
Antiquus. Kollar.	*Corfou.*
Punctatus. Dej.	*Russia merid.*
Favarius. *Illiger.*	*Styria.*
Var. *Senilis. Kollar.*	*Corfou.*
Zebra. *Faldermann.*	*Persia occid.*
Crabroniformis. *Fabr.*	*Oriente.*
Gulo. Parreyss.	*Corfou.*
Apiarius. *Fabr.*	*P.*
Var. *Apicida. Ziegler.*	*Dalmatia.*
Arcuatus. B. L.	*Gallia.*
Interruptus. *Megerle.*	*Hungaria.*
Subtrifasciatus. Sturm.	id.
Elegans. *Dej.*	*Italia.*
Cribripennis. *Dej.*	*Amer. bor.*
Humeralis. *Dej.*	id.
Nutalli. Kirby.	id.
Syriacus. *Dej.*	*Syria.*

Leucopsideus. *Olivier.* — *Gal. merid.*
Cerarius. Hoffmansegg. — *Hispania.*
Bifasciatus. *Fabr.* — *Sibiria.*
Ammios. *Fabr.* — *Hispania.*
Var. *Flavocinctus. Dahl.* — *Corsica.*
Smyrnensis. *Dupont.* — *Oriente.*
Sanguineosignatus. *Dupont.* — *Græcia.*
Distinctus. *Dej.* — *Persia occid.*
Insignis. Faldermann. — id.
Sipylus. *Fabr.* — *Græcia.*
Subfasciatus. Faldermann. — *Persia occid.*
Quadripustulatus. *Dej.* — *Oriente.*
Quadriguttatus. Puschkin. — *Rus. merid. or.*

24

CLERUS. *Fabricius.*

Fasciculatus. *Schreiber.* — *Nov. Holland.*
Lelieurii. *Petit.* — *Senegal.*
Myrmecodes. *Hoffmansegg.* — *Hispania.*
Transversalis. Hellwig. — *Sardinia.*
Javanus. *Dej.* — *Java.*
Mutillarius. *Fabr.* — P.
Formicarius. *Fabr.* — id.
Femoralis. *Dej.* — *Styria.*
Formicarius. var. b. Gyllenh. — *Succia.*
Ruficeps. *Dej.* — *Amer. bor.*
Erythrocephalus. Von Wint. — id.
Rufus. *Olivier.* — id.
Ichneumoneus. Say. — id.
Rufulus. *Dej.* — id.
Nigripes. *Say.* — id.
Oculatus. *Dej.* — id.
Höpfneri. *Dej.* — *Mexico.*
Crabronarius. *Leconte.* — *Amer. bor.*
Myops. *Dej.* — *Brasilia.*
Variegatus. *Dej.* — id.
Basalis. *Dej.* — id.
Rufiventris. *Dej.* — *Amer. bor.*
Histrio. *Dej.* — *Cayennæ.*
Rubripes. *Dej.* — *Brasilia.*
Luctuosus. *Dej.* — id.
Distinctus. *Dej.* — *Brasilia.*
Variegatus. Mannerheim. — id.
Flavosignatus. *Dej.* — id.
Artifex. *Lacordaire.* — *Cayennæ.*
Arcuatus. *Dej.* — *Carthagena.*
Quadrimaculatus. *Fabr.* — *Germania.*
Bisignatus. *Dej.* — *Mexico.*
Æneicollis. *Dej.* — id.
Bicinctus. *Klug.* — id.
Amœnus. *Dej.* — *Senegal.*
Pictus. *Dej.* — *India orient.*
Abdominalis. Megerle. — id.
Rusticus. *Buquet.* — *Java.*
Tomentosus. *Dej.* — *Senegal.*
Australis. *Dej.* — *Nov. Holland.*
Thoracicus. *Say. Olivier?* — *Amer. bor.*
Sanguinolentus. *Dej.* — *N.....*
Viridis. *Latreille.* — id.

37

EPIPHLOEUS. *Dejean.*

Pantherinus. *Dej.* — *Cayennæ.*

1

PHYLLOBÆNUS. *Dejean.*

Humeralis. *Germar.* — *Amer. bor.*
Axillaris. *Dej.* — id.
Subæneus. *Dej.* — id.
Limbatus. *Dej.* — id.
Lineatocollis. *Dej.* — id.
Transversalis. *Dej.* — id.
Cyaneus. *Dej.* — id.
Punctatus. *Dej.* — id.
Æquinoctialis. *Dej.* — *Carthagena.*
Quadrimaculatus. *Dej.* — id.

10

NOTOSTENUS. *Dejean.*

Viridis. *Thunberg.* — *Cap. Bon. Sp.*

1

CORYNETES. *Fabricius.*

Chalybeus. *Knoch.*	*P.*
Cyanellus. Andersch.	*Austria.*
Violaceus. *Fabr.*	*P.*
Rufipes. *Fabr.*	id.
Australis. Mac Leay.	*Nov. Holland.*
Ruficollis. *Fabr.*	*Gal. merid.*
Scutellaris. *Panzer.*	*Austria.*
Bicolor. Mannerheim.	*Russia merid.*
Abdominalis ? *Fabr.*	*Sierra Leona.*
Collaris. *Illiger.*	*Cap. Bon. Sp.*
Thoracicus. *Dej.*	*Hispania.*
Carbonarius. *Dej.*	id.
Punctatus. *Dej.*	*Amer. bor.*
Luridus. *Dej.*	id.

11

ENOPLIUM. *Latreille.*

Lituratum. *Kirby.*	*Brasilia.*
Cribripenne. *Dej.*	id.
Serraticorne. *Fabr.*	*Gal. merid.*
Collare. *Dej.*	*Carthagena.*
Marginatum. *Dej.*	*Amer. bor.*
Cinctum. *Dej.*	id.
Marginatum. Say.	id.
Pilosum. *Forster.*	id.
Thoracicum. *Dej.*	id.
Damicorne ? Fabr.	id.
Sanguinicolle. *Fabr.*	*Gallia.*
Quadripunctatum. *Dej.*	*Amer. bor.*
Quadripunctulatum. Say.	id.
Vetustum. *Dej.*	id.
Tomentosum. *Dej.*	*Brasilia.*
Pulchellum. *Dej.*	id.
Gallerucoides. *Lacordaire.*	*Cayennæ.*
Pubescens. *Lacordaire.*	id.
Luctuosum. *Dej.*	id.
Thomasii. *Petit.*	*Brasilia.*

17

LYMEXYLON. *Fabricius.*

Navale. *Fabr.*	*P.*

1

HYLECOETUS. *Latreille.*

Brasiliensis. *Dej.*	*Brasilia.*
Cylindricus. *Dej.*	id.
Bombacis. *Lacordaire.*	*Cayennæ.*
Americanus. *Dej.*	*Amer. bor.*
Dermestoides. *Fabr.*	*Germania.*
♂. *Proboscideus. Fabr.*	id.
Morio. *Fabr.*	*Austria.*
Dermestoides ? ♂. var.	id.

6.

ATRACTOCERUS. *Palisot Beauvois.*

Brasiliensis. *Dej.*	*Brasilia.*
Necydaloides. *P. B.*	*Guinea.*
Abbreviatus. Fabr.	id.
Orientalis. *Dej.*	*India orient.*

3

CUPES. *Fabricius.*

Capitata. *Fabr.*	*Amer. bor.*
Lecontei. *Dej.*	id.
Escheri. *Dej.*	id.

3

RHYSODES. *Latreille.*

Europæus. *Dej.*	*Gallia.*
Exaratus. *Latreille.*	*Amer. bor.*
Brasiliensis. *Dej.*	*Brasilia.*
Costatus. *Chevrolat.*	id.

4

STEMMODERUS. *Dejean.*

Singularis. *Dej.*	*Senegal.*

1

PTILINUS. *Geoffroy.*

{ Pectinicornis. *Fabr.*	*P.*
{ Var. *Elongatus. Parreyss.*	*Croatia.*
{ Flabellicornis. *Megerle.*	*P.*
{ *Costatus. Schönherr.*	*Suecia.*
Americanus. *Dej.*	*Amer. bor.*
Brasiliensis. *Dej.*	*Brasilia.*

4

XYSTROPHORUS. *Dejean.*

Serraticornis. *Dej.*	*Senegal.*

1

XYLETINUS. *Latreille.*

Americanus. *Dej.*	*Amer. bor.*
Fucatus. *Dej.*	id.
Cylindricus. *Germar.*	*Dalmatia.*
{ Pallens. *Stéven.*	*Russia merid.*
{ *Pallidus. Megerle.*	id.
Hæmorrhous. *Stéven.*	id.
Limbatus. *Stéven.*	id.
Pectinatus. *Fabr.*	*Germania.*
{ Ater. *Panzer.*	*Austria.*
{ *Serratus? Fabr.*	*Suecia.*
Flavipes. *Dej.*	*Styria.*
{ Tibialis. *Dej.*	*Dalmatia.*
{ *Niger. Stéven.*	*Russia merid.*
Subrotundus. *Ziegler.*	*Gal. merid.*
Nigripes. *Dej.*	*Dalmatia.*
{ Testaceus. *Sturm.*	*Hungaria.*
{ *Flavescens. Dahl.*	id.
Flavescens. *Dej.*	*Hispania.*
{ Cardui. *Dej.*	*Gal. merid.*
{ *Lævis. Dufour.*	id.
Tomentosus. *Dej.*	*Dalmatia.*
{ Murinus. *Dej.*	*Gal. merid.*
{ *Niger. Müller.*	*Germania.*
{ *Flavicornis. Melsheimer.*	id.
Serricornis. *Schönherr.*	*Amer. ins.*
Castaneus. *Schönherr.*	*Amer. ins.*
Holosericeus. *Dej.*	*Amer. bor.*
Lævigatus. *Dej.*	*Brasilia.*
Variegatus. *Dej.*	*Ile de France.*
Tuberculatus. *Dej.*	*Brasilia.*

23

DORCATOMA. *Fabricius.*

{ Dresdense. *Fabr.*	*P.*
{ *Bistriatum. Paykull.*	*Suecia.*
{ Var. *Minutum. Ziegler.*	*Austria.*
Bovistæ. *Koch.*	*Germania.*
Rubens. *Koch.*	id.
Zusmeshausense. *Beck.*	id.
Murinum. *Dej.*	*Brasilia.*
Micans. *Mannerheim.*	id.
Museorum. *Dej.*	*Cayennæ.*
Affine. *Dej.*	*Carthagena.*
Flavicorne. *Dej.*	*Amer. bor.*
Ocellatum. *Say.*	id.
Glabratum. *Dej.*	id.
Lividum. *Dej.*	id.
Heterocerum. *Dej.*	id.
Striatellum. *Dej.*	id.
Nigripenne. *Dej.*	*Brasilia.*
Tomentosum. *Dej.*	id.
Holosericeum. *Dej.*	*Ile de France.*

17

OCHINA. *Ziegler.*

Sanguinicollis. *Ziegler.*	*Austria.*
Hederæ. *Germar.*	*P.*
{ Anobioides. *Dej.*	*Germania.*
{ *Carpini. Herbst.*	id.
{ *Castanea. Sturm.*	id.
{ *Serricornis. Oeskay.*	*Hungaria.*
Exarata. *Dej.*	*Amer. bor.*
Vestita. *Dej.*	*Ile de France.*

5

ANOBIUM. *Fabricius.*

Tessellatum. *Fabr.*	*P.*
Vestitum. *Dej.*	*Gal. merid.*
Holosericeum. *Dej.*	*Amer. bor.*
Striatum. *Fabr.*	*Germania.*
Pertinax. Linné.	*Suecia.*
Denticolle. *Panzer.*	*Germania.*
Crenatum. *Dej.*	id.
Rufipes. *Fabr.*	id.
Elongatum. Paykull.	*Suecia.*
Fucatum. *Dej.*	*Germania.*
Affine. *Dej.*	id.
Nitidum. *Gyllenhal.*	*Suecia.*
Pertinax. *Fabr.*	id.
Striatum. Olivier.	*P.*
Var. *Emarginatum. Megerle.*	*Dalmatia.*
Crenulatum. Dahl.	*Hungaria.*
Cylindricum. *Dej.*	*Germania.*
Castaneum. *Fabr.*	*P.*
Oblongum. *Ziegler.*	*Gal. merid.*
Striatum. Bonelli.	*Italia.*
Variabile. *Dej.*	*P.*
Abietis. Latreille.	id.
Americanum. *Dej.*	*Amer. bor.*
Molle. *Fabr.*	*Germania.*
Var. *Sybaris. Kugellann.*	*Suecia.*
Politum. Megerle.	*Austria.*
Abietis. *Fabr.*	*Suecia.*
Abietinum. *Gyllenhal.*	id.
Filiforme. *Höpfner.*	*Germania.*
Hirtum. *Dej.*	*Amer. bor.*
Villosum. *Bonelli.*	*Gal. merid.*
Tomentosum. *Dej.*	id.
Paniceum. *Fabr.*	*P.*
Minutum. Sturm.	*Germania.*
Ferrugineum. Ziegler.	*Dalmatia.*
Pumilum. *Dej.*	*Amer. bor.*
Nanum. *Dej.*	id.
Troglodytes. *Dej.*	id.
Pygmæum. *Dej.*	*Ins. Bourbon.*
Pusillum. *Gyllenhal.*	*Suecia.*
Anobiodes. Chevrolat.	*P.*

(Dryophilus.)

29

HEDOBIA. *Ziegler.*

Pubescens. *Fabr.*	*P.*
Vulpes. Ziegler.	*Austria.*

1

PTINUS. *Linné.*

Imperialis. *Fabr.*	*P.*
Regalis. *Ziegler.*	*Austria.*
Nobilis. *Dej.*	*Ile de France.*
Sexpunctatus. *Panzer.*	*Germania.*
Rufipes. *Fabr.*	*P.*
♀. *Elegans. Fabr.*	id.
Ornatus. *Dahl.*	id.
Variegatus. Rossi.	*Austria.*
Pulchellus. Ziegler.	*Dalmatia.*
Quadriguttatus. *Dej.*	*Gal. merid.*
Lapidarius. *Dej.*	*Croatia.*
Fuscus. *Dej.*	*P.*
Fur. *Fabr.*	id.
Var. *Hirtellus. Ziegler.*	*Dalmatia.*
Testaceus. Ziegler.	id.
Minutus. Ziegler.	id.
Brunneus. Megerle.	id.
Bifasciatus. Megerle.	*Austria.*
Sexpunctatus. Mannerheim.	*Russia bor.*
Americanus. Faldermann.	*Amer. bor.*
Sulcicollis. *Dej.*	*P.*
Pygmæus. *Dej.*	*Gal. orient.*
Crenatus. *Fabr.*	*P.*
Minutus. Panzer.	*Germania.*
Globulus. Dahl.	id.
Tomentosus. *Dej.*	*Carthagena.*

14

GIBBIUM. *Scopoli.*

Scotias. *Fabr.*	*P.*
Affine. *Ullrich.*	*Illyria.*
Sulcicolle. Sturm.	*Germania.*
Bicolor. *Dej.*	*Amer. bor.*
Orientale. *Dej.*	*Ins. Philipp.*

4

ÆGIALITES. *Eschscholtz.*

Debilis. *Eschscholtz.*	*Am. bor. occid.*

1

MASTIGUS. *Hoffmansegg.*

Palpalis. *Hoffmansegg.*	*Lusitania.*

1

SCYDMÆNUS. *Latreille.*

Linnei. *Dej.*	*Styria.*
Hellwigii. Ziegler.	id.
Fabricii. *Dej.*	id.
Olivieri. *Dej.*	*Hispania.*
Hellwigii. *Fabr.*	*P.*
Tarsatus. Kuntz.	*Finlandia.*
Wetterhallii. Stéven.	*Russia merid.*
Lecontei. *Dej.*	*Amer. bor.*
Latreillei. *Dej.*	*N.....*
Godartii. *Latreille.*	*P.*
Hirticollis. Ziegler.	*Styria.*
Schönherri. *Dej.*	*Austria.*
Kuntzii. Mannerheim.	*Finlandia.*
Collaris. Sahlberg.	id.
Minutus. Stéven.	*Russia merid.*
Illigeri. *Dej.*	*P.*
Hirticollis. Illiger.	*Finlandia.*
Panzeri. *Dej.*	*Germania.*
Minutus. Gyllenhal.	*Suecia.*
Megerlei. *Schüppel.*	*Austria.*
Sahlbergii. *Mannerheim.*	*Finlandia.*
Geoffroyi. *Dej.*	*P.*
Rufus. Kuntz.	*Germania.*
Hellwigii. Schüppel.	id.
Rossii. *Dej.*	*Dalmatia.*
Reaumurii. *Dej.*	*Gal. merid.*

15

263

CLAVICORNES.

NECROPHORUS. *Fabricius.*

Germanicus. *Fabr.*	*P.*
Speculifrons. *Fischer.*	*Rus. mer. or.*
Megacephalus. Eschscholtz.	id.
Morio. *Gebler.*	*Sibiria.*
Humator. *Fabr.*	*P.*
Stygius. *Dahl.*	*Illyria.*
Lateralis. *Eschscholtz.*	*California.*
Auripilosus. *Eschscholtz.*	id.
Grandis. *Fabr.*	*Amer. bor.*
Mediatus. *Fabr.*	id.
Lunatus. *Dej.*	id.
Vespillo. *Fabr.*	*P.*
Curvipes. Megerle.	*Austria.*
Cadaverinus. *Dej.*	*Gallia bor.*
Investigator. Mac Leay.	*Anglia.*
Basalis. *Dej.*	*Gallia.*
Sepultor. *Dej.*	*P.*
Investigator. Dej. Catal.	id.
Interruptus. *Dej.*	*Hispania.*
Vestigator. *Illiger.*	*P.*
Sepultor. Dej. Catal.	id.
Corsicus. *Dej.*	*Corsica.*
Marginatus? *Fabr.*	*Amer. bor.*
Quadrimaculatus. *Dej.*	id.
Sexpustulatus. *Dej.*	id.
Maritimus. *Esch.*	*Am. bor. occid.*
Velutinus. *Fabr.*	*Amer. bor.*
Var. *Marginatus. Dej. Catal.*	id.

Nigricornis. *Dej.*	*Dauria.*
Var. *Asiaticus. Faldermann.*	*Persia occid.*
Mortuorum. *Fabr.*	*P.*
Halseyi. *Petit.*	*Amer. bor.*

25

NECRODES. *Wilkin.*

Bifasciata. *Spinola.*	*Java.*
Osculans. Zool. Journal.	id.
Orientalis. De Haan.	id.
Surinamensis. *Fabr.*	*Amer. bor.*
Littoralis. *Fabr.*	*P.*
Simplicipes. *Dej.*	id.
Brasiliensis. *Dej.*	*Brasilia.*
Analis. Klug.	*Mexico.*
Var. *Marginalis. Mannerh.*	*Brasilia.*
Cayennensis. *Dej.*	*Cayennæ.*
Collaris. *Dej.*	*Buenos-Ayres.*
Bonariensis. Klug.	id.
Lacrymosa. *Schreibers.*	*Nov. Holland.*

8

SILPHA. *Linné.*

Americana. *Fabr.*	*Amer. bor.*
Thoracica. *Fabr.*	*P.*
Var. *Collaris. Eschsch.*	*Kamtschatka.*
Marginalis. *Fabr.*	*Amer. bor.*
Inæqualis. *Fabr.*	id.
Cervaria. *Eschsch.*	*California.*
Californica. *Eschsch.*	id.
Tuberculata. *Dej.*	*Hispania.*
Rugosa. *Fabr.*	*P.*
Lapponica. *Fabr.*	*Lapponia.*
Caudata. Say.	*Amer. bor.*
Capensis. *Dej.*	*Cap. Bon. Sp.*
Mutilata. Illiger.	id.
Micans. *Fabr.*	id.
Cyanea. Sturm.	id.
Sibirica. *Eschsch.*	*Sibiria.*
Hæmorrhoidalis. Parreyss.	*Russia merid.*
Subsinuata. *Dej.*	*Austria.*
Sinuata. *Fabr.*	*P.*
Dispar. *Illiger.*	*Gallia bor.*
Opaca. *Fabr.*	id.
Tomentosa. Paykull.	*Suecia.*
Quadripunctata. *Fabr.*	*P.*
Angustata. *Dej.*	*Teneriffæ.*
Reticulata. *Fabr.*	*P.*
Granulata. *Olivier.*	*Gal. merid.*
Hispanica. *Dej.*	id.
Tristis. *Illiger.*	*Gallia.*
Granulata. Paykull.	*Suecia.*
Punctulata. *Olivier.*	*Cap. Bon. Sp.*
Carinata. *Illiger.*	*P.*
Lunata. Fabr.	*Germania.*
Opaca. Paykull.	*Suecia.*
Perforata. *Gebler.*	*Sibiria.*
Orientalis. *Dej.*	*Græcia.*
Obscura. *Fabr.*	*P.*
Var. *Maura. Ziegler.*	*Dalmatia.*
Carniolica. Hoppe.	id.
Punctata. Sturm.	*Germania.*
Sublinearis. Dahl.	*Hungaria.*
Granulosa. Besser.	*Podolia.*
Costata. Ménétriés.	*Russia merid.*
Nigrita. *Creutzer.*	*Gallia merid.*
Alpina. *Bonelli.*	*Helvetia.*
Montana. *Findel.*	*Hungaria.*
Oblonga. *Dahl.*	id.
Alpestris. Frivaldjsky.	id.
Cribrata. *Faldermann.*	*Russia merid.*
Lævigata. *Fabr.*	*P.*
Var. *Gibba. Megerle.*	*Gallia merid.*
Atrata. *Fabr.*	*P.*
Var. *Cassidea. Dahl.*	*Hungaria.*
Nitida. Faldermann.	*Persia occid.*

34

NECROPHILUS. *Latreille.*

Hydrophiloides. *Eschscholtz.*	*Am. bor. occid.*
Subterraneus. *Illiger.*	*Styria.*

2

SPHÆRITES. *Dufstchmid.*

Glabratus. *Fabr.* *Succia.*
1

AGYRTES. *Frœhlich.*

Castaneus. *Fabr.* *P.*
Subniger. *Dej.* *Belgia.*
Glaber. *Paykull.* (Tritoma.) *Lapponia.*
Latus. *Eschscholtz.* *Am. bor. occid.*
4

SCAPHIDIUM. *Fabricius.*

Testaceum. *Dej.* *Carthagena.*
Bipunctatum. *Dej.* *Brasilia.*
Ferrugineum. *Dej.* *Cayennæ.*
Variegatum. *Dej.* id.
Octopunctatum. *Lacordaire.* id.
Quadrimaculatum. *Fabr.* *P.*
Quadrinotatum. *Dej.* *Amer. bor.*
Immaculatum. *Fabr.* *P.*
Americanum. *Dej.* *Amer. bor.*
Concolor. *Fabr.* id.
Punctulatum. *Dej.* id.
Limbatum. *Dahl.* *Hungaria.*
Agaricinum. *Fabr.* *P.*
Var. *Assimile. Gyllenhal.* *Succia.*
Submaculatum. *Dej.* *Carthagena.*
14

CATOPS. *Fabricius.*

Rufescens. *Fabr.* *P.*
Oblongus. *Latreille.* id.
Ovatus. *Dej.* *Germania.*
Major. *Dej.* *P.*
Tristis. *Latreille.* id.
Americanus. *Dej.* *Amer. bor.*
Morio. *Fabr.* *P.*
Fornicatus. Gyllenhal. *Succia.*
Tibialis. *Dej.* *Styria.*
Fuscus. *Hoffmansegg.* *P.*
Var. *Cadaverinus. Eschsch.* *Am. bor. occid.*
Chrysomeloides. *Latreille.* *P.*
Agilis. *Fabr.* id.
Fornicatus. Sturm. *Germania.*
Truncatus. *Fabr.* *P.*
Var. *Villosus. Latreille.* id.
Transversostriatus. *Dej.* *Lusitania.*
Pallidus. *Dej.* *N....*
Luridus. *Dej.* *Hispania.*
Flavescens. *Dej.* id.
Minutus. *Dej.* *Dalmatia.*
Brevicornis. *Paykull.* *Finlandia.*
Clavicornis. Dej. Catal. *P.*
Bidentatus. *Sahlberg.* *Finlandia.*
Serripes. *Sahlberg.* id.
20

PELTIS. *Fabricius.*

Australis. *Dej.* *Nov. Holland.*
Grossa. *Fabr.* *Suecia.*
Ferruginea. *Fabr.* *Germania.*
Oblonga. *Fabr.* id.
Dentata. *Fabr.* *Suecia.*
5

THYMALUS. *Latreille.*

Limbatus. *Fabr.* *Alp. Galliæ.*
1

THYREOSOMA. *Dejean.*

Cassidoides. *Dej.* *Buenos-Ayres.*
Cassideum. *Dej.* *N....*
2

LASIODERMA. *Dejean.*

Squalidum. *Lacordaire.* *Cayennæ.*
1

SELENODERUS. *Dejean.*

Cayennensis. *Dej.* *Cayennæ.*

Lamina. *Lacordaire.* *Cayennæ.*

2

COLOBICUS. *Latreille.*

{ Marginatus. *Latreille.* *P.*
{ Var. *Axillaris. Parreyss.* *Croatia.*
Rugosus. *Schönherr.* (Peltis.) *Guinea.*
Americanus. *Dej.* *Amer. bor.*

3

HELOTA. *Mac Leay.*

Vigorsii. *Mac Leay.* *Java.*

1

IPS. *Fabricius.*

Granulata. *Dej.* *Brasilia.*
Anthracina. *Dej.* id.
Immaculata. *Harris.* *Amer. bor.*
{ Variegata. *Dej.* id.
{ *Octomaculata. Harris.* id.
Sanguinolenta. *Ol.* (Nitidula.) id.
Quadrisignata. *Dej.* id.
Delecta. *Harris.* id.
Quadripunctata. *Paykull.* *Succia.*
Quadripustulata. *Fabr.* *Germania.*
Quadrinotata. *Fabr.* *Austria.*
Quadriguttata. *Fabr.* *Germania.*
Ferruginea. *Fabr.* *P.*
{ Abbreviata. *Panz.* (Lyctus.) id.
{ *Sexpustulata? Fabr.* *Germania.*
Planipennis. *Dej.* *Senegal.*
{ Rufipennis. *Dej.* *N.....*
{ *Dimidiata. Dej. Catal.* id.
Marginella. *Dej.* *Amer. bor.*
Humeralis. *Dej.* *Ile de France.*
Bimaculata. *Gyll.* (Nitidula.) *Gal. merid.*
Lurida. *Dej.* *Amer. bor.*
Livida. *Dej.* id.
Atrata. *Dej.* id.
Obscura. *Dej.* id.
Dimidiata. *Fabr.* (Nitidula.) *Brasilia.*
Brasiliensis. *Faldermann.* *Brasilia.*
Melanura. *Dej.* id.
Pumila. *Dej.* *Carthagena.*
Hemiptera. *Fabr.* (Nitidula.) *Sierra-Leone.*

27

STRONGYLUS. *Herbst.*

Festivus. *Dej.* *Brasilia.*
Viridis. *Dej.* id.
Cruentatus. *Dej.* id.
Ornatus. *Dej.* id.
Lacordairei. *Dej.* *Cayennæ.*
Speciosus. *Dej.* *Carthagena.*
Marginicollis. *Dej.* *Brasilia.*
Thoracicus. *Klug.* *Mexico.*
Rubricollis. *Dej.* *Brasilia.*
Nigripennis. *Dej.* *Carthagena.*
Xanthopus. *Germar.* *Brasilia.*
Abdominalis. *Dej.* id.
Major. *Dej.* id.
{ Morio. *Dej.* id.
{ *Truncatus. Klug.* *Mexico.*
{ Nigrita. *Dej.* *Buenos-Ayres.*
{ *Unicolor. Mannerheim.* *Brasilia.*
{ Glabratus. *Fabr.* *P.*
{ *Ater. Gyllenhal.* *Suecia.*
{ Var. *Dimidiatus. Dahl.* *Hungaria.*
{ *Ruficollis. Dahl.* id.
Rufus. *Dej.* *Brasilia.*
{ Æquinoctialis. *Dej.* *Carthagena.*
{ *Politus. Lacordaire.* *Cayennæ.*
Testaceus. *Dej.* *Brasilia.*
Lividus. *Dej.* id.
Fulvus. *Dej.* *Cayennæ.*
Contractus. *Lacordaire.* id.
Ochraceus. *Dej.* *Brasilia.*
Fuscomaculatus. *Dej.* id.
Obscurus. *Fabr.* *Amer. ins.*
Annulatus. *Dej.* *N.....*
Truncatus. *Lacordaire.* *Cayennæ.*
Cornutus. *Fabr.* id.

Quadripunctatus. *Illiger.*	*Suecia.*
Colon. Fabr. (Sphæridium.)	id.
Luteus. *Fabr.*	*P.*
Ferrugineus. *Fabr.*	id.
Sericeus. *Sturm.*	*Germania.*
Fervidus. Gyllenhal.	id.
Affinis. *Dej.*	*Amer. bor.*
Striatopunctatus. *Dej.*	id.
Ustulatus. *Dej.*	id.
Præustus. *Dej.*	id.
Fuscipennis. *Dej.*	id.
Striatus. *Dej.*	*Brasilia.*
Faldermannii. *Dej.*	id.
Ciliatus. *Bosc.*	*Amer. bor.*
Vestitus. *Dej.*	*Carthagena.*
Analis. *Fabr.*	*Amer. ins.*
Orientalis. *Dej.*	*Ind. orient.*
Hispidulus. *Dej.*	*Brasilia.*
Spadiceus. *Dej.*	id.
Luridus. *Dej.*	*Amer. bor.*
Strigatus. *Fabr.*	*P.*
Imperialis. *Fabr.*	*Germania.*
Notatus. *Dej.*	*Senegal.*
Pictus. *Dej.*	id.
Fuliginosus. *Dej.*	*Cap. Bon. Sp.*
Sulcatus. *Dej.*	*Ile de France.*
Curvipes. *Dej.*	*Amer. bor.*
Floralis. *Dej.*	*Gal. merid.*
Agilis. *Lacordaire.*	*Cayennæ.*
Brachypterus. *Dej.*	*Amer. bor.*
Signatipennis. *Dej.*	id.
Posticus. *Dej.*	*Carthagena.*
Bipustulatus. *Dej.*	*Brasilia.*
Pauperculus. *Dej.*	id.
Axillaris. *Dej.*	*Senegal.*

61

NITIDULA. *Fabricius.*

Grossa. *Fabr.*	*Amer. bor.*
Rotundata. *Dej.*	*Cayennæ.*
Caliginosa. *Dej.*	*Brasilia.*
Litigiosa. *Dej.*	*Brasilia.*
Nubila. *Dej.*	*Amer. bor.*
Hispidula. *Dej.*	*Peruvio.*
Subovalis. *Lacordaire.*	*Cayennæ.*
Mandibularis. *Dej.*	*Brasilia.*
Sobrina. *Dej.*	*Cayennæ.*
Lugubris. *Dej.*	*Brasilia.*
Lebasii. *Dej.*	*Carthagena.*
Planifrons. *Dej.*	*Amer. bor.*
Sexmaculata. Say.	id.
Costata. *Dej.*	id.
Punctatissima. *Illiger.*	*Gallia.*
Varia. *Fabr.*	*Suecia.*
Variegata. Olivier.	*P.*
Sordida. *Fabr.*	id.
Marginata. *Fabr.*	id.
Biloba. Herbst.	*Austria.*
Limbata. *Fabr.*	id.
Decemguttata. *Fabr.*	*Suecia.*
Deleta. *Dej.*	*Austria.*
Bipunctata. *Dej.*	*Styria.*
Depressa. *Illiger.*	*Suecia.*
Æstiva. Paykull.	id.
Æstiva. *Fabr.*	*P.*
Silacea. Gyllenhal.	*Suecia.*
Obsoleta. *Fabr.*	*P.*
Var. *Variegata. Gyllenhal.*	*Suecia.*
Pygmæa. Gyllenhal.	id.
Pusilla. Gyllenhal.	id.
Æstiva. Gyllenhal.	id.
Oblonga. Gyllenhal.	id.
Testacea. Ziegler.	*Austria.*
Læviuscula. *Gyllenhal.*	*Suecia.*
Sinuatocollis. *Dej.*	*Gal. merid.*
Quadripustulata. *Sturm. Fab?*	*P.*
Carnaria. Illiger.	*Germania.*
Flexuosa. *Fabr.*	*Gal. merid.*
Interrupta. *Dej.*	*Amer. bor.*
Lurida. *Dej.*	id.
Signata. *Dej.*	id.
Subsinuata. *Dej.*	id.

16

Octomaculata. *Say.*	*Amer. bor.*
Pustulatus. Harris. (Cercus.)	id.
Brunnea. *Dej.*	id.
Sulcipennis. *Dej.*	*Carthagena.*
Colon. *Fabr.*	*P.*
Hæmorrhoidalis. Paykull.	*Suecia.*
Discoides. *Fabr.*	*P.*
Bipustulata. *Fabr.*	id.
Obscura. *Fabr.*	id.
Rufipes. *Gyllenhal.*	*Suecia.*
Atrata. Olivier.	*P.*
Morosa. *Dej.*	*Buenos-Ayres.*
Ochroleuca. *Dej.*	*Amer. bor.*
Egena. *Dej.*	*Carthagena.*
Dimidiatipennis. *Dej.*	*Brasilia.*
Truncatipennis. *Dej.*	*Amer. bor.*
Omalioides. *Dej.*	id.
Scutellaris. *Dej.*	id.
Melanaria. *Dej.*	*Senegal.*
Pedicularia. *Fabr.*	*P.*
Var. *Subrugosa. Gyllenhal.*	*Suecia.*
Erythropa. Gyllenhal.	id.
Serripes. Gyllenhal.	id.
Solida. Illiger.	*Germania.*
Convexa. Schüppel.	id.
Exilis. Schüppel.	id.
Viduata. Sturm.	id.
Tristis. Schüppel.	id.
Ochropoda. Schüppel.	*Austria.*
Ænea. *Fabr.*	*P.*
Var. *Viridescens. Fabr.*	id.
Dulcamaræ. *Illiger.*	id.
Minutissima. *Dej.*	*Amer. bor.*

52

CERCUS. *Latreille.*

Atratus. *Dej.*	*P.*
Pulicarius. Gyllenhal.	*Suecia.*
Pulicarius. *Latreille.*	*P.*
Gravidus. Illiger.	id.
Quadratus. *Dahl.*	*Austria.*
Urticæ. *Fabr.*	*P.*
Pubescens. Schüppel.	*Germania.*
Rufilabris. *Latreille.*	*P.*
Var. *Urticæ. Gyllenhal.*	*Suecia.*
Rubicundus. *Dej.*	*Gal. merid.*
Castaneus. Ullrich.	*Illyria.*
Testaceus. *Dej.*	*Dalmatia.*
Dalmatinus. *Dej.*	id.
Ferrugineus. *Dej.*	*P.*
Sambucinus. Schönherr.	*Suecia.*
Bipustulatus. *Fabr.*	id.
Pedicularius. *Fabr.*	*P.*
Ochraceus. *Dej.*	*Volhynia.*
Sambuci. Villa.	*Italia.*
Flavicans. *Dej.*	*Brasilia.*
Conicus. *Fabr.* (Stenus.)	*Amer. ins.*
Spissicornis. *Fabr.* (Stenus.)	id.
Vicinus. *Dej.*	*Carthagena.*

16

MICROPEPLUS. *Latreille.*

Sulcatus. *Herbst.*	*P.*
Porcatum. Gyl. (Omalium.)	*Suecia.*
Cælatus. *Schüppel.*	*Germ. bor.*
Maillei. *Dej.*	*Gallia occid.*
Americanus. *Dej.*	*Amer. bor.*
Staphylinoides. *Gyllenhal.*	*Finlandia.*

5

BYTURUS. *Latreille.*

Tomentosus. *Fabr.*	*P.*
Var. *Fumatus. Fabr.*	id.
Americanus. *Dej.*	*Amer. bor.*

2

ENCAUSTES. *Dejean.*

Undata. *Dej.*	*Java.*
Maculosa. De Haan.	id.
Cruenta. *Dej.*	id.
Furcifera. De Haan.	id.
Sulcata. *Dej.*	id.

Morio. *Dej.*	*Java.*
{ Sinuata. *Dej.*	id.
{ *Bisinuata. De Haan.*	id.
Deleta. *Buquet.*	id.
6	

EPISCAPHA. *Dejean.*

Grandis. *Fabr.*	*Senegal.*
Quadrisignata. *Dej.*	*Cayennæ.*
Brasiliensis. *Dej.*	*Brasilia.*
Bipunctata. *Dej.*	*Cayennæ.*
{ Fasciata. *Fabr.*	*Amer. bor.*
{ Var. *Heros. Say.*	id.
Curvipes. *Dej.*	*Brasilia.*
Signata. *Dej.*	id.
Signaticollis. *Dej.*	id.
Maculicollis. *Dej.*	*Java.*
Oculata. *Buquet.*	id.
{ Decorata. *Dej.*	id.
{ *Glabra. Wiedemann.*	id.
{ *Quadripustulatus. Fabr.* (Erotylus.)	id.
Quadrilunata. *Dej.*	id.
Quadrimaculata. *Dej.*	id.
Cruciata. *Dej.*	id.
Angustata. *Dej.*	id.
Interrupta. *Schönherr.*	*Guinea.*
Australis. *Dej.*	*Nov. Holland.*
17	

ENGIS. *Fabricius.*

Cœrulea. *Latreille.*	*N.* . . . . .
Sanguinicollis. *Fabr.*	*Germania.*
Humeralis. *Fabr.*	*P.*
{ Rufifrons. *Fabr.*	*Gallia.*
{ *Separata. Parreyss.*	*Croatia.*
Bipustulata. *Fabr.* (Ips.)	*Austria.*
Americana. *Dej.*	*Amer. bor.*
6	

ANTHEROPHAGUS. *Knoch.*

{ Nigricornis. *Fabr.* (Mycetophagus.)	*P.*
{ *Ferrugineus. Latreille.*	id.
{ *Silaceus. Gyllenhal.*	*Succia.*
Pallens. *Fabr.* (Tenebrio.)	*P.*
2	

CRYPTOPHAGUS. *Herbst.*

Frivaldjskyi. *Dej.*	*Hungaria.*
Typhæ. *Gyllenhal.*	*P.*
Caricis. *Latreille.*	id.
Sparganii. *Sturm.*	*Germania.*
Tibialis. *Dej.*	*Dalmatia.*
Rotundicollis. *Dej.*	*Hispania.*
Brevicollis. *Dej.*	*Dalmatia.*
Schönherri. *Gyllenhal.*	*Suecia.*
Undatus. *Dej.*	*Croatia.*
Æquinoctialis. *Dej.*	*Carthagena.*
Lebasii. *Dej.*	id.
Americanus. *Dej.*	*Amer. bor.*
Populi. *Gyllenhal.*	*Suecia.*
{ Cellaris. *Fabr.*	*P.*
{ Var. *Scanicus. Fabr.*	id.
{ *Fumatus. Gyllenhal.*	*Suecia.*
{ *Acutangulus. Gyllenhal.*	id.
{ *Subdepressus. Gyllenhal.*	id.
{ *Lycoperdi. Gyllenhal.*	id.
{ *Pilosus. Gyllenhal.*	id.
{ *Abietis. Gyllenhal.*	id.
{ *Saginatus. Schüppel.*	*Germania.*
{ *Crenatus. Sturm.*	id.
Quadricollis. *Dej.*	*Gal. merid.*
Crenatus. *Gyllenhal.*	*Suecia.*
Serratus. *Gyllenhal.*	id.
{ Rufipennis. *Dej.*	*Styria.*
{ *Fungorum. Gyllenhal.*	*Suecia.*
{ *Nigricollis. Markel.*	*Germania.*
{ Ipsoides. *Herbst.*	id.
{ *Fimetarii. Gyllenhal.*	*Suecia.*
16.	

Umbrinus. *Schüppel.*	*Germania.*
Substriatus. *Schönherr.*	*Sierra-Leona.*
Dumetorum. *Vogt.*	*Gallia.*
Longulus. Schüppel.	*Germania.*
Forsstromii. *Schönherr.*	*Amer. ins.*
Signatus. *Dej.*	*Amer. bor.*
Bimaculatus. *Gyllenhal.*	*Germania.*
Fasciatus. *Dej.*	*Gallia.*
Mesomelus. *Paykull.*	*P.*
Fuscipes. *Gyllenhal.*	*Suecia.*
Var. *Obsoletus. Schüppel.*	*Germania.*
Bicolor. *Dej.*	*P.*
Nigripennis. *Paykull.*	id.
Testaceus. *Dej.*	*P.*
Fimetarius. *Fabr.*	id.
Ater. Gyllenhal.	*Suecia.*
Pusillus. *Paykull.*	*P.*
Hirtus. *Gyllenhal.*	id.
Globulus. *Paykull.*	*Suecia.*
Pilicornis. *Dej.*	*P.*
Brunnipes. *Gyllenhal.*	*Suecia.*
Armadillo. *Gyl.* (Scaphidium.)	id.

38

PTILIUM. *Schüppel.*

Flavum. *Dej.*	*Gallia occid.*
Fasciculare. *Herbst.*	*Gallia.*
Atomarium. Gyl. (Scaphidium.)	*Suecia.*
Var. *Sericans. Schüppel.*	*Germania.*
Pygmæus. Dej. Catal. (Tachyporus.)	*Styria.*
Pallidum. *N.....*	*N.....*
Pusillum. *Gyl.* (Scaphidium.)	*Suecia.*
Evanescens. Marsh. (Silpha.)	*Germania.*

4

DERMESTES. *Linné.*

Dimidiatus. *Schönherr.*	*Russia merid.*
Lardarius. *Fabr.*	*P.*
Carnivorus. *Fabr.*	*Austria.*
Humeralis. Solier.	*Buenos-Ayres.*
Vulpinus. *Fabr.*	*P.*
Australis. *Mac Leay.*	*Nov. Holland.*
Lupinus. *Eschsch.*	*California.*
Senegalensis. Dej.	*Senegal.*
Cadaverinus. *Fabr.*	*Cap. Bon. Sp.*
Caninus. Mannerheim.	*S. Domingue.*
Domesticus. *Gebler.*	*Sibiria.*
Holosericeus. *Bonelli.*	*Pedemont.*
Murinus. *Fabr.*	*P.*
Affinis. Gyllenhal.	*Suecia.*
Thoracicus. *Dej.*	*Gal. merid.*
Pardalis. Schönherr.	*N.....*
Coronatus. *Stéven.*	*Russia merid.*
Tessellatus. *Fabr.*	*P.*
Nebulosus. Sturm.	*Germania.*
Var. *Vulpecula. Sturm.*	id.
Atomarius. Ziegler.	id.
Catta. *Panzer.*	*P.*
Roseiventris. Peyr. Dej. Cat.	id.
Murinus. Gyllenhal.	*Suecia.*
Var. *Talpinus. Eschsch.*	*California.*
Laniarius. *Illiger.*	*Germania.*
Ater. *Olivier.*	*Gal. merid.*
Bicolor. *Fabr.*	*Italia.*
Marmoratus. *Say.*	*Amer. bor.*
Elongatus. *Dej.*	id.

19.

ATTAGENUS. *Latreille.*

Annulatus. *Dej.*	*Ile de France.*
Fasciatus. Thunberg. (Anthrenus.)	*India orient.*
Gloriosæ? Fabr. (Anthrenus.)	id.
Tæniatus. *Latreille.*	*Ile de France.*
Obtusus. *Gyllenhal.*	*Hispania.*
Trifasciatus. *Fabr.*	*Gallia merid.*
Repandus. *Dej.*	*Hispania.*
Dalmatinus. *Dej.*	*Dalmatia.*
Nigripes. *Fabr.*	*Gallia.*
Vigintiguttatus. *Fabr.*	*Germania.*
Nisceteoi. *Dej.*	*Dalmatia.*

ʒyriacus. *Dej.*	*Syria.*
›ifasciatus. *Rossi.*	*Italia.*
ignatus. *Dej.*	*Russia merid.*
'ndatus. *Fabr.*	*P.*
'uscus. *Gebler.*	*Sibiria.*
·ellio. *Fabr.*	*P.*
'Iegatoma. *Fabr.*	*Gallia merid.*
'lavicornis. *Dej.*	id.
ßicolor. Dahl.	*Austria.*
'Iarginatus. *Paykull.*	*Suecia.*
›chæfferi. *Illiger.*	*Germania.*
ƙanthocerus. *Dej.*	*Senegal.*
;ayennensis. *Dej.*	*Cayennæ.*
·Ielanocerus. *Dej.*	*Amer. bor.*
;ranarius. *Dej.*	*Carthagena.*

23

MEGATOMA. *Latreille.*

·erra. *Fabr.*	*P.*

1

DERMOPHAGUS. *Dejean.*

'ectinatus. *Dej.*	*Amer. bor.*

1

TROGODERMA. *Latreille.*

;longatulum. *Fabr.*	*Germania.*
'ubfasciatum. Gyllenhal.	*Suecia.*
'uficorne. Latreille.	*Gallia.*
'illosum. Dahl.	*Germania.*
'ersicolor. *Creutzer.*	*Austria.*
ubfasciatum. Dahl.	id.
'icinum. *Dej.*	*Teneriffæ.*
.mericanum. *Dej.*	*Amer. bor.*
erratum. *Dej.*	*Brasilia.*

5

ANTHRENUS. *Fabricius.*

crophulariæ. *Fabr.*	*Germania.*
ulvicornis. *Dej.*	*Hispania.*
impinellæ. *Fabr.*	*P.*
Albidus. *Dej.*	*Gallia merid.*
{ Tricolor. *Herbst.*	*Austria.*
{ Var. *Verbasci. Gyllenhal.*	*Suecia.*
{ Museorum. *Fabr.*	*P.*
{ Var. *Festivus. Hoffmansegg.*	*Lusitania.*
Varius. *Fabr.*	*P.*
Squamosus. *Dej.*	*Tanger.*
Maculatus. *Fabr.*	*Cap. Bon. Sp.*
Basalis. *Dej.*	*Ile de France.*
Signatus. *Klug.*	*Mexico.*
Fasciatus. *Herbst.*	*Amer. ins.*
Glabratus. *Fabr.*	*Gallia merid.*
Hæmorrhoidalis. *Dej.*	*Amer. bor.*
Murinus. *Dej.*	id.
Punctatus. *Dej.*	id.
Hirtellus. *Dej.*	id.
Rufipes. *Dej.*	id.
Erythrocerus. *Dej.*	id.
Pulicarius. *Dej.*	*Brasilia.*
Fulvipes. *Dej.*	*Ile de France.*
Pygmæus. *Dej.*	*Carthagena.*

22

TRINODES. *Megerle.*

Hirtus. *Fabr.*	*Styria.*

1

ASPIDIPHORUS. *Ziegler.*

{ Orbiculatus. *Gyllenhal.*	*Suecia.*
{ *Viennensis. Ziegler.*	*Austria.*

1

PLATYDERUS. *Dejean.*

Loricatus. *Dej.*	*Ægypt.*

1

HISTER. *Linné.*

PREMIÈRE DIVISION.

{ Gigas. *Paykull.*	*Senegal.*
{ *Maximus. Olivier.*	id.
Nigrita. *Dej.*	id.

Medius. *Sturm.*	*India orient.*
Bengalensis. Wiedemann.	id.
Impressus. Megerle.	id.
Inæquidens. *Latreille.*	*Timor.*
Inæqualis. *Fabr.*	*Gallia merid.*
Indus. *Dej.*	*India orient.*
Major. *Fabr.*	*Gallia merid.*
Grandicollis. *Illiger.*	*Lusitania.*
Var. *Gibbus. Dahl.*	*Sardinia.*
Lunatus. *Fabr.*	*P.*
Quadrimaculatus. Paykull.	id.
Terricola. *Dahl.*	*Austria.*
Tristriatus. Ziegler.	id.
Striolatus. *Dej.*	*Senegal.*
Luctuosus. *Dej.*	*Nubia.*
Tropicus. Sturm.	id.
Chinensis. *Paykull.*	*India orient.*
Var. *Mandibularis. Latreille.*	id.
Orientalis. *Paykull.*	id.
Digitatus. *Dej.*	*N.....*
Maurus. *Dej.*	*Senegal.*
Unicolor. *Fabr.*	*P.*
Cadaverinus. *Paykull.*	*Suecia.*
Unicolor. Olivier.	*P.*
Transversalis. Duftschmid.	*Austria.*
Eschscholtzii. *Dej.*	*Kamtschatka.*
Carbonarius. Eschsch.	id.
Distinctus. *Megerle.*	*Austria.*
Merdarius. *Paykull.*	*P.*
Morio. *Dej.*	*Amer. bor.*
Impressifrons. *Dej.*	*Cayennæ.*
Melanarius. *Dej.*	*Amer. bor.*
Striatopunctatus. *Dej.*	id.
Simplicimanus. *Dej.*	id.
Ambiguus. *Dej.*	id.
Atratus. *Dej.*	*Cap. Bon. Sp.*
Gagatinus. *Dej.*	*Senegal.*
Binotatus. *Dej.*	*Gallia merid.*

SECONDE DIVISION.

Bipunctatus. *Paykull.*	*Barbaria.*
Quadrimaculatus. *Fabr.*	*P.*
Quadrinotatus. Paykull.	id.
Sinuatus. *Paykull.*	*Suecia.*
Illigeri. Duftschmid.	*Gallia merid.*
Velox. Ménétriés.	*Russia merid.*
Biplagiatus. *Dej.*	*Amer. bor.*
Binotatus. Latreille.	id.
Anthracinus. *Dej.*	id.
Depurator. Say.	id.
Nigrita. Latreille.	id.
Politus. *Dahl.*	*Austria.*
Gagates. Andersch.	*Hungaria.*
Tauricus. Godet.	*Russia merid.*
Javanicus. *Paykull.*	*India orient.*
Septemstriatus. Megerle.	id.
Fossor. *Dej.*	*Senegal.*
Caffer. *Dej.*	*Cap. Bon. Sp.*
Americanus. *Paykull.*	*Amer. bor.*
Ebeninus. *Dej.*	*Brasilia.*
Sibiricus. *Dej.*	*Sibiria.*
Nigerrimus. *Dej.*	*Gallia merid.*
Bissexstriatus. *Paykull.*	*P.*
Senarius. *Sturm.*	*Germania.*

TROISIÈME DIVISION.

Corvinus. *Germar.*	*P.*
Duodecimstriatus. Duftschm.	*Austria.*
Vicinus. Besser.	*Podolia.*
Scutellaris. *Dahl.*	*Sicilia.*
Bipustulatus. *Fabr.*	*India orient.*
Bimaculatus. *Fabr.*	*P.*
Connectens. *Paykull.*	*Brasilia.*
Duodecimstriatus. *Paykull.*	*P.*
Bissexstriatus. Duftschmid.	*Austria.*

QUATRIÈME DIVISION.

Quatuordecimstriatus. *Gyl.*	*Suecia.*
Africanus. *Sturm.*	*Cap. Bon. Sp.*
Exaratus. *Dej.*	*Amer. bor.*
Purpurascens. *Fabr.*	*P.*

Carbonarius. *Paykull.*	*P.*
Var. *Nigellatus. Ullrich.*	*Illyria.*
Stercorarius. *Paykull.*	*P.*
Marginicollis. *Dej.*	*Amer. bor.*
Græcus. *Dej.*	*Græcia.*
Fimetarius. *Paykull.*	*Austria.*
Sinuatus. Fabr.	id.
Interruptus. Fischer.	*Russia merid.*

CINQUIÈME DIVISION.

Cruciatus. *Paykull.*	*Gallia merid.*
Maculatus. Rossi.	*Italia.*
Personatus. Fischer.	*Russia merid.*
Electus. Faldermann.	*Persia occid.*
Externus. *Fischer.*	*Russia merid.*
Interruptus. *Paykull.*	*India orient.*
Splendens. *Paykull.*	id.
Semipunctatus. *Fabr.*	*Gallia merid.*
Speciosus. *Dej.*	*Nov. Holland.*
Cyaneus. *Fabr.*	id.
Australis. *Dej.*	id.
Westermannii. *Dej.*	*Guinea.*
Azureus. *Sahlberg.*	*Brasilia.*
Bonariensis. *Dej.*	*Buenos-Ayres.*
Californicus. *Eschscholtz.*	*California.*
Punctulatus. *Wiedemann.*	*Java.*
Punctatissimus. *Dej.*	*Ægypt.*
Intricatus. *Latreille.*	*Gallia merid.*
Massiliensis. *Dej.*	id.
Nitidulus. *Fabr.*	*P.*
Var. *Concinnus. Mannerheim.*	*Sibiria.*
Krynitzkii. Faldermann.	*Russia merid.*
Algericus. *Paykull.*	*Hispania.*
Caucasicus. *Dej.*	*Russia merid.*
Virens. *Dej.*	*Hungaria ?*

SIXIÈME DIVISION.

Biguttatus. *Stéven.*	*Russia merid.*
Bisignatus. *Eschscholtz.*	*Chili.*
Lepidus. *Dej.*	*Tucuman.*
Dimidiatipennis. *Dej.*	*Amer. bor.*
Bicolor. *Fabr.*	*Cap. Bon. Sp.*
Pensylvanicus. *Paykull.*	*Amer. bor.*
Assimilis. *Paykull.*	id.
Lacordairei. *Dej.*	*Tucuman.*
Hypocrita. *Dej.*	*Buenos-Ayres.*
Guyanensis. *Dej.*	*Cayennæ.*
Sphæroides. *Dej.*	*Amer. bor.*
Aciculatus. *Dej.*	id.
Buquetii. *Dej.*	*Senegal.*
Orbiculatus. Buquet.	id.
Quadristriatus. *Paykull.*	*Germania.*
Speculifer. *Paykull.*	*P.*
Splendidulus. Dahl.	*Sardinia.*
Cribellatus. *Stéven.*	*Russia merid.*
Æneus. *Fabr.*	*P.*
Affinis. *Paykull.*	*Gallia merid.*
Virescens. *Paykull.*	*Gallia.*
Viridis. Duftschmid.	*Austria.*
Mediocris. *Mac Leay.*	*India orient.*
Æreus. Jénisson.	*Germania.*
Ruficornis. *Dej.*	*Ægypt.*
Corynthius. *Dej.*	*Senegal.*
Pumilus. *Dej.*	id.
Erythropterus. *Paykull.*	*Brasilia.*
Lebasii. *Dej.*	*Carthagena.*
Vicinus. *Dej.*	id.
Convexus. *Dej.*	*Amer. bor.*
Difficilis. *Dej.*	*Brasilia.*
Rufipes. *Paykull.*	*Gallia merid.*
Arenarius. *Dahl.*	*Austria.*
Sardeus. *Dej.*	*Sardinia.*
Metallescens. Dahl.	id.
Æreus. *Dej.*	*Hispania.*
Conjungens. Stéven.	*Russia merid.*
Conjungens. *Paykull.*	*P.*
Dimidiatus. *Paykull.*	*Gallia merid.*
Tauricus. Parreyss.	*Russia merid.*
Sabulosus. *Dej.*	*Gallia bor.*
Metallescens. *Dej.*	*Gallia merid.*
Metallicus. Paykull.	*Suecia.*
Virens. Dahl.	*Hungaria.*

Metallicus. *Fabr.* *Germania.*
Rugiceps. Duftschmid. *Austria.*
Crassipes. *Dej.* *Hispania.*
Latipes. *Dej.* *Italia ?*

119

OMALODES. *Dejean.*

Angulatus. *Paykull.* *Cayennæ.*
Foveola. Illiger. *Brasilia.*
Ferrum equinum. Mac Leay. id.
Omega. Mannerheim. id.
Schönherri. *Dej.* *Amer. ins.*
Lævigatus. Schönherr. id.
Angulatus. var. Paykull. id.
Cognatus. *Dej.* *Cayennæ.*
Cayennensis. *Dej.* id.
Aterrimus. *Dej.* id.

5

DENDROPHILUS. *Leach.*

Rotundatus. *Fabr.* *P.*
Var. *Quinquestriatus. Dahl.* *Sardinia.*
Minimus. *Dej.* *Gallia.*
Nanus. *Dej.* *Amer. bor.*
Granarius. *Dej.* id.
Parvulus. *Dej.* *Carthagena.*
Pumilio. *Dej.* id.
Tantillus. *Dej.* id.
Pedicularius. *Dej.* *Amer. bor.*
Egenus. *Dej.* *Carthagena.*
Intermedius. *Dej.* id.
Anxius. *Dej.* id.
Pulicarius. *Dej.* *Amer. bor.*
Similis. *Dej.* *Carthagena.*
Ellipticus. *Dej.* *Colombia.*
Troglodytes. *Paykull.* *Gallia merid.*
Italicus. *Paykull.* *Styria.*
Punctatus. *Paykull.* *Germania.*
Pygmæus. *Paykull.* *Suecia.*
Lucidulus. *Dej.* *Brasilia.*

19

MONOPLIUS. *Dejean.*

Obesus. *Dej.* *Cap. Bon. Sp.*

1

ABRÆUS. *Leach.*

Erythrocerus. *Dej.* *Amer. bor.*
Orbiculatus. *Dej.* *Carthagena.*
Exiguus. *Dej.* id.
Globulus. *Paykull.* *Austria.*
Nitens. *Dej.* *Dalmatia.*
Globosus. *Paykull.* *P.*
Minutus. *Fabr.* id.
Nigricornis. Entom. Heft. *Germania.*
Vulneratus. *Panzer.* *Suecia.*
Cæsus. *Fabr.* id.

9

HÆTERIUS. *Godet.*

Quadratus. *Paykull.* *Germania.*
Ferrugineus. Olivier. *Gallia.*

1

ONTHOPHILUS. *Leach.*

Sulcatus. *Fabr.* *Gallia merid.*
Costatus. *Dej.* *N.....*
Striatus. *Fabr.* *P.*
Catenulatus. *Dahl.* *Austria.*

4

PLATYSOMA. *Leach.*

Orthogonium. *Dej.* *Java.*
Ovatum. *Dej.* id.
Trisulcatum. Sturm. id.
Abruptum. De Haan. id.
Parallelepipedum. *Dej.* *India orient.*
Cavifrons. *Schüppel.* *Cap. Bon. Sp.*
Capense. Wiedemann. id.
Frontale. *Paykull.* *Germania.*
Planatum. *Dej.* *Senegal.*
Desidiosum. *Buquet.* id.

Luzonicum. *Eschsch.* *Ins. Philipp.*
Carolinum. *Paykull.* *Amer. bor.*
Misellum. *Dej.* *Carthagena.*
Venustum. *Dej.* *Amer. bor.*
Deplanatum. *Gyllenhal.* *Suecia.*
Depressum. var. d. Paykull. id.
Depressum. *Fabr.* *P.*
Complanatum. *Paykull.* *Germania.*
Inexaratum. Latreille. *Amer. bor.*
Oblongum. *Fabr.* *Germania.*
Angustatum. *Paykull.* *Suecia.*
Pini. Solier. *Gallia merid.*
Parallelum. *Say.* *Amer. bor.*
Infimum. *Dej.* *Carthagena.*
Flavicorne. *Paykull.* *P.*
Picipes. *Fabr.* *Suecia.*

20

CYLISTUS. *Godet.*

Cylindricus. *Paykull.* *Amer. bor.*

1

TRYPANEUS. *Godet.*

Cylindrus. *Dej.* *Brasilia.*
Thoracicus. Fab. (Bostrichus.) id.
Elongatus. *Dej.* id.
Nasutus. *Dej.* id.
Decipiens. *Dej.* id.
Proboscideus. *Fabr.* (Bostrichus.) id.
Fallax. *Dej.* id.
Amabilis. *Dej.* id.
Concinnus. *Dej.* id.
Pauperculus. *Dej.* *Carthagena.*

9

OXYSTERNUS. *Godet.*

Maxillosus. *Fabr.* *Cayennæ.*
Var. *Exsertus. Dej. Catal.* id.

1

LEIONOTA. *Dejean.*

Quadridentata. *Fabr.* *Cayennæ.*
Polita. Sturm. *Mexico.*
Lævicollis. *Dej.* *Cayennæ.*
Cerdo. *Lacordaire.* id.
Lamina. *Paykull.* id.

4

HOLOLEPTA. *Paykull.*

Subarmata. *Dej.* *Java.*
Indica. *Dej.* id.
Orientalis. De Haan. id.
Marginepunctata. *Dej.* *Carthagena.*
Lucida. *Dej.* *Amer. bor.*
Bifoveata. *Dej.* id.
Quadridentata. Say. id.
Plana. *Fabr.* *Austria.*
Consimilis. *Dej.* *Carthagena.*
Humilis. *Paykull.* *Cayennæ.*
Corticalis. *Fabr.* id.
Quadriformis. *Dej.* id.

10

CEUTHOCERUS. *Schüppel.*

Advena. *Schüppel.* *Germ. bor.*

1

HYPORHAGUS. *Dejean.*

Madagascariensis. *Dej.* *Madagascar.*
Marginatus. *Fabr.* (Tritoma.) *Amer. ins.*
Brunneus. Dej. *India orient.*
Brasiliensis. *Dej.* *Brasilia.*
Punctulatus. *Dej.* *Amer. bor.*
Piceus. *Lacordaire.* *Cayennæ.*
Cayennensis. *Dej.* id.

6

THROSCUS. *Latreille.*

Adstrictor. *Fab.* (Dermestes.)	P.
Dermestoides. Latreille.	id.
Clavicornis. Olivier. (Elater.)	id.
Var. *Clavicornis. Megerle.*	*Illyria.*

1

CHELONARIUM. *Fabricius.*

Lecontei. *Dej.*	*Amer. bor.*
Beauvoisii. *Latreille.*	*S. Domingue.*
Atrum ? Fabr.	id.
Lebasii. *Dej.*	*Carthagena.*
Lacordairei. *Dej.*	*Brasilia.*
Tessellatum. *Dej.*	id.
Oblongum. *Dej.*	id.
Subfasciatum. *Dej.*	id.
Undatum. *Dej.*	id.
Ruficolle. *Dej.*	id.
Tomentosum. *Dej.*	id.
Vestitum. *Dej.*	id.
Angustatum. *Dej.*	id.

12

NOSODENDRON. *Latreille.*

Fasciculare. *Fabr.*	P.
Americanum. *Dej.*	*Amer. bor.*

2

BYRRHUS. *Fabricius.*

Gigas. *Fabr.*	*Carniolia.*
Alpinus. *Dej.*	*Styria.*
Pyrenæus. *Dej.*	*Pyrenæis.*
Dianæ. *Fabr.*	*Styria.*
Ornatus. *Panzer.*	*Austria.*
Luniger. Germar.	*Carniolia.*
Coronatus. *Illiger.*	*Austria.*
Var. *Dianæ. Sturm.*	*Germania.*
Pilula. *Fabr.*	P.
Fasciatus. *Fabr.*	*Suecia.*
Arcuatus. *Sturm.*	*Germania.*
Fasciatus. var. b. Gyllenhal.	*Suecia.*
Dianæ ? Fabr.	id.
Dorsalis. *Fabr.*	P.
Vestitus. *Dej.*	*Germania.*
Intermedius. *Leconte.*	*Amer. bor.*
Viridescens. *Leconte.*	id.
Troglodytes. *Leconte.*	id.
Scutellaris. *Eschscholtz.*	*Kamtschatka.*
Varius. *Fabr.*	P.
Var. *Morio. Ziegler.*	*Austria.*
Stoicus. *Müller.*	*Borussia.*
Crinitus. *Dej.*	*Russia merid.*
Tomentosus. *Dej.*	P.
Laviense. *Villa.*	*Italia.*
Murinus. *Fabr.*	*Suecia.*
Undulatus. Panzer.	*Germania.*
Australis. *Dej.*	*Nov. Holland.*
Æneus. *Fabr.*	*Germania.*
Auratus. *Sturm.*	*Styria.*
Var. *Gibbus. Megerle.*	id.
Nitens. *Fabr.*	P.
Punctatus. Sturm.	*Germania.*
Chalconatus. Parreyss.	*Austria.*
Concolor. *Sturm.*	id.
Substriatus. *Dej.*	*Styria.*
Picipes. Sahlberg.	*Finlandia.*
Semistriatus. *Fabr.*	P.
Striatopunctatus. *Dej.*	*Hispania.*
Obscurus. Dufour.	id.
Erinaceus. *Ziegler.*	*Croatia.*
Setiger. *Illiger.*	*Austria.*
Arenarius. *Duftschmid.*	id.
Cretiferus. Leach. (Georissus.)	*Anglia.*
Lebasii. *Dej.*	*Carthagena.*

33

LIMNICHUS. *Ziegler.*

Riparius. *Dej.*	*Gallia merid.*
Sericeus. *Duftschmid.*	id.
Pygmæus. Sturm.	*Germania.*

Americanus. *Dej.* *Amer. bor.*

3

GEORISSUS. *Latreille.*

{ Pygmæus. *Fabr.* (Pimelia.) *P.*
{ *Dubius. Panzer.* (Trox.) *Germania.*
Canaliculatus. *Dej.* *Hispania.*
Striatus. *Dej.* *Gallia merid.*
{ Sulcatus. *Dej.* *Hispania.*
{ *Latreillei. Dufour.* id.

4

ELMIS. *Latreille.*

Bivittatus. *Dej.* *Amer. bor.*
{ Canaliculatus. *Gyllenhal.* *P.*
{ *Bituberculatus. Bonelli.* (Macronychus.) *Pedemont.*
Volckmari. *Müller.* *P.*
{ Dargelasii. *Latreille.* id.
{ *Variabilis. Leach.* *Anglia.*
{ *Tuberculatus. Sturm.* *Germania.*
Rufipes. *Dej.* *P.*
{ Troglodytes. *Schönherr.* *Suecia.*
{ *Tuberculatus. Gyllenhal.* id.
Parallelepipedus. *Müller.* *P.*
Æneus. *Müller.* id.
Maugetii. *Latreille.* *Gallia.*
Scabricollis. *Dej.* *Styria.*
Obscurus. *Müller.* *Germania.*
Subviolaceus. *Nees.* *Gallia.*
Nitidus. *Dej.* *P.*
Cupreus. *Müller.* *Germania.*

14

MACRONYCHUS. *Müller.*

Quadrituberculatus. *Müller.* *Germania.*
Variegatus. *Sturm.* *Amer. bor.*

2

POTAMOPHILUS. *Germar.*

Acuminatus. *Fabr.* *Germania.*
Orientalis. *De Haan.* *Java.*

2

PARNUS. *Fabricius.*

Elateroides. *Dej.* *Brasilia.*
Ovatus. *Klug.* id.
Americanus. *Dej.* *Amer. bor.*
Tomentosus. *Dej.* id.
Picipes. *Olivier.* *S. Domingue.*
Pubescens. *Dej.* *Brasilia.*
Brasiliensis. *Dej.* id.
Striatopunctatus. *Dej.* *Gallia merid.*
{ Prolifericornis. *Fabr.* *P.*
{ *Auriculatus. Olivier.* id.
{ Var. *Sericeus. Leach.* *Anglia.*
{ Viennensis. *Dahl.* *Austria.*
{ *Punctatus. Ziegler.* id.
{ *Obscurus. Duftschmid.* id.
{ Auriculatus. *Illiger.* *Suecia.*
{ *Villosus. Bonelli.* *Austria.*
Rufipes. *Dahl.* *Hungaria.*
Dumerilii. *Latreille.* *Gallia merid.*
Striatus. *Dej.* *Pedemont.*

14

HETEROCERUS. *Fabricius.*

{ Marginatus. *Fabr.* *P.*
{ Var. *Lævigatus. Fabr.* *Austria.*
{ *Variegatus. Dej.* *Hispania.*
{ *Femoralis. Ullrich.* *Illyria.*
{ *Pallidus. Say.* *Amer. bor.*
{ Minutus. *Dej.* *Hispania.*
{ *Minutissimus. Rondani.* *Italia.*
Americanus. *Dej.* *Amer. bor.*

3

733

PALPICORNES.

ELOPHORUS. *Fabricius.*

Grandis. *Illiger.*	P.
Aquaticus. Fabr.	id.
Minutus. *Fabr.*	id.
Granularis. Gyllenhal.	Succia.
Var. *Griseus. Gyllenhal.*	id.
Flavipes. Fabr.	P.
Biguttulus. Megerle.	Illyria.
Elegans. Ullrich.	id.
Glacialis. Villa.	Helvetia.
Intermedius. *Dej.*	Gallia merid.
Fennicus. *Gyllenhal.*	Lapponia.
Sulcatus. *Dahl.*	Hungaria.
Opalisans. Besser.	Podolia.
Tuberculatus. *Gyllenhal.*	Succia.
Nubilus. *Fabr.*	P.
Costatus. *Schönherr.*	Russia merid.
Rugosus. *Olivier.*	Gallia merid.

9

HYDROCHUS. *Germar.*

Rugosus. *Dej.*	Amer. bor.
Scabratus. *Dej.*	id.
Lineatus. *Say.*	id.
Brevis. *Paykull.*	Succia.
Nitidicollis. *Dej.*	Gal. orient.
Costatus. *Dej.*	P.
Elongatus. *Fabr.*	id.
Crenatus. *Fabr.*	Gallia merid.

8

OCHTHEBIUS. *Leach.*

Granulatus. *Dej.*	Helvetia.
Exsculptus. *Müller.*	Gallia.
Foveicollis. Sturm.	Germania.
Lacunosus. *Müller.*	Germania.
Sericeus. *Dej.*	Ægypt.
Impressifrons. *Dej.*	Gallia merid.
Foveolatus. *Müller.*	Germania.
Impressicollis. *Dej.*	Gallia merid.
Riparius. *Illiger.*	P.
Pygmæus. Fabr.	Succia.
Marinus. *Paykull.*	id.
Margipallens. Latreille.	P.
Meridionalis. *Dej.*	Gallia merid.
Obscurus. *Dej.*	id.
Pallidus. *Dej.*	Dalmatia.

12

HYDRÆNA. *Kugellann.*

Longipalpis. *Schönherr.*	Succia.
Minima. Fabr.	P.
Riparia. Sturm.	Germania.
Angustata. *Dej.*	Illyria.
Gracilis. *Müller.*	Germania.
Nigrita. *Müller.*	id.
Elegans. *Müller.*	id.
Minutissima. *Gyllenhal.*	Succia.

6

SPERCHEUS. *Fabricius.*

Emarginatus. *Fabr.*	Gallia bor.
Costatus. *Dej.*	Senegal.

2

BEROSUS. *Leach.*

Spiniferus. *Dej.*	India orient.
Pavidus. *Buquet.*	Senegal.
Armatus. *Dej.*	Amer. bor.
Dentipennis. *Dej.*	Brasilia.
Spinosus. *Steven.*	Russia merid.
Signaticollis. *Megerle.*	P.
Punctatissimus. *Dej.*	id.
Luridus. Dej. Catal.	id.
Luridus. *Fabr.*	Succia.
Tessellatus. *Dej.*	Brasilia.

Undatus. *Fabr.*	*Amer. ins.*
Sticticus. *Dej.*	*Amer. bor.*
Exaratus. *Dej.*	id.
Pubescens. *Eschsch.*	*Ins. Philipp.*

13

HYDROPHILUS. *Fabricius.*

Piceus. *Fabr.*	P.
Morio. *Dej.*	*Volhynia.*
Aterrimus. Eschsch.	*Russia.*
Pistaceus. *Dahl.*	*Sicilia.*
Dauricus. *Mannerheim.*	*Dauria.*
Senegalensis. *Dej.*	*Senegal.*
Bonariensis. *Dej.*	*Buenos-Ayres.*
Æquinoctialis. *Dej.*	*Amer. æquin.*
Ater. *Fabr.*	*Cayennæ.*
Guadeloupensis. *Dej.*	*Guadeloupe.*
Ruficornis. *Latreille.*	*Nov. Holland.*
Resplendens. Eschscholtz.	*Ins. Philipp.*
Orientalis. *Dej.*	*Java.*
Triangularis. *Say.*	*Amer. bor.*
Olivaceus. *Fabr.*	*India orient.*
Intermedius. *Klug.*	*Cuba.*
Aculeatus. *Dej.*	*Senegal.*
Calcaratus. *Dej.*	*Ile de France.*
Muticus. *Dej.*	*S. Domingue.*
Caraboides. *Fabr.*	P.
Scrobiculatus. *Panzer.*	*Gallia merid.*
Flavipes. *Stéven.*	*Russia merid.*
Politus. *Dej.*	*Cayennæ.*
Obtusatus. *Say.*	*Amer. bor.*
Longipalpis. Mannerheim.	*S. Domingue.*
Medius. *Dej.*	*Ins. Bourbon.*
Obsidianus. *Dej.*	*India orient.*
Cyaneus. *Dej.*	*Brasilia.*
Chalybeus. *Dej.*	id.
Nitidus. *Dej.*	id.
Anthracinus. *Dej.*	*Guadeloupe.*
Prædator. *Lacordaire.*	*Cayennæ.*
Blandus. *Dej.*	*Cuba.*
Coracinus. *Klug.*	*Brasilia.*
Melanarius. *Dej.*	*Brasilia.*
Gagatinus. *Dej.*	*Amer. bor.*
Morbillosus. *Dej.*	id.
Variolosus. *Dej.*	*Brasilia.*
Ebenus. *Dej.*	id.
Geniculatus. Klug.	id.
Oblitus. *Dej.*	*Montevideo.*
Glaber. *Herbst.*	*Amer. bor.*
Xanthopus. *Dej.*	id.
Lucidus. *Dej.*	*Chili.*
Cayennensis. *Dej.*	*Cayennæ.*
Lævis. *Illiger.*	*Brasilia.*
Lateralis. *Fabr.*	*Amer. bor.*
Nimbatus. Say.	id.
Striolatus. *Dej.*	id.
Lineatus. *Dej.*	*Brasilia.*
Collaris ? Fabr.	*Cuba.*
Angusticollis. *Eschscholtz.*	*Ins. Philipp.*
Rufipes. *Fabr.*	*India orient.*
Perplexus. *Dej.*	*Senegal.*

48

HYDROBIUS. *Leach.*

Semicylindricus. *Eschsch.*	*Ins. Sanwich.*
Convexus. *Illiger.*	*Gallia merid.*
Picipes. *Fabr.*	P.
Oblongus. Herbst.	id.
Fuscipes. *Stéven.*	*Russia merid.*
Scarabæoides. *Fabr.*	P.
Fuscipes. Olivier.	id.
Ovalis. Harris.	*Amer. bor.*
Nigrita. *Dej.*	id.
Cinctus. *Dej.*	id.
Marginatus. *Dej.*	*Hispania.*
Grisescens. *Dej.*	*Austria.*
Torquatus. Hummel.	*Russia bor.*
Melanocephalus. *Fabr.*	P.
Bicolor. *Fabr.*	*Gallia.*
Affinis. *Paykull.*	P.
Var. *Marginellus. Fabr.*	id.
Pygmæus. *Fabr.*	*Amer. ins.*

Griseus. *Fabr.* — P.
Melanophtalmus. *Dufour.* — *Hispania.*
Piscator. *Lacordaire.* — *Cayennæ.*
Nigricans. *Dej.* — id.
Spadiceus. *Dej.* — id.
Truncatellus. *Fabr.* — P.
{ Globulus. *Paykull.* — id.
{ Var. *Marginellus. Sturm.* — *Germania.*
{ Bipunctatus. *Fabr.* — P.
{ *Minutus. Gyllenhall.* — *Suecia.*
{ Var. *Striatulus. Fabr.* — P.
Attenuatus. *Fabr.* — *India orient.*
{ Compressus. *Dej.* — id.
{ *Gibbus? Illiger.* — id.
Orbicularis. *Fabr.* — P.
Rotundatus. *Dej.* — *Carthagena.*
Æneus. *Dej.* — P.
Granarius. *Dej.* — *Amer. bor.*
Nitidulus. *Dej.* — id.
Minutissimus. *Dej.* — id.
Hemisphæricus. *Dej.* — *Gallia.*
{ Seminulum. *Paykull.* — *Suecia.*
{ *Minimus. Sturm.* — *Germania.*

31

CYCLONOTUM. *Dejean.*

Cribratum. *Dej.* — *Ile de France.*
{ Capense. *Dej.* — *Cap. Bon. Sp.*
{ *Dytiscoides. Kollar.* — id.
Striatopunctatum. *Dej.* — *Amer. æquin.*
Picicorne. *Schönherr.* — *Jamaica.*
Americanum. *Dej.* — *Cayennæ.*
Flavicorne. *Schönherr.* — *Jamaica.*
Abdominale. *Fabr.* — *Ile de France.*
Lebasii. *Dej.* — *Carthagena.*
Cayannum. *Lacordaire.* — *Cayennæ.*

9

SPHÆRIDIUM. *Fabricius.*

{ Scarabæoides. *Fabr.* — P.
{ Var. *Lunatum. Fabr.* — id.
{ *Pictum. Faldermann.* — *Persia occid.*
{ Bipustulatum. *Fabr.* — P.
{ Var. *Marginatum. Fabr.* — id.
{ Substriatum. *Dej.* — id.
{ *Amœnum. Faldermann.* — *Persia occid.*
Abbreviatum. *Dej.* — *Cap. Bon. Sp.*
Dimidiatum. *B. L.* — *India orient.*
Marginellum. *Dej.* — id.
{ Quinquemaculatum. *Fabr.* — id.
{ *Cinctum. Eschscholtz.* — *Ins. Philipp.*

7

CERCYON. *Leach.*

{ Littorale. *Gyllenhal.* — *Suecia.*
{ Var. *Minutum. Faldermann.* — *Brasilia.*
{ Obsoletum. *Sturm.* — P.
{ *Hæmorrhoidale. Gyllenhal.* — *Suecia.*
Exaratum. *Dej.* — *Amer. bor.*
{ Hæmorrhoidale. *Fabr.* — P.
{ *Melanocephalum. Gyllenhal.* — *Suecia.*
{ Var. *Conspurcatum. Sturm.* — *Germania.*
{ *Rufipenne. Megerle.* — *Austria.*
{ Terminatum. *Sturm.* — *Germania.*
{ Var. *Merdarium. Ziegler.* — *Austria.*
Pygmæum. *Illiger.* — P.
Hæmorrhoum. *Sturm.* — id.
{ Aquaticum. *Dej.* — id.
{ *Terminatum. Gyllenhal.* — *Suecia.*
{ *Apicale. Schüppel.* — *Germania.*
{ *Hæmorrhoidalis? Fabr.* (Hydrophilus.) — id.
Flavipes. *Fabr.* — id.
{ Minutum. *Gyllenhal.* — *Suecia.*
{ Var. *Lugubre. Gyllenhal.* — id.
Bicolor. *Dej.* — *Dalmatia.*
{ Atomarium. *Fabr.* — P.
{ *Crenatum. Panzer.* — *Austria.*
{ *Minutum. Paykull.* — *Suecia.*
Tantillum. *Dej.* — *Brasilia.*
{ Unipunctatum. *Fabr.* — P.
{ Var. *Cordigerum. Stéven.* — *Sibiria.*

Centrimaculatum. *Sturm.*	*Gallia.*

15

160

LAMELLICORNES.

ATEUCHUS. *Fabricius.*

Sacer. *Fabr.*	*Gal. merid.*
Var. *Corsicus. Latreille.*	*Corsica.*
Striatus. *Dej.*	*Hispania.*
Pius. *Illiger.*	*Hungaria.*
Sacér. Duftschmid.	*Dalmatia.*
Eremita. Stéven.	*Russia merid.*
Var. *Prometheus. Stéven.*	id.
Spinimanus. Faldermann.	*Persia occid.*
Typhon. *Fischer.*	*Tartaria.*
Religiosus. *Dej.*	*Sennaar.*
Braminus. *Illiger.*	*India orient.*
Indicus. Dej.	*Senegal.*
Monachus. *Faldermann.*	*Persia occid.*
Puncticollis. *Dej.*	*Hispania.*
Impiger. Stéven.	*Russia merid.*
Armeniacus. Mannerheim.	id.
Hypocritus. Faldermann.	*Persia occid.*
Ritchii. Leach.	*Barbaria.*
Semipunctatus. *Fabr.*	*Gal. merid.*
Variolosus. Olivier.	id.
Variolosus. *Fabr.*	*Dalmatia.*
Morbillosus. Mac Leay.	id.
Cicatricosus. *Dej.*	*Barbaria.*
Variolosus. Mac Leay.	id.
Laticollis. *Fabr.*	*Gal. merid.*
Hottentottus. *Dej.*	*Cap. Bon. Sp.*
Nigrita. *Dej.*	id.
Capensis. *Dej.*	id.
Laicus. ♀ ? Illiger.	id.
Caffer. *Dej.*	id.
Laicus. Illiger.	id.
Convalescens. *Wiedemann.*	*Cap. Bon. Sp.*
Senegalensis. *Dej.*	*Senegal.*
Guineensis. *Dej.*	*Guinea.*
Ægyptiorum. *Latreille.*	*Sennaar.*
Sanctus. *Fabr.*	*India orient.*
Convexus. *Wiedemann.*	*Cap. Bon. Sp.*
Lævis. Thunberg.	id.
Morio. *Dej.*	*Senegal.*
Intricatus. *Fabr.*	*Cap. Bon. Sp.*
Morbillosus. *Fabr.*	id.
Interruptus. *Dej.*	*Oriente.*

26

PACHYSOMA. *Kirby.*

Æsculapius. *Fabr.*	*Cap. Bon. Sp.*

1

EUCRANIUM. *Dejean.*

Arachnoides. *Dej.*	*Tucuman.*

1

GYMNOPLEURUS. *Illiger.*

Dejeanii. *Westermann.*	*India orient.*
Corruscus. *Dupont.*	*Senegal.*
Splendidus. *Dej.*	*Sennaar.*
Profanus. Latreille.	id.
Azureus. *Fabr.*	*Guinea.*
Æneus. *Dej.*	*Senegal?*
Fastiditus. *Dej.*	*Cap. Bon. Sp.*
Mundus. *Wiedemann.*	*India orient.*
Sinuatus. *Fabr.*	*China.*
Pillularius. *Fabr.*	*Gallia.*
Var. *Geoffroyi. Panzer.*	id.
Asperatus. *Stéven.*	*Russia merid.*
Serratus. *Fischer.*	*Sibiria.*
Flagellatus. *Fabr.*	*Gallia.*
Scabrosus. *Dej.*	*Java.*
Kœnigii. *Fabr.*	*India orient.*
Granulatus. *Fabr.*	id.
Miliaris. *Fabr.*	id.
Eximius. *Dej.*	id.

Micans. *Dej.* — *Senegal.*
Fulgidus. *Olivier.* — id.
Bicolor. *Dej.* — *Sennaar.*
Thoracicus. *Dupont.* — *Nubia.*
Cœrulescens. *Olivier.* — *Senegal.*
Lichtensteinii. *Illiger.* — *Cap. Bon. Sp.*
{ Speciosus. *Dej.* — id.
{ *Fulgidus. Leach.* — id.
Cyaneus. *Fabr.* — *India orient.*
Viridis. *Dej.* — *Nubia.*
Profanus. *Fabr.* — *Guinea.*
Nitidus. *Dej.* — *N.....*

28

SISYPHUS. *Latreille.*

{ Schæfferi. *Fabr.* — *P.*
{ Var. *Tauscheri. Fischer.* — *Russia merid.*
{ *Boschnakii. Fischer.* — id.
Senegalensis. *Dej.* — *Senegal.*
Dentipes. *Dej.* — *Cap. Bon. Sp.*
Hessii. *Illiger.* — id.
Crispus. *Dej.* — id.
{ Minutus. *Fabr.* — *India orient.*
{ *Longipes. Olivier.* — id.
Pygmæus. *Dej.* — *Guinea.*

7

CIRCELLIUM. *Latreille.*

Bacchus. *Fabr.* — *Cap. Bon. Sp.*

1

CHALCONOTUS. *Dejean.*

Cupreus. *Fabr.* — *Senegal.*

1

HYBOMA. *Encyclopédie.*

Bufo. *Dej.* — *Brasilia.*
Lacordairei. *Dej.* — id.
Gibbosa. *Fabr.* — *Amer. bor.*
Chalcea. *Dej.* — *Carthagena.*
Icarus. *Olivier.* — *Cayennæ.*
Monstrosa. *Dej.* — *Cayennæ.*
Petitii. *Dej.* — *Brasilia.*
Scabripennis. *Dej.* — id.
Erythroptera. *Dej.* — id.
Bidentata. *Dej.* — *Cayennæ,*

10

COPROBIUS. *Latreille.*

Metallescens. *Dej.* — *Cayennæ.*
Subsulcatus. *Dej.* — *Tucuman.*
Chalcites. *Dej.* — *Amer. bor.*
{ Volvens. *Fabr.* — id.
{ *Lævis. Olivier.* — id.
{ Var. *Viridescens. Leconte.* — id.
Galibicus. *Lacordaire.* — *Cayennæ.*
Æquinoctialis. *Dej.* — *Carthagena.*
Amethystinus. *Klug.* — *Mexico.*
Smaragdulus. *Fabr.* — *Brasilia.*
Prasinus. *Dej.* — id.
Chloris. *Dej.* — *Mexico.*
Thalassinus. *Dej.* — *Brasilia.*
Nitidulus. *Dej.* — id.
Rutilans. *Klug.* — id.
{ Acanthocnemus. *Dej.* — id.
{ *Anthracinus. Klug.* — id.
{ Angulatus. *Dej.* — id.
{ *Bispinus. Germar.* — id.
Cyanescens. *Dej.* — id.
Violaceus. *Fabr.* — *S. Domingue.*
Signifer. *Mannerheim.* — id.
Colonus. *Lacordaire.* — *Cayennæ.*
Septemmaculatus. *Latreille.* — *Carthagena.*
Quinquepunctatus. *Dej.* — *Brasilia.*
Histrio. *Dej.* — id.
Flavicollis. *Dej.* — id.
{ Sexpunctatus. *Fabr.* — *Cayennæ.*
{ Var. *Vicinus. Dej.* — id.
{ *Perplexus. Dej.* — id.
Triangularis. *Fabr.* — id.
Diversus. *Dej.* — *Brasilia.*
Maculicollis. *Dej.* — *Amer. ins.*

Jucundus. *Dej.*	*Carthagena.*
Thoracicus. *Dej.*	*Brasilia.*
Affinis. *Fabr.*	*Cayennæ.*
Depressipennis. *Dej.*	*Amer. bor.*
Ebeneus. Say.	id.
Latimanus. *Dej.*	id.
Melsheimerii. Knoch.	id.
Nigricornis. Say.	id.
Cupricollis. *Dej.*	*Buenos-Ayres.*
Janthinus. *Dej.*	*Brasilia.*
Virens. *Sturm.*	id.
Bidens. Mannerheim.	id.
Æreus. *Dej.*	*Amer. ins.*
Virosus. *Lacordaire.*	*Cayennæ.*
Var. *Iris. Lacordaire.*	id.
Viduus. *Lacordaire.*	id.
Sobrinus. *Dej.*	*Buenos-Ayres.*
Planifrons. *Dej.*	*Brasilia.*
Sulcicollis. *Dej.*	id.
Var. *Chloris. Klug.*	id.
Politus. *Dej.*	*Carthagena.*
Viridulus. *Dej.*	*Amer. bor.*
Anthracinus. *Dej.*	id.
Femoratus. *Lacordaire.*	*Cayennæ.*
Elegans. *Dej.*	id.
Quadripustulatus. *Dej.*	*Carthagena.*
Fasciatus. *B. L.*	*Cayennæ.*
Lituratus. *Illiger.*	*Brasilia.*
Serrimanus. *Dej.*	*Cayennæ.*
Fœtidus. *Lacordaire.*	id.
Amœnus. *Dej.*	id.
Cyanocephalus. *Dej.*	id.
Velutinus. *Dej.*	*Brasilia.*
Cuprascens. *Dej.*	*Amer. bor.*
Humilis. *Dej.*	*Mexico.*
Limbatus. *Lacordaire.*	*Cayennæ.*
Juvencus. *Dej.*	*Carthagena.*
Troglodytes. *Dej.*	*Cayennæ.*

59

AULACIUM. *Dejean.*

Hollandiæ. *Fabr.*	*Nov. Holland.*

1

EPIRINUS. *Dejean.*

Olivieri. *Megerle.*	*Cap. Bon. Sp.*
Granulatus. Olivier.	id.
Scabrosus. Mac Leay.	id.
Tuberculatus. *Dej.*	*Ind. orient.*
Æneus. *Wiedemann.*	*Cap. Bon. Sp.*
Cæsus. *Lacordaire.*	*Tucuman.*
Dentinus. *Illiger.*	*Cap. Bon. Sp.*

5

COPROBAS. *Dejean.*

Fornicatus. *Schüppel.*	*Cap. Bon. Sp.*

1

PYGURUS. *Dejean.*

Productus. *Dej.*	*N....*

1

CHOERIDIUM. *Encyclopédie.*

Nigrum. *Sturm.*	*Brasilia.*
Var. *Pumila. Dej. Catal.* (Copris.)	id.
Congener. *Dej.*	id.
Quietum. *Lacordaire.*	*Cayennæ.*
Sulcatulum. *Dej.*	*Brasilia.*
Consentaneum. *Dej.*	id.
Virens. Klug.	id.
Rufipenne. *Dej.*	id.
Scapulare. *Dupont.*	id.
Humerale. *Klug.*	id.
Melanocephalum. *Fabr.*	*Cayennæ.*
Aurichalceum. *Dej.*	id.
Collare. *Dej.*	id.
Venustulum. *Lacordaire.*	id.
Virescens. *Dej.*	*Brasilia.*

18

Litigiosum. *Dej.*	*Montevideo.*
Consimile. *Dej.*	*Cayennæ.*
Viridicolle. *Dej.*	id.
Glabricolle. *Dej.*	*Brasilia.*
Æneicolle. *Dej.*	*Cayennæ.*
Lebasii. *Dej.*	*Carthagena.*
Trituberculatum. *Dej.*	*Cayennæ.*
Globulum. *Dej.*	id.
Viride. *Dej.*	id.
Ambiguum. *Dej.*	id.
Cognatum. *Dej.*	id.
Rotundatum. *Dej.*	*Brasilia.*
Chalybeum. *Dej.*	id.
Carbonarium. *Dej.*	id.
Semicribratum. *Dej.*	id.
Modestum. *Dej.*	*Cayennæ.*
Concolor. *Dej.*	id.
Melanarium. *Dej.*	id.
{ Lucidulum. *Dej.*	*Mexico.*
{ *Nitidulum. Klug.*	id.
Flavicorne. *Dej.*	*Brasilia.*
Pingue. *Lacordaire.*	*Cayennæ.*
{ Capistratum. *Fabr.*	*Amer. bor.*
{ *Histeroides. Say.*	id.
Brunnipes. *Dej.*	*Brasilia.*
Corvinum. *Dej.*	id.
Femorale. *Dej.*	id.
Propinquum. *Dej.*	id.
Difficile. *Dej.*	*Cayennæ.*
Punctifrons. *Dej.*	*Brasilia.*
Pygmæum. *Dej.*	id.
Simplex. *Dej.*	*Cayennæ.*
Sordidum. *Dej.*	*Brasilia.*
Rana. *Dej.*	id.
Punctatum. *Dej.*	*Cayennæ.*
Cribratum. *Dej.*	*Brasilia.*
Oblongum. *Klug.*	*Cap. Bon. Sp.*
Aphodioides. *Dej.*	*Senegal.*
Opatroides. *Dej.*	*Cap. Bon. Sp.*

50

COPRIS. *Fabricius.*

Isidis. *Savigny.*	*Ægypt.*
Midas. *Fabr.*	*India orient.*
Bucephalus. *Fabr.*	id.
Hamadryas. *Fabr.*	*Cap. Bon. Sp.*
Antenor. *Fabr.*	*Senegal.*
{ Gigas. *Fabr.*	id.
{ *Antenor?* ♀.	id.
{ Molossus. *Fabr.*	*China.*
{ Var. *Porus. Latreille.*	id.
{ Ursus. *Fabr.*	*India orient.*
{ *Molossus?* ♀.	id.
Sagax. *Schönherr.*	id.
Achates. *Olivier.*	*Senegal.*
Phidias. *Olivier.*	id.
Etheocles. *Dej.*	id.
Minos. *Dej.*	id.
Jachus. *Fabr.*	*Cap. Bon. Sp.*
OEdipus. *Fabr.*	id.
Nemestrinus. *Fabr.*	id.
{ Anchises. *Dej.*	*Java.*
{ *Capucinus? Fabr.*	id.
Sabæus. *Fabr.*	*India orient.*
{ Sesostris. *Dej.*	*Ægypt.*
{ *Pithecius? Fabr.*	*Senegal.*
{ Archas. *Dej.*	*N.* . . . .
{ *Tullius. Latreille.*	id.
Eridanus. *Olivier.*	*Brasilia.*
Monacha. *Dej.*	*Amer. bor.*
Carolina. *Fabr.*	id.
Bituberculata. *Klug.*	*Mexico.*
Hirta. *Germar.*	*Brasilia.*
Rugifrons. *Dej.*	id.
Nasuta. *Dej.*	id.
Podalirius. *Dej.*	*Cayennæ.*
Machaon. *Dej.*	id.
Boreus. *Olivier.*	id.
Astyanax. *Dej.*	*Brasilia.*
Ciliata. *Dej.*	id.

Automedon. *Dej.*	*Brasilia.*
Sabinus. *Dej.*	id.
Solon. *Dej.*	id.
Orestes. *Dej.*	id.
Bos. *Lacordaire.*	*Cayennæ.*
Agenor. *Dej.*	*Carthagena.*
Octavius. *Dej.*	*Brasilia.*
Pamphilus. *Dej.*	id.
Ninus. *Dej.*	id.
Nisus. Germar.	id.
Icarus. *Dej.*	id.
Thales. *Dej.*	*Tucuman.*
Polydamas. *Dej.*	*Brasilia.*
Lævicollis. *Dej.*	id.
Ascanius. *Dej.*	id.
Irina. *Lacordaire.*	*Cayennæ.*
Subænea. *Dej.*	id.
Glaucus. *Dej.*	*Brasilia.*
Puncticollis. *Dej.*	id.
Hesperus? Olivier.	id.
Granulata. *Dej.*	*N.....*
Speciosa. *Dej.*	*Brasilia.*
Thoas. *Dej.*	*Java.*
Paniscus. *Fabr.*	*Gallia merid.*
Hispana. *Fabr.*	id.
Lunaris. *Fabr.*	*P.*
Emarginata. *Fabr.*	id.
Lunaris? ♀.	id.
Capensis. *Dej.*	*Cap. Bon. Sp.*
Lar? Herbst.	id.
Anceus. *Olivier.*	id.
Cornigera. *Sahlberg.*	*India orient.*
Orion. *Dej.*	*Senegal.*
Mucronata. Klug.	*Cap. Bon. Sp.*
Tullius. *Fabr.*	*India orient.*
Indica. *Dej.*	id.
Sulcicollis. Dalman.	*Java.*
Actæon. *Klug.*	*Mexico.*
Denticornis. *Klug.*	id.
Belus. *Dej.*	id.
Variolata. *Dej.*	*Amer. bor.*
Anaglyptica. Knoch.	id.
Quadrituberculata. Leconte.	id.
Ammon? *Fabr.*	id.
Sinon. *Fabr.*	*Senegal.*
Plutus. *Fabr.*	*Cap. Bon. Sp.*
Foveicollis. *Dej.*	*Senegal.*
Latifrons. *Dej.*	*Cap. Bon. Sp.*
Ebenina. Germar.	id.
Semilunaris. Klug.	id.
Inermis. *Wiedemann.*	*Senegal.*
Punctulata. *Wiedemann.*	*Java.*
Rana. *Dej.*	*Cap Bon. Sp?*
Nisus. *Fabr.*	*Cayennæ.*
Sulcator? Olivier.	*Brasilia.*
Quadrata. *Illiger.*	id.
Morbillosa. *Dej.*	id.
Paupercula. *Dej.*	id.
Minuta. *Dej.*	id.
Pauperata. Germar.	id.
Bidentata. *Klug.*	id.
Egena. *Dej.*	*Senegal.*
Badia. Dupont.	id.
Reflexa. *Fabr.*	*China.*
Coarctata. *Dej.*	*Colombia.*

84

PHANÆUS. *Mac Leay.*

LONCHOPHORUS. *Germar.*

Principalis. *Dupont.*	*Brasilia.*
Ensifer. *Germar.*	id.
Heros. *Dej.*	*Cayennæ.*
Lancifer. *Fabr.*	id.
Miles. *Dej.*	id.
Gregarius. *Dej.*	id.
Faunus. *Fabr.*	id.
Hastifer. *Illiger.*	*Brasilia.*
Silvanus. *Dej.*	id.
Satyrus. *Dej.*	*Cayennæ.*

18.

Milon. *Dej.*	*Buenos-Ayres.*
Cadmus. *Dej.*	*Carthagena.*
Mimas. *Fabr.*	*Cayennæ.*
Eolus. *Dej.*	id.
Imperator. *Lacordaire.*	*Tucuman.*
Jasius? *Olivier.*	*Cayennæ.*
Splendidulus. *Fabr.*	*Brasilia.*
{ Menalcas. *Dej.*	id.
{ *Cuprifer. Klug.*	id.
Corydon. *Dej.*	id.
{ Maculicollis. *Dej.*	id.
{ *Corydon?* ♀.	id.
Licas. *Dej.*	id.
{ Pales. *Dej.*	id.
{ *Kirbyl. Vigors.*	id.
{ *Sapphirinus. Sturm.*	id.
Alexis. *Dej.*	id.
{ Damon. *Dej.*	*Mexico.*
{ *Dejeanii. Höpfner.*	id.
Daphnis. *Dej.*	id.
Mexicanus. *Klug.*	id.
Scabrosus. *Buquet.*	id.
Evippus. *Dej.*	id.
Eudoxus. *Dej.*	*Amer. bor.*
{ Tityrus. *Dej.*	id.
{ Var. *Nigroceratus. Leconte.*	id.
Nigrocyaneus. *Mac Leay.*	id.
Carnifex. *Fabr.*	id.
Damocles. *Dej.*	*Carthagena.*
Planicollis. *Dej.*	*Cayennæ.*
Conspicillatus. *Fabr.*	*Peruvio.*
Festivus. *Fabr.*	*Cayennæ.*
Hilaris. *Mac Leay.*	id.
Palæno. *Dej.*	*Brasilia?*
Silenus. *Dej.*	*Cayennæ.*

39

ONTHOECUS. *Dejean.*

Amyntas. *Dej.*	*Brasilia.*
Depressus. *Dupont.*	id.

2

EUCHEIRUS. *Dejean.*

Depressifrons. *Dej.*	*Brasilia.*
Emarginatus. *Dej.*	id.

2

ONTHOPHAGUS. *Latreille.*

Marsyas. *Olivier.*	*Madagascar.*
{ Onitoides. *Dej.*	*N*.....
{ *Urus. Dej. Catal.* (Onitis.)	id.
Schüppelii. *Dej.*	*Brasilia?*
Undatus. *Olivier.*	*Madagascar.*
Aulicus. *Dej.*	*Cap. Bon. Sp.*
Harpax. *Fabr.*	*Senegal.*
Auratus. *Fabr.*	*Guinea.*
Lancifer. *Dupont.*	*Senegal.*
Corruscus. *Dej.*	id.
Iphis. *Olivier.*	id.
Fimbriatus. *Dej.*	id.
{ Nobilis. *Dej.*	*India orient.*
{ *Fissicornis. Latreille.*	id.
Alutaceus. *Wiedemann.*	*Guinea.*
Cupreus. *Dej.*	*Senegal.*
Signatipennis. *Dupont.*	id.
Tessellatus. *Dej.*	id.
Tomentosus. *Dej.*	*Java.*
Aciculatus. *Dej.*	*Cap. Bon. Sp.*
{ Inæqualis. *Dej.*	*N*.....
{ *Tricornis. Latreille.*	id.
Dilaticollis. *Chevrolat.*	*Senegal.*
{ Obliquus. *Fabr.*	id.
{ Var. *Planifrons. Dej. Catal.*	id.
Quadripunctatus. *Olivier.*	*Madagascar.*
Lucidus. *Fabr.*	*Hungaria.*
Austriacus. *Panzer.*	*Austria.*
{ Medius. *Fabr.*	id.
{ ♂. *Nuchicornis. Olivier.*	P.
{ ♀. *Vacca. Olivier.*	id.
Affinis. *Sturm.*	*Austria.*

Vacca. *Fabr.*	*Gallia merid.*
Cœnobita. *Fabr.*	*P.*
Fracticornis. *Fabr.*	*Gallia.*
Nuchicornis. *Fabr.*	*P.*
Var. *Adspersus. Fischer.*	*Russia merid.*
Confluens. Fischer.	*Sibiria.*
Laticornis. *Gebler.*	id.
Marginalis. *Gebler.*	id.
Circumscriptus. *Dej.*	*Oriente.*
Curvicornis. Olivier.	id.
Var. *Caspicus. Ménétriés.*	*Russia merid.*
Mormoratus. Faldermann.	*Persia occid.*
Maculipennis. Dahl.	*Sicilia.*
Fissicornis. *Stéven.*	*Russia merid.*
Hirtus. *Illiger.*	*Lusitania.*
Maki. *Illiger.*	id.
Nebulosus. *Olivier.*	*Ægypt.*
Leucostigma. *Pallas.*	*Russia merid.*
Nutans. *Fabr.*	*P.*
Viridis. *Ménétriés.*	*Russia merid.*
Giraffa. *Hoffmansegg.*	*Cap. Bon. Sp.*
Platycerus. Wiedemann.	id.
Vervex. *Dej.*	*N.....*
Porcatus. *Dej.*	*Java.*
Gracilicornis. *Dej.*	*India orient.*
Longicornis. Westermann.	id.
Triacanthus. *Gory.*	*Senegal.*
Unicornis. *Gory.*	id.
Thoracicus. *Fabr.*	id.
♀. *Bidens. Olivier.*	id.
Var. *Plagiatus. Schönherr.*	*Guinea.*
Guineensis ? Fabr.	id.
Assimilis. *Dej.*	*Senegal.*
Sagittarius. *Fabr.*	*India orient.*
Dispar. Dej. Catal.	id.
Miles. *Dej.*	*N.....*
Tricerus. *Wiedemann.*	*Java.*
Tarandus. *Fabr.*	*India orient.*
Suturatus. Meg. Dej. Catal.	id.
Monstrosus. *Dej.*	*Amer. bor.*
Lama. *Dej.*	*Amer. bor.*
Latebrosus ? Fabr.	id.
Alpaca. *Dej.*	*Mexico.*
Divaricatus. Klug.	id.
Furcicollis. *Dej.*	*Amer. bor.*
Concinnus. *Dej.*	id.
Seniculus. *Fabr.*	*India orient.*
Columella. *Illiger.*	*Cap. Bon. Sp.*
Aper. Dupont.	id.
Larva. *Dej.*	*Ins. Bourbon.*
Lemur. *Fabr.*	*P.*
Camelus. *Fabr.*	*Germania.*
Vitulus. Olivier.	id.
Var. *Bicuspis. Stéven.*	*Russia merid.*
Hybneri. *Fabr.*	*Austria.*
Tages. Olivier.	*Gallia merid.*
♂. *Alces. Fabr.*	*Austria.*
Amyntas. Olivier.	*Gallia merid.*
Var. *Scrobiculus. Stéven.*	*Russia merid.*
Bison. *Dej.*	*Java.*
Bonasus. *Fabr.*	*India orient.*
Bos. *Dej.*	*Sennaar.*
Bonasus. var. Latreille.	id.
Gazella. *Fabr.*	*India orient.*
♀ Catta. *Fabr.*	id.
Luridus. *Dej.*	*China.*
Australis. *Dej.*	*Nov. Holland.*
Capella. Kirby.	id.
Armatus. *Dej.*	id.
Dama. *Fabr.*	*India orient.*
Ruficornis. *Megerle.*	id.
Ænescens. Wiedemann.	id.
Urus. *Illiger.*	*Cap. Bon. Sp.*
Taurus. *Fabr.*	*P.*
Capra. *Fabr.*	id.
Ovis. *Dej.*	*Tanger.*
Aries. *Latreille.*	*N.....*
Subsulcatus. *Dej.*	*Java ?*
Capreolus. Latreille.	id.
Vicinus. *Dej.*	*India orient.*

Hircus. *Dej.*	*India orient.*
{ Tricornis. *Megerle.*	id.
{ *Impar. Daldorf.*	id.
{ Bubalus. *Megerle.*	id.
{ *Luzonicus. Eschsch.*	*Ins. Philipp.*
Cornifrons. *Dej.*	*Senegal.*
Nodicollis. *Dej.*	id.
Incertus. *Dej.*	id.
Auritus. *Latreille.*	*Nov. Holland.*
Curvicornis. *Latreille.*	*Peruvio.*
Convexus. *Klug.*	*Mexico.*
{ Quadrituberculatus. *Dej.*	*S. Domingue.*
{ *Albicornis ? P. B.*	id.
Pilosulus. *Dej.*	*Carthagena.*
Viridicyaneus. *Dej.*	*Brasilia.*
Anxius. *Dej.*	id.
Rufipes. *Dej.*	*Carthagena.*
{ Cribricollis. *Dej.*	*Brasilia.*
{ *Ochropterus. Klug.*	id.
{ Janus. *Panzer.*	*Amer. bor.*
{ *Striatulus. P. B.*	id.
{ Bicornis. *B. L.*	*Cayennæ.*
{ Var. *Violaceus. Lacordaire.*	id.
{ *Inauratus. Lacordaire.*	id.
{ *Ovinus. Lacordaire.*	id.
{ Hirculus. *Mannerheim.*	*Brasilia.*
{ *Infuscatus. Klug.*	id.
Hædulus. *Dej.*	id.
Marginicollis. *Dej.*	*Carthagena.*
Lebasii. *Dej.*	id.
Puncticollis. *Dej.*	id.
Limbatus. *Dej.*	*Cuba.*
Cinctellus. *Dej.*	*Senegal.*
Goudotii. *Dej.*	*Madagascar.*
{ Bituberculatus. *Olivier.*	*Senegal.*
{ *Setulosus. Dej.*	id.
Albicornis. *Buquet.*	id.
Vestitus. *Dej.*	id.
Xanthopterus. *Dej.*	*N.....*
Bifasciatus. *Fabr.*	*India orient.*
Schreberi. *Fabr.*	*P.*
{ Anthracinus. *Dej.*	*Russia merid.*
{ *Nigellus. Steven.*	id.
{ *Histeroides. Ménétriés.*	id.
Nigellus. *Illiger.*	*Lusitania.*
Lævigatus. *Fabr.*	*India orient.*
Melanaris. *Dalman.*	*Java.*
Buculus. *Dej.*	*Cochinchina.*
{ Brunneus. *Megerle.*	*India orient.*
{ *Mopsus? Fabr.*	id.
{ Var. *Rupicapra. Illiger.*	id.
Viridicatus. *Buquet.*	*Senegal.*
Vultuosus. *Buquet.*	id.
{ Puberulus. *Dej.*	id.
{ *Longicornis.* ♀. *Latreille.*	id.
Monoceros. *Dej.*	*Cap. Bon. Sp.*
Minutus ? *Hausm.*	id.
Discus. *Dej.*	*Ægypt.*
Quadripustulatus. *Fabr.*	*Java.*
Babirussa. *Eschsch.*	*Ins. Philipp.*
Nuchidens. *Fabr.*	*India orient.*
{ Capreolus. *Dej.*	*Cap. Bon. Sp.*
{ *Polycerus. Klug.*	id.
Binodulus. *Gyllenhal.*	*India orient.*
Venustulus. *Dej.*	*Senegal.*
{ Flavicans. *Dej.*	*Alger.*
{ *Melanocephalus. Klug.*	*Dongola.*
Scitulus. *Dej.*	*Senegal.*
Vitulus. *Fabr.*	*Cap. Bon. Sp.*
{ Vulcanus. *Fabr.*	*India orient.*
{ *Hæmorrhoidalis. Megerle.*	id.
Terminatus. *Eschsch.*	*Ins. Philipp.*
{ Furcatus. *Fabr.*	*Gallia.*
{ Var. *Dubius. Faldermann.*	*Persia occid.*
Semicornis. *Panzer.*	*Austria.*
Emarginatus. *Dej.*	*Gallia merid.*
{ Ovatus. *Fabr.*	*P.*
{ *Lamicornis. Ziegler.*	*Austria.*
{ Pensylvanicus. *Dej.*	*Amer. bor.*
{ *Ovatus. Say.*	id.

Granarius. *Dej.*	*Amer. bor.*
Cruciatus. *Ménétriés.*	*Russia merid.*
Juvencus. *Dej.*	*Senegal.*
Pubescens. *Dej.*	id.
Fallax. *Dej.*	id.
Dorsalis. *Dej.*	id.
Consentaneus. *Dej.*	id.
Latebrosus. Buquet.	id.
Confusus. *Dej.*	id.
Pumilus. *Dej.*	id.
Amœnus. *Dej.*	id.
Politus. *Fabr.*	*India orient.*
Centricornis. *Fabr.*	id.

150

GROMPHAS. *Dejean.*

Lacordairei. *Dej.*	*Buenos-Ayres.*

1

BUBAS. *Megerle.*

Bison. *Fabr.*	*Gallia merid.*
Bubalus. *Latreille.*	id.

2

ONITIS. *Fabricius.*

Olivieri. *Illiger.*	*Gallia merid.*
Sphinx. Olivier.	id.
Sphinx. *Fabr.*	*China.*
Tytirus. *Ziegler.*	*Ins. Philipp.*
Phartopus. Dalman.	*Java.*
Philemon. *Fabr.*	*India orient.*
Pecuarius. *Burchell.*	*Cap. Bon. Sp.*
Bos. *Dej.*	id.
Sulcatus. Schönherr.	id.
Inuus. *Fabr.*	*Ægypt.*
Aygulus. *Fabr.*	*Cap. Bon. Sp.*
Alexis. *Dej.*	*Senegal.*
Sulcicollis. *Dej.*	id.
Unguiculatus. *Fabr.*	id.
Corydon. *Dej.*	*Nov. Holland.*
Menalcas. *Fabr.*	*Russia merid.*
Furcifer. *Rossi.*	*Italia.*
Mœris. Parreyss.	*Russia merid.*
Damon. *Dej.*	*Hispania.*
Mœris. *Pallas.*	*Russia merid.*
Damætas. *Stéven.*	id.
Irroratus. *Rossi.*	*Italia.*
Clinias. *Fabr.*	*Hungaria.*
Amyntas. *Stéven.*	*Russia merid.*
Var. *Lophus ? Fabr.*	*Barbaria.*
Ægyptiacus. Latreille.	*Ægypt.*
Pamphilus. *Dej.*	*Russia merid.*
Schreibersii. *Dahl.*	*Sardinia.*
Horatius. *Dej.*	*N.....*
Apelles. *Fabr.*	*Cap. Bon. Sp.*
Vandelli. *Fabr.*	*Lusitania.*
Ion. Olivier.	*Sicilia.*

25

ONITICELLUS. *Ziegler.*

Festivus. *Stéven.*	*Russia merid.*
Rhadamistus. *Fabr.*	*India orient.*
Flavipes. *Fabr.*	*P.*
Pallipes. *Fabr.*	*India orient.*
Var. *Pallens. Fabr.*	*Italia.*
Constans. Dahl.	*Sardinia.*
Pallens. *Olivier.*	*Senegal.*
Ciliatus. *Dej.*	*Cap. Bon. Sp.*
Pictus. *Wiedemann.*	*Java.*
Elegans. *Dej.*	*Senegal.*
Dispar. *Dej.*	*Cuba.*
Apicalis. Schönherr.	*Jamaica.*
Femoratus. *Fabr.*	*Java.*
Diadema. *Wiedemann.*	id.
Cinctus. *Fabr.*	*India orient.*
Planatus. *Klug.*	*Cap. Bon. Sp.*
Militaris. *Illiger.*	id.
Squalidus. *Dej.*	id.
Favosus. Klug.	id.
Sordidus. *Dej.*	id.

{ Thoracicornis. *Megerle.*	*India orient.*
{ *Monoceros. Herbst.*	id.
{ *Setosus. Wiedemann.*	id.
17	

EURYSTERNUS. *Dalman.*

ÆSCHROTES. *Mac Leay.*

Banonii. *Dej.*	*Cayennæ.*
Distortus. *Dej.*	id.
Planus. *Dej.*	id.
Conspersus. *Dej.*	*Brasilia.*
{ Scotinoides. *Mac Leay.*	id.
{ *Melas. Dej.*	id.
Fuliginosus. *Dej.*	id.
Variegatus. *Dej.*	*Carthagena.*
Minor. *Dej.*	*Brasilia.*
Lebasii. *Dej.*	*Carthagena.*
9	

ONTHOCHARIS. *Dejean.*

Oblonga. *Dej.*	*Brasilia.*
Parallela. *Lacordaire.*	*Cayennæ.*
Myrmidon. *Lacordaire.*	id.
3	

RYPARUS. *Dejean.*

Desjardinsii. *Dej.*	*Ile de France.*
1	

APHODIUS. *Fabricius.*

Fossor. *Fabr.*	*P.*
Analis. *Fabr.*	*China.*
Sorex. *Fabr.*	id.
{ Elongatulus. *Fabr.*	*India orient.*
{ *Cornutus. Wiedemann.*	id.
{ Var. *Ferrugineus. Ziegler.*	*Cap. Bon. Sp.*
{ Conjugatus. *Panzer.*	*Austria.*
{ *Fasciatus. Fabr.*	id.
Fœtens. *Fabr.*	*P.*
Fimetarius. *Fabr.*	*P.*
Discus. *Dej.*	*Hispania.*
Lapponum. *Schönherr.*	*Lapponia.*
Ursinus. *Eschsch.*	*Kamtschatka.*
{ Rubens. *Dej.*	*Austria.*
{ *Rhenonum. Sahlberg.*	*Lapponia.*
{ *Lapponicus. Villa.*	*Helvetia.*
Picimanus. *Dej.*	*Styria.*
{ Fœtidus. *Fabr.*	*Suecia.*
{ Var. *Biguttatus. Dahl.*	*Austria.*
{ *Quadriguttatus. Tams.*	*Russia merid.*
Serotinus. *Duftschmid.*	*Austria.*
Sexdentatus. *Eschsch.*	*Ins. Philipp.*
{ Diadema. *Wiedemann.*	*Java.*
{ *Cincticollis. Dalman.*	id.
Flavipennis. *Dej.*	*Senegal.*
{ Scybalarius. *Fabr.*	*P.*
{ Var. *Conflagratus. Fabr.*	id.
{ Limbatus. *Ziegler.*	*Hungaria.*
{ *Punctatosulcatus. Steven.*	*Russia merid.*
{ Anachoreta. *Fabr.*	*P.*
{ *Lividus. Olivier.*	id.
{ *Vespertinus. Panzer.*	id.
{ *Obsoletus? Fabr.*	*India orient.*
{ *Suturalis. Schönherr.*	*Amer. ins.*
Procerus. *Illiger.*	*Cap. Bon. Sp.*
Hydrochœris. *Fabr.*	*Germania.*
{ Rufescens. *Fabr.*	*P.*
{ *Monticola. Steven.*	*Russia merid.*
{ Sordidus. *Fabr.*	*P.*
{ Var. *Quadripunctatus. Panz.*	*Austria.*
{ *Desertus. Klug.*	*Arabia.*
Immundus. *Sturm.*	*P.*
Lugens. *Duftschmid.*	id.
Russeolus. *Buquet.*	*Senegal.*
Rubellus. *Ziegler.*	*Cap. Bon. Sp.*
Perplexus. *Dej.*	*Senegal.*
Capensis. *Dej.*	*Cap. Bon. Sp.*
{ Nitidulus. *Fabr.*	*P.*
{ *Ictericus. Paykull.*	*Suecia.*

Merdarius. *Fabr.*	P.
Ferrugineus. *Dej.*	*Hispania.*
Fulvicollis. *Dej.*	*Amer. bor.*
Fulvus. *Dej.*	id.
Tenella. Say.	id.
Fimetarius. Melsheimer.	id.
Pallidus. *Dej.*	id.
Testaceus. *Dej.*	id.
Affinis. *Mannerheim.*	*Brasilia.*
Rufus. *Duftschmid. Fabr?*	*Austria.*
Tenellus. *Dej.*	*Tanger.*
Cyclocephalus. *Dej.*	*Russia merid.*
Oblongus. Godet.	id.
Cognatus. *Dej.*	*Ægypt.*
Pygmæus. *Dej.*	*Senegal.*
Puellus. *Dej.*	id.
Rubellus. Buquet.	id.
Aehnellus. *Ziegler.*	*Cap. Bon. Sp.*
Sericatus. *Ziegler.*	*Gallia merid.*
Obscurus. *Fabr.*	*Illyria.*
Punctatissimus. *Dej.*	*Græcia.*
Lutarius. *Fabr. Ent. sys.*	*Suecia.*
Immundus. Fabr. Sys. el.	id.
Porcus. *Fabr.*	P.
Rugulosus. *Dej.*	*Amer. bor.*
Caliginosus. *Dej.*	*Brasilia.*
Nubilus. Illiger.	id.
Assimilis. *Megerle.*	*Cap. Bon. Sp.*
Marginellus. Schüppel.	*India orient.*
Prodromus. *Fabr.*	P.
Hirtellus. *Ziegler.*	*Austria.*
Punctatosulcatus. Ullrich.	*Illyria.*
Asinaris. Ullrich.	id.
Fimicolor. Eschsch.	*Sibiria.*
Var. *Pubescens. Gebler.*	id.
Pubescens. *Ziegler.*	P.
Prodromus. Gyllenhal.	*Suecia.*
Punctatosulcatus. Schönherr.	id.
Consputus. *Fabr.*	P.
Sphacelatus. Gyllenhal.	*Suecia.*
Binotatus. *Dalman.*	*Java.*

Mœstus. *Fabr.*	*India orient.*
Madagascariensis. *Dej.*	*Madagascar.*
Pteropus. *Illiger.*	*Cap. Bon. Sp.*
Consentaneus. *Dej.*	id.
Signatipennis. *Dej.*	*Senegal.*
Femoralis. *Say.*	*Amer. bor.*
Luridiventris. *Klug.*	*Mexico.*
Ambiguus. *Dej.*	id.
Obliteratus. *Mannerheim.*	*S. Domingue.*
Contaminatus. *Fabr.*	P.
Var. *Nudicollis. Ullrich.*	*Illyria.*
Ciliatus. *Ziegler.*	*Austria.*
Ciliaris. Sturm.	id.
Sticticus. *Duftschmid.*	P.
Lineolatus. *Illiger.*	*Lusitania.*
Lineatus. Parreyss.	*Corfou.*
Conspurcatus. *Fabr.*	P.
Var. *Melanosticus. Schüppel.*	*Suecia.*
Inquinatus. *Fabr.*	P.
Var. *Centrolineatus. Panzer.*	*Austria.*
Pictus. *Duftschmid.*	id.
Centromaculatus. Ullrich.	*Illyria.*
Tessulatus. *Paykull.*	P.
Gibbulus. *Dej.*	*Croatia.*
Luridus. *Fabr.*	P.
Var. *Variegatus. Panzer.*	*Gallia.*
Nigripes. *Fabr.*	P.
Gagates. Olivier.	id.
Sutorius. Faldermann.	*Persia occid.*
Depressus. *Fabr.*	*Germania.*
Pecari. *Fabr.*	*Gallia merid.*
Planus. Dahl.	*Etruria.*
Menetriesii. *Dej.*	*Russia merid.*
Bipunctatus. *Fabr.*	id.
Rufipes. *Fabr.*	P.
Oblongus. Illiger.	*Austria.*
Brunnipes. Stéven.	*Russia merid.*
Luridipes. *Dej.*	*Senegal.*
Lævigatus. *Dej.*	*Amer. bor.*
Oblongus. *Say.*	id.
Cadaverinus. *Eschsch.*	*California.*

Badius. *Dej.*	*Hispania.*
Castaneus. *Illiger.*	id.
Sinuatus. *Eschsch.*	*Ins. Philipp.*
{ Scrutator. *Fabr.*	*Austria.*
{ *Rubidus. Olivier.*	*Gallia merid.*
Retusus. *Dej.*	*Cap. Bon. Sp.*
Senegalensis. *Dej.*	*Senegal.*
Erraticus. *Fabr.*	*P.*
Striolatus. *Eschsch.*	*Sibiria.*
Marginicollis. *Dej.*	*Senegal.*
Subterraneus. *Fabr.*	*P.*
Brevis. *Dej.*	*Ægypt.*
Confusus. *Dej.*	*Senegal.*
{ Dimidiatus. *Dej.*	id.
{ *Bimaculatus. Buquet.*	id.
Hæmorrhoidalis. *Fabr.*	*Germania.*
{ Crenatus. *Dej.*	*India orient.*
{ *Buphalinus. Eschsch.*	*Ins. Philipp.*
Maurus. *Gebler.*	*Tartaria.*
{ Sulcatus. *Fabr.*	*Austria.*
{ ♀. *Convexus. Stéven.*	*Russia merid.*
{ Terrestris. *Fabr.*	*P.*
{ *Ater. Illiger.*	*Suecia.*
Constans. *Duftschmid.*	*Dalmatia.*
Brunnipennis. *Dej.*	*Græcia.*
Piceus. *Gyllenhal.*	*Lapponia.*
Borealis. *Gyllenhal.*	id.
{ Carbonarius. *Sturm.*	*P.*
{ *Granarius. Gyllenhal.*	*Suecia.*
{ Var. *Putidus. Duftschmid.*	*Germania.*
{ Quadrituberculatus. *Fabr.*	*Amer. bor.*
{ *Trivialis. Schönherr.*	id.
{ *Terminalis. Say.*	id.
{ *Stercoreus. Knoch.*	id.
Tristis. *Panzer.*	*P.*
{ Granarius. *Fabr.*	id.
{ *Granum. Gyllenhal.*	*Suecia.*
{ *Cænosus. Ullrich.*	*Illyria.*
{ Pusillus. *Sturm.*	*P.*
{ *Putridus. Gyllenhal.*	*Suecia.*
Arenarius. *Fabr.*	*P.*
Tenebrosus. *Dej.*	*Ile de France.*
Nigratus. *Buquet.*	*Senegal.*
{ Gibbus. *Germar.*	*Styria.*
{ *Alpinus. Fröhlich.*	*Transylvania.*
Monticola. *Dej.*	*Gallia merid.*
Corvinus. *Dej.*	*Amer. bor.*
Vidnus. *Dej.*	*Cap. Bon. Sp.*
Atratus. *Dej.*	*Senegal.*
{ Oblitus. *Dej.*	id.
{ *Nigellus. Buquet.*	id.
Melas. *Dej.*	*Cap. Bon. Sp.*
Indicus. *Dej.*	*India orient.*
Orientalis. *Dej.*	id.
Cylindricus. *Dej.*	*Hispania.*
Niger. *Gyllenhal.*	*P.*
{ Bimaculatus. *Fabr.*	id.
{ *Varians. Duftschmid.*	*Austria.*
{ Var. *Terrestris. Illiger.*	*P.*
{ *Melas. Stéven.*	*Russia merid.*
Plagiatus. *Fabr.*	*Suecia.*
Cruentatus. *Dej.*	*Amer. bor.*
Rufilateris. *Eschsch.*	*Ins. Philipp.*
Bipustulatus. *Dej.*	*Hispania.*
{ Quadripustulatus. *Fabr.*	*P.*
{ Var. *Sanguinolentus. Ullrich.*	*Illyria.*
Quadrimaculatus. *Fabr.*	*P.*
Fuliginosus. *Dej.*	*Amer. bor.*
Fulvescens. *Dej.*	*Senegal.*
Cœnosus. *Dej.*	id.
{ Emarginatus. *Illiger.*	*Cap. Bon. Sp.*
{ *Variegatus. Wiedemann.*	id.
{ Sus. *Fabr.*	*Suecia.*
{ *Pubescens. Olivier.*	*P.*
Villosus. *Gyllenhal.*	*Austria.*
Carinatus. *Gebler.*	*Sibiria.*
Squalidus. *Dej.*	*Senegal.*
Lineatus. *Wiedemann.*	*Cap. Bon. Sp.*
Costatus. *Dej.*	id.
Testudinarius. *Fabr.*	*P.*
Scrofa. *Fabr.*	id.
Nigriceps. *Eschsch.*	*Ins. Philipp.*

Sulcipennis. *Dej.* — *Carthagena.*
Exaratus. *Dej.* — *Cap. Bon. Sp.*
Luctuosus. *Dej.* — *Barbaria.*
Elevatus. *Fabr.* — *Gallia merid.*

152

EUPARIA. *Encyclopédie.*

Castanea. *Encyclop.* — *Amer. bor.*

1

OXYOMUS. *Eschscholtz.*

Complanatus. *Mannerheim.* — *S. Domingue.*
Melanarius. *Dej.* — *Brasilia.*
Anthracinus. *Dej.* — id.
Ebenus. *Dej.* — *Cayennæ.*
{ Bonariensis. *Dej.* — *Buenos-Ayres.*
{ *Crenatostriatus. Klug.* — *Brasilia.*
{ Longulus. *Dej.* — id.
{ *Angustulus. Klug.* — id.
{ *Strigatus. Say.* — *Amer. bor.*
{ Var. *Bicolor. Say.* — id.
Crenulatus. *Dej.* — *Amer. ins.*
Terminatus. *Dej.* — *Cuba.*
Marginellus. *Fabr.* — *Amer. ins.*
Opatrinus. *Klug.* — *Brasilia.*
Interstitialis. *Dej.* — *Mexico.*
Stercorator. *Fabr.* — *Amer. bor.*
Granulatus. *Dej.* — *Cayennæ.*
Spurcus. *Dej.* — *Carthagena.*
Alternans. *Dej.* — *Amer. bor.*
Cinerascens. *Dej.* — id.
Cylindrus. *Dej.* — id.
Cylindricus. *Eschsch.* — *Am. bor. occ.*
Geminatus. *Klug.* — *Cap. Bon. Sp.*
{ Sabuleti. *Fabr.* — *Suecia.*
{ Var. *Semisulcatus. Eschsch.* — *Kamtschatka.*
Asper. *Fabr.* — *P.*
Sabulosus. *Dej.* — *Gallia merid.*
Porcatus. *Fabr.* — *P.*
Cæsus. *Fabr.* — id.
Corticalis. *Eschsch.* — *Ins. Sandwich.*

25

PSAMMODIUS. *Gyllenhal.*

Porcicollis. *Illiger.* — *Gallia merid.*
Sulcicollis. *Illiger.* — *Succia.*
Vulneratus. *Sturm.* — *Hungaria.*
Ægialioides. *Dej.* — *Amer. bor.*

4

ÆGIALIA. *Latreille.*

{ Globosa. *Illiger.* — *Gallia bor.*
{ *Arenaria. Paykull.* — id.
Americana. *Dej.* — *Amer. bor.*

2

CHIRON. *Mac Leay.*

DIASOMUS. *Dalman.*

{ Digitatum. *Fabr.* (Sinodendron.) — *Senegal.*
{ *Cylindricus. Hoffmansegg.* (Scapanetes.) — *India orient.*

1

ACANTHOCERUS. *Mac Leay.*

SPHÆROMORPHUS. *Germar.*

Oblongopunctatus. *Dej.* — *Amer. bor.*
Dejeanii. *Lacordaire.* — *Cayennæ.*
Striatus. *Dej.* — *Brasilia.*
Nitidus. *Dej.* — id.
Globulus. *Hoffmansegg.* — id.
Lævigatus. *Dej.* — id.
Subæneus. *Dej.* — *Cayennæ?*
{ Lævis. *Germar.* — *Cuba.*
{ *Semistriatus. Klug.* — id.
Minutus. *Dej.* — *Brasilia.*

9

TROX. *Fabricius.*

{ Horridus. *Fabr.* — *Cap. Bon. Sp.*
{ *Pectinatus. Sturm.* — id.

19.

Squalidus. *Olivier.*	*Senegal.*
Verrucosus. *Klug.*	*Arabia.*
Luridus. *Fabr.*	*Cap. Bon. Sp.*
Fasciculatus. Dej. Catal.	id.
Var. *Capensis. Dej.*	id.
Ordinatus. *Dej.*	*India orient.*
Denticulatus? Olivier.	id.
Ciliatus. *Dej.*	id.
Gemmatus. *Fabr.*	*Senegal.*
Australasiæ. *Latreille.*	*Nov. Holland.*
Gemmatus. Dej. Catal.	id.
Lacordairei. *Dej.*	*Tucuman.*
Distinctus. *Dej.*	id.
Ægrotus. *Dej.*	id.
Leprosus. *Dej.*	*Buenos-Ayres.*
Carolinus. *Dej.*	*Amer. bor.*
Suberosus. Bosc.	id.
Squalidus. Mac Leay.	id.
Tuberculatus. Say.	id.
Morbillosus. *Dej.*	*Brasilia.*
Muricatus. *Dej.*	*Amer. bor.*
Murinus. *Dej.*	id.
Suberosus. *Fabr.*	*Brasilia.*
Crenatus. *Olivier.*	id.
Porratus. *Knoch.*	*Amer. bor.*
Mexicanus. *Dej.*	*Mexico.*
Pillularius. *Germar.*	*Buenos-Ayres.*
Inflatus. *Faldermann.*	*Mongolia.*
Morticinii. *Pallas.*	*Rus. mer. or.*
Cadaverinus. *Illiger.*	*Germ. bor.*
Undulatus. Zoubkoff.	*Rus. mer. or.*
Mucronatus. Faldermann.	*Sibiria.*
Granulatus. *Fab.*	*Hispania.*
Perlatus. *Sturm.*	*P.*
Sabulosus. Olivier.	id.
Clathratus. *Dej.*	*Corsica.*
Sabulosus. *Fabr.*	*Suecia.*
Hispidus. Olivier.	*P.*
Hispidus. *Fabr.*	id.
Fascicularis. *Wiedemann.*	*Cap. Bon. Sp.*
Costatus. *Dej.*	id.
Tuberculatus. *Olivier.*	*Amer. bor.*
Capillaris. *Say.*	id.
Affinis. *Dej.*	id.
Erinaceus. *Dej.*	id.
Sordidus. *Dej.*	id.
Echinatus. *Dej.*	id.
Flavicornis. *Dej.*	id.
Arenarius. *Fabr.*	*P.*
Scaber. Illiger.	*Austria.*
Rugulosus. Faldermann.	*Sibiria.*
Concinnus. *Schüppel.*	*Germ. bor.*

40

LETHRUS. *Fabricius.*

Cephalotes. *Fabr.*	*Hungaria.*
Var. *Podolicus. Fischer.*	*Podolia.*
Longimanus. *Fischer.*	*Rus. mer. or.*
Eversmanni. Faldermann.	id.

2

GEOTRUPES. *Latreille.*

Ammon. *Pallas.*	*Russia merid.*
Dispar. Fabr.	id.
Pallasii. Fischer.	id.
Hoffmanseggii. *Dej.*	*Hispania.*
Fischeri. *Zwick.*	*Russia merid.*
Dispar. Rossi.	*Italia.*
Monoceros. Dahl.	id.
Typhæus. *Fabr.*	*P.*
Subarmatus. *Dej.*	*Græcia.*
Momus. *Fabr.*	*Lusitania.*
Siculus. *Dahl.*	*Sicilia.*
Stercorarius. *Fabr.*	*P.*
Var. *Affinis. Faldermann.*	*Sibiria.*
Hypocrita. *Schneider.*	*P.*
Puncticollis. *Dej.*	*Mexico.*
Exaratus. *Dej.*	*Amer. bor.*
Dilatatus. *Harris.*	id.
Blackburnii. *Fabr.*	id.
Var. *Splendidus? Fabr.*	id.

{ Consentaneus. *Dej.*	*Amer. bor.*
{ *Rusticus. Harris.*	id.
Sylvaticus. *Fabr.*	*P.*
Alpinus. *Dahl.*	*Austria.*
{ Vernalis. *Fabr.*	*P.*
{ Var. *Autumnalis. Ziegler.*	*Austria.*
{ *Splendens. Ziegler.*	*Italia.*
Glabratus. *Hoppe.*	*Illyria.*
Geminatus. *Dej.*	*Corsica.*
{ Lævigatus. *Fabr.*	*Gallia merid.*
{ Var. *Sardeus. Dahl.*	*Sardinia.*
{ Hemisphæricus. *Olivier.*	*Barbaria.*
{ *Latus. Leach.*	id.
{ Retusus. *Mac Leay.*	*Amer. bor.*
{ *Fungivorus. Leconte.*	id.

22

HYBOSORUS. *Mac Leay.*

{ Arator. *Fabr.*	*Gallia merid.*
{ *Oblongus. Dahl.*	*Sardinia.*
Discus. *Dej.*	*Buenos-Ayres.*
Geminatus. *Dej.*	*Brasilia.*
Granarius. *Dej.*	id.
Testaceus. *Dej.*	*Carthagena.*

5

ACALLUS. *Dejean.*

Emarginatus. *Wiedemann.*	*Java.*
Affinis. *Dej.*	*Senegal.*
Ciliatus. *Dej.*	id.

3

OCHODÆUS. *Megerle.*

Chrysomelinus. *Fabr.*	*Austria.*

1

HYBALUS. *Dejean.*

{ Cornifrons. *Dej.*	*Italia merid.*
{ *Glabratus. Paykull.*	*Barbaria.*
Lævicollis. *Dej.*	*Alger.*

2

ATHYREUS. *Mac Leay.*

Furcifer. *Dej.*	*Cayennæ.*
Furcicollis. *Dej.*	*Brasilia.*
Foveicollis. *Dej.*	id.
Juvencus. *Dej.*	*Cayennæ.*
Senegalensis. *Dej.*	*Senegal.*

5

BOLBOCERAS. *Kirby.*

ODONTÆUS. *Meg. Dej. Cat.*

Lecontei. *Dej.*	*Amer. bor.*
Cyclops. *Fabr.*	*Java.*
{ Æneas. *Panzer.*	*Austria.*
{ *Quadridens. Duftschmid.*	id.
Lusitanicus. *Dej.*	*Lusitania.*
Quadridens. *Fabr.*	*India orient.*
{ Farctus. *Fabr.*	*Amer. bor.*
{ *Cephus. Olivier.*	id.
Concinnus. *Dej.*	id.
Sulcicollis. *Wiedemann.*	*Java.*
Rotundatus. *Dej.*	*Brasilia.*
Globosus. *Dej.*	id.
Lazarus. *Fabr.*	*Amer. bor.*
Americanus. *Dej.*	id.
{ Mobilicornis. *Fabr.*	*P.*
{ Var. *Testaceus. Fabr.*	*Austria.*
Bituberculatus. *Dej.*	*Nubia.*
Trituberculatus. *Dej.*	*Senegal.*
Senegalensis. *Dej.*	id.

16

ORPHNUS. *Mac Leay.*

Meleagris. *Dej.*	*Senegal.*
Bicolor. *Fabr.*	*India orient.*
Senegalensis. *Dej.*	*Senegal.*
Nitidulus. *Dufour.*	id.

4

ÆGIDIUM. *Dejean.*

Muticum. *Dej.* — *Guadeloupe.*
Hædulus. *Dej.* — *Brasilia.*
2

PHILEURUS. *Latreille.*

Major. *Dej.* — *Cayennæ.*
Taurus. *Dej.* — *Amer. bor.*
Didymus. Mac Leay. — id.
Didymus. *Fabr.* — *Brasilia.*
Affinis. *Dej.* — *Cayennæ.*
Quadrituberculatus. *Dej.* — id.
Vitulus. *Dej.* — id.
Capra. *Dej.* — id.
Retusus. *Dej.* — *Brasilia.*
Ciliatus. *Dej.* — id.
Valgus. *Fabr.* — *Cayennæ.*
Cribricollis. *Dej.* — id.
Castaneus. *Dej.* — *Amer. bor.*
Juvencus. *Dej.* — *Brasilia.*
Clathratus. *Dej.* — *Carthagena.*
Excavatus. *Dej.* — *Cayennæ.*
Vervex. *Dej.* — *Buenos-Ayres.*
Ovis. *Dej.* — *Brasilia.*
Sulcicollis. *Dej.* — id.
Hircus. *Dej.* — id.
Complanatus. *P. B.* — *S. Domingue.*
Cariosus. *Dej.* — *Senegal.*
21

CRYPTODON. *Latreille.*

Senegalense. *Dej.* — *Senegal.*
Truncatum. Latreille. — id.
Petitii. *Dej.* — id.
2

ORYCTES. *Illiger.*

Laertes. *Dej.* — *Senegal.*
Pluto. *Dej.* — *Java.*
Agamemnon. *Dej.* — *Africa inter.*
Diomedes. *Dej.* — *Africa inter.*
Rhinoceros. *Fabr.* — *India orient.*
Nestor. *Dej.* — *Java.*
Stentor? Fabr. — *Ile de France.*
Pyrrhus. *Dej.* — *N.....*
Boas. *Fabr.* — *Senegal.*
Senegalensis. *Dej.* — id.
Grypus. *Illiger.* — *Gallia merid.*
Nasicornis. *Fabr.* — *P.*
Var. *Aries. Jablonsky.* — id.
Augias. *Olivier.* — *Brasilia?*
Tarandus. *Olivier.* — *Ile de France.*
Paniscus. *Dej.* — id.
Bacchus. *Dej.* — *Senegal.*
Silenus. *Fabr.* — *Gallia merid.*
Var. *Latus. Dahl.* — *Italia.*
Complanatus. Dahl. — *Sardinia.*
Latus. *Dej.* — *Hispania.*
Cephalotes. *Dej.* — *Sicilia.*
Orion. *Fabr.* — *Senegal.*
19

HOPLITES. *Dejean.*

Enema. *Fabr.* — *Brasilia.*
Pan. *Fabr.* — id.
Paniscus. *Dej.* — *Cayennæ.*
3

ACERUS. *Dejean.*

Davus. *Dej.* — *Brasilia.*
Monachus. *Dej.* — id.
2

TRIONYCHUS. *Dejean.*

Arcanius. *Dej.* — *Senegal.*
1

SCARABÆUS. *Latreille.*

Hercules. *Fabr.* — *Amer. ins.*
Tityus. *Fabr.* — *Amer. bor.*
Centaurus. *Fabr.* — *Guinea.*

Ganymedes. *Fabr*	*Guinea.*
Gideon. *Fabr.*	*Java.*
Var. *Oromedon. Fabr.*	id.
Alcibiades. *Dej.*	id.
Claviger. *Fabr.*	*Cayennæ.*
Var. *Hastatus. Dej. Catal.*	id.
Hastatus. *Fabr.*	*Mexico.*
Ægeon. *Fabr.*	*Peruvio.*
Actæon. *Fabr.*	*Cayennæ.*
Theseus. *Dej.*	*Brasilia.*
Hector. *Dej.*	*Java.*
Atlas ? ♀. Fabr.	id.
Chorinæus. *Fabr.*	*Cayennæ.*
Var. *Philoctetes ? Olivier.*	id.
Pollux. *Dej.*	id.
Philoctetes. *P. B.*	*Amer. ins.*
Romulus. *Dej.*	*Java ?*
Thoas. *Dej.*	*Brasilia.*
Amphitryon. *Dej.*	id.
Belus. *Dej.*	*Java.*
Remus. *Dej.*	*Cayennæ.*
Capucinus. *Dej.*	*Brasilia.*
Laticollis. *Dej.*	*Buenos-Ayres.*
Menelas. *Dej.*	id.
Agrarius. Klug.	id.
Abderus. Sturm.	id.
Paris. *Dej.*	*Carthagena.*
Barbicornis. *Latreille.*	*Mexico.*
♀. *Oblongus ? P. B.*	*S. Domingue.*
Rouxii. *Buquet.*	*Buenos-Ayres.*
Bilobus. *Fabr.*	*Cayennæ.*
Sylvanus. *Fabr.*	*Brasilia.*
Leonidas. *Dej.*	*Senegal.*
Achilles. *Fabr.*	*Brasilia.*
Castor. *Dej.*	id.
Ulysses. *Dej.*	id.
Faunus. *Dej.*	*Cayennæ.*
Pylades. *Dej.*	*Brasilia.*
Tridens. *Dupont.*	id.
Alœus. *Fabr.*	*Cayennæ.*
Anachoreta. *Dej.*	*Brasilia.*
Var. *Ceraunus. Klug.*	*Cuba.*
Talpa. *Fabr.*	*Amer. ins.*
Sarpedon. Dej.	*Cuba.*
Geminatus. Sturm.	id.
Syphax. *Fabr.*	*Amer. ins.*
Absalon. *Dej.*	*N.....*
Ænobarbus. *Fabr.*	*Cuba.*
Antæus. *Fabr.*	*Amer. bor.*
Var. *Maimon. Dej. Catal.*	id.
Teucer. *Dej.*	*Brasilia.*
Antæus. Dej. Catal.	id.
Tullius. *Dej.*	*Carthagena.*
Foveicollis. *Dej.*	*Cayennæ.*
Satyrus. *Fabr.*	*Amer. bor.*
Numa. *Dej.*	*Brasilia?*
Aristides. *Dej.*	*N.....*
Automedon. *Dej.*	*India orient.*
Zoilus. *Fabr.*	*Cayennæ.*
Fossator. *Dej.*	id.
Claudius. *Dej.*	*Senegal.*
Camillus. *Dej.*	*Ile de France.*
Augias. *Dej.*	*Cap. Bon. Sp.*
Puncticollis. *Dej.*	*Gallia merid.*
Monodon. *Fabr.*	*Hungaria.*
Var. *Ventricosus. Megerle.*	id.
Punctatus. *Fabr.*	*Gallia merid.*
Var. *Bidens. Faldermann.*	*Sibiria.*
Rusticus. *Dej.*	*Cayennæ.*
Exaratus. *Dej.*	id.
Tumidus. *Dej.*	*Brasilia.*
Vertumnus. *Dej.*	*Mexico.*
Cœnobita. *Dej.*	*Brasilia.*
Juvencus. *Fabr.*	id.
Cornelius. *Dej.*	id.
Ixion. *Latreille.*	*Nov. Holland.*
Porcellus. *d'Urville.*	id.
Vitulus. *Dej.*	*India orient.*
Eudoxus. *Dej.*	*N.....*
Demophon. *Dej.*	*Chili.*

Dolicaon. *Dej.*	*Amer. bor.*
{ Tumulosus. *P. B.*	*S. Domingue.*
{ *Humilis. Buquet.*	*Brasilia.*
Phocas. *Dej.*	*Tucuman.*
Glaucus. *Dej.*	id.
Fossor. *Latreille.*	*Carthagena.*
Gregarius. *Say.*	*Amer. bor.*
Variolosus. *Dej.*	id.
{ Buculus. *Dej.*	id.
{ *Juvencus. Schönherr.*	id.
Obesus. *Dej.*	id.
78	

DASYGNATHUS. *Mac Leay.*

Australis. *d'Urville.*	*Nov. Holland.*
Dejeanii. *Mac Leay.*	id.
2	

PACHYLUS. *Dejean.*

Euryalus. *Dej.*	*Brasilia.*
Marginatus. *Dej.*	id.
Serratulus. *Dej.*	id.
3	

PODALGUS. *Dejean.*

Cuniculus. *Dej.*	*Senegal.*
1	

COPTORHINUS. *Dejean.*

Deiphobus. *Dej.*	*India orient.*
Medon. *Dej.*	*Madagascar.*
Antiochus. *Dej.*	*Senegal.*
Retusus. *Fabr.*	*Cap. Bon. Sp.*
Procris. *Dej.*	*Madagascar.*
5	

PACHYPUS. *Dejean.*

{ Truncatifrons. *Dej.*	*Gallia merid.*
{ *Latreillei. Laporte.*	
(Callicnemis.)	*Hispania.*
1	

HETERONYCHUS. *Dejean.*

Phocion. *Dej.*	*Senegal.*
{ Syrichtus. *Fabr.*	*Cap. Bon. Sp.*
{ Var. *Aries. Fabr.*	id.
Digitalis. *Klug.*	id.
Javanus. *Dej.*	*Java.*
{ Glabricollis. *Dej.*	*N.....*
{ *Lævicollis. Latreille.*	id.
Telemachus. *Dej.*	*Senegal.*
{ Licas. *Dej.*	id.
{ *Fictosus. Buquet.*	id.
Morator. *Fabr.*	*Java.*
Cricetus. *Hausm.*	*Cap. Bon. Sp.*
Ascanius. *Dej.*	*Senegal.*
Madagascariensis. *Dej.*	*Madagascar.*
Piceus. *Fabr.*	*India orient.*
Fabius. *Dej.*	*Cap. Bon. Sp.*
13	

CHALEPUS. *Mac Leay.*

Lævicollis. *Dej.*	*Brasilia.*
Cultor. *Dej.*	id.
Laborator. *Fabr.*	id.
Planifrons. *Dej.*	*Cayennæ.*
Gagates. *Illiger.*	*Brasilia.*
{ Geminatus. *Fabr.*	*Cayennæ.*
{ *Dubia. Olivier.* (Melolontha.)	*Amer. ins.*
Dilatatus. *Dej.*	*Brasilia.*
Barbatus. *Fabr.*	*S. Domingue.*
Pallipes. *Dej.*	*Brasilia.*
{ Emarginatus. *Dej.*	id.
{ *Clypeatus. Mannerheim.*	id.
Fuliginosus. *Dej.*	id.
Grandis. *Dej.*	*Guadeloupe.*
12	

CYCLOCEPHALA. *Latreille.*

Scarabæoides. *Dej.*	*Colombia.*
Ustulata. *Dej.*	id.

Digitalis. *Dej.* *Cayennæ.*
Castanea. *Fabr.* id.
Valida. Schönherr. id.
Bonplandi. *Dej.* *Amer. æquin.*
14. Punctata. *Mannerheim.* *Brasilia.*
Signatipennis. *Dej.* *Cayennæ.*
Coronata. *Dej.* *Brasilia.*
Verticalis. *Dej.* *Cuba.*
Notulata. *Dej.* *Cayennæ.*
Variabilis. *Dej.* *S. Domingue.*
Signata. *Fabr.* *Cayennæ.*
Maculata. *Dej.* *Cuba.*
Distincta. *Dej.* *Brasilia.*
Maculicollis. *Dej.* *Buenos-Ayres.*
Obsoleta. *Dej.* *Cayennæ.*
Biliturata. *Schönherr.* *Amer. ins.*
Confusa. *Dej.* *N. . . . .*
Immaculata. *Olivier.* *S. Domingue.*
Melanocephala. Latreille. id.
Pallens. *Fabr.* *Cayennæ.*
Melanocephala. *Fabr.* *Brasilia.*
Confinis. *Dej.* *Buenos-Ayres.*
Marginifrons. *Dej.* *Brasilia.*
Ferruginea. *Fabr.* *Martinique.*
Villosula. *Dej.* *Amer. bor.*
Minuta. *Dej.* *Cayennæ.*
Pygmæa. *Dej.* *Cuba.*

27

AGACEPHALA. *Mannerheim.*

Latreillei. *Dej.* *Brasilia.*
Cornigera. *Mannerheim.* id.

2

CHRYSOPHORA. *Dejean.*

Chrysochlora. *Latreille.* *Peruvio.*

1

RUTELA. *Latreille.*

Speciosa. *Dej.* *Brasilia.*
Equestris. *Dej.* *Cayennæ.*
Fulgida. *Dej.* *Brasilia.*
Cyanitarsis. *Dupont.* id.
Granulata. *Dej.* *Cayennæ.*
Aciculata. *Dej.* id.
Fasciata. *Dej.* *Brasilia.*
Lineatocollis. *Dej.* *Martinique.*
Striata? Fabr. id.
Marginicollis. *Dej.* id.
Guadeloupensis. Dupont. *Guadeloupe.*
Versicolor. *Latreille.* *Amer. æquin.*
Rubiginosa. *Dej.* *Brasilia.*
Pustulata. *Dej.* id.
Lineola. *Fabr.* *Cayennæ.*
Var. *Surinama. Olivier.* id.
Histrio. *Dej.* *Brasilia.*
Dorcyi. *Olivier.* *S. Domingue.*
Gloriosa. Fabr. id.
Formosa. *Dej.* *Cuba.*
Strigata. *Dej.* *Brasilia.*
Alternans. Mannerheim. id.
Blanda. *Dej.* id.
Glabrata. *Dej.* id.
Viridula. *Dej.* id.
Liturella. *Kirby.* id.
Elegans. *Dej.* id.

22

PELIDNOTA. *Mac Leay.*

Amœna. *Klug.* *Mexico.*
Psittacina. *Sturm.* id.
Glauca. *Olivier.* *Brasilia.*
Var. *Semiaurata. Klug.* id.
Olivacea. *Dej.* id.
Jucunda. *Dej.* *Mexico.*
Testacea. *Dej.* *Brasilia.*
Polita. *Latreille.* *Peruvio.*
Fuscata. *Dej.* *Brasilia.*
Punctata. *Fabr.* *Amer. bor.*
Terminata. *Dej.* *Cayennæ.*

10

20

CHLOROTA. *Dejean.*

Aulica. *Dej.* *Brasilia.*
1

BRACHYSTERNUS. *Dejean.*

Subsulcatus. *Dej.* *Cayennæ.*
1

DORYSTHÆTUS. *Dejean.*

Rufipennis. *Dej.* *Cayennæ.*
1

PLATYCOELIA. *Dejean.*

Flavostriata. *Latreille.* *Amer. æquin.*
1

THYRIDIUM. *Dejean.*

Flavipenne. *Dej.* *Brasilia.*
1

MACRASPIS. *Mac Leay.*

Rubiginosa. *Dej.* *Cayennæ.*
Banonii. *Dej.* id.
Clavata. *Fabr.* *Brasilia.*
{ Fucata. *Fabr.* id.
{ *Quadrivittata. Olivier.* id.
Morosa. *Dej.* *Cayennæ.*
Nigra. *Dej.* *Guadeloupe.*
Aterrima. *Dej.* *Mexico.*
{ Tetradactyla. *Fabr.* *Brasilia.*
{ *Morio. Latreille.* id.
Dichroa. *Mannerheim.* id.
Thoracica. *Mannerheim.* id.
Suturalis. *Dej.* id.
Splendida. *Fabr.* *Cayennæ.*
Nitida. *Dej.* id.
Lucida. *Fabr.* *Carthagena.*
Ænea. *Dej.* *Brasilia.*
Chrysis. *Fabr.* *Cayennæ.*
Prasina. *Dej.* *Cayennæ.*
Viridis. *Dej.* *Brasilia.*
Hemichlora. *Dej.* id.
Frenata. *Dej.* *Cayennæ.*
Generosa. *Dej.* id.
Maculata. *Dej.* *Brasilia.*
Aurita. *Dej.* *Cayennæ.*
Splendens. *Klug.* *Mexico.*
Eximia. *Dej.* id.
Concinna. *Dej.* id.
26

CHASMODIA. *Mac Leay.*

Castanea. *Dej.* *Brasilia.*
{ Brunnea. *Dej.* id.
{ *Bipunctata? Mac Leay.* id.
{ Emarginata. *Schönherr.* id.
{ *Viridis? Mac Leay.* id.
Polita. *Dej.* id.
{ Trigona. *Fabr.* *Cayennæ.*
{ *Delta. Dej.* id.
5

CNEMIDA. *Kirby.*

OMETIS? *Latreille.*

{ Crassipes. *Dej.* *Brasilia.*
{ *Curtissii? Kirby.* id.
{ Histrio. *Dej.* (Anisoplia.) *Cayennæ.*
{ *Retusus? Fabr.* (Trichius.) id.
2

ANOPLOGNATHUS. *Leach.*

{ Latreillei. *Schönherr.* *Nov. Holland.*
{ *Viridiæneus. Donovan.* id.
{ Analis. *Schönherr.* id.
{ *Viriditarsis. Leach.* id.
Impressus. *Mac Leay.* id.
Porosus. *Schönherr.* id.
{ Brunnipennis. *Schönherr.* id.
{ *Rubiginosus. Mac Leay.* id.

Nitidulus. *d'Urville.*	*Nov. Holland.*
Flavipennis. *Dej.*	id.
Velutinus. *Gory.*	id.

8

REPSIMUS. *Leach.*

Manicatus. *Schönherr.*	*Nov. Holland.*
Dytiscoides. Mac Leay.	id.
Femoratus. Mac Leay.	id.
Æneus. *Mac Leay. Fabr?*	id.

2

EPICHLORIS. *Dejean.*

Prasina. *d'Urville.*	*Chili.*

1

CALLICHLORIS. *Dejean.*

Elegans. *Dej.*	*Chili.*

1

SCHIZOGNATHUS. *Kirby.*

Mac Leayi. *Kirby.*	*Nov. Holland.*
Prasinus. *Dej.*	id.

2

AMBLYTERUS. *Mac Leay.*

Geminatus. *Mac Leay.*	*Nov. Holland.*

1

XYLONICHUS. *Mac Leay.*

Eucalypti. *Mac Leay.*	*Nov. Holland.*

1

AREODA. *Mac Leay.*

Leachii. *Mac Leay.*	*Brasilia.*
Donovanii. *Leach.*	id.
Mannerheimii. *Dej.*	id.
Banksii. *Dej.*	id.
Testudinaria. Latreille.	id.
Kirbyi ? *Mac Leay.*	id.
Lanigera. *Fabr.*	*Amer. bor.*
Scutellaris. Dej.	*Guadeloupe.*
Chloronota. *Dej.*	*N.....*

7

STRIGIDIA. *Dejean.*

Aurichalcea. *Dej.*	*Brasilia.*
Unicolor. *Dej.*	id.

2

CÆLIDIA. *Dejean.*

Quinquemaculata. *Dej.*	*Nov. Holland.*
Marginata. *d'Urville.*	*Nov. Guinea.*

2

SPILOTA. *Dejean.*

Irrorella. *De Haan.*	*Java.*

1

EUCHLORA. *Mac Leay.*

Piligera. *Dej.*	*Nepaul.*
Javana. *Dej.*	*Java.*
Viridis. Dej. Catal.	id.
Prasina. *Dej.*	*Ins. Philipp.*
Smaragdina. Eschsch.	id.
Viridis. *Fabr.*	*China.*
Punctatissima. Dej.	id.
Chalcites. *Dej.*	*Java.*
Bicolor. *Fabr.*	id.
Chrysea. *Kollar.*	*China.*
Resplendens. Schönherr.	id.
Stilbophora. Wiedemann.	id.

7

ANOMALA. *Megerle.*

Holosericea. *Fabr.*	*Sibiria.*
Aurata. *Fabr.*	*Carniolia.*
Auricollis. *Ziegler.*	id.
Aurata. var. Duftschmid.	id.
Vitis. *Fabr.*	*Gallia merid.*

20.

Julii. *Fabr.*	*P.*
Var. *Frischii. Fabr.*	id.
Oblonga. Fabr.	*Germania.*
Nigrita. Dahl.	*Carniolia.*
Ahrensii. Dahl.	id.
Frontalis. Dahl.	*Calabria.*
Splendida. Ménétriés.	*Russia merid.*
Junii. *Duftschmid.*	*Gallia merid.*
Alpina. Dahl.	*Italia.*
Etrusca. *Dej.*	*Etruria.*
Signaticollis. Dahl.	id.
Devota. *Dahl.*	id.
Confusa. *Dej.*	*Hispania.*
Signaticollis. *Dej.*	id.
Errans. *Fabr.*	*Russia merid.*
Senegalensis. *Dej.*	*Senegal.*
Plumbicollis. *Eschsch.*	*N.....*
Granulata. *Dej.*	*Brasilia.*
Cupricollis. *Dupont.*	*Mexico.*
Annulata. *Germar.*	*Amer. bor.*
Subsulcata. *Dej.*	*China.*
Cuprascens. *Wiedemann.*	*Java.*
Lævicollis. *Dej.*	*China.*
Lugubris. Wiedemann.	id.
Latebricola. Buquet.	*Java.*
Æruginosa. *d'Urville.*	*Ins. Waigiou.*
Assimilis. *Dej.*	id.
Exarata. *Dej.*	*Ins. Philipp.*
Sulcata. Eschsch.	id.
Aurichalcea. *Dej.*	*Java.*
Lucidula. *d'Urville.*	*Ins. Bourou.*
Aurantia. *Dej.*	*Java.*
Frenata. *Dej.*	id.
Thoracica. *Eschsch.*	*Ins. Philipp.*
Palleola. *Schönherr.*	*India orient.*
Flavicans. *Dej.*	*S. Domingue.*
Oblita. *Dej.*	*Amer. bor.*
Valida. *Dupont.*	*Mexico.*
Striatula. *Dej.*	*Amer. bor.*
Var. *Subænea. Escher.*	id.
Flavescens. *Dej.*	*Amer. bor.*
Pinicola. Melsheimer.	id.
Cinctella. *Dej.*	id.
Limbata. *Dej.*	id.
Fastidita. *Dej.*	id.
Marginata. *Dej.*	*Cayennæ.*
Maculicollis. *Dej.*	*Brasilia.*
Maculata. *Dej.*	*Amer. bor.*
Irrorata. *Dupont.*	*Mexico.*
Varians. *Fabr.*	*Amer. bor.*
Var. *Innuba? Fabr.*	id.
Variegata. Latreille.	*Amer. æquin.*
Obscura. *Dej.*	*Amer. bor.*
Ruficornis. *Dej.*	id.
Ferruginea. Latreille.	id.
Nigritula. *Dej.*	id.
Infuscata. *Dej.*	id.
Rufiventris. *Dej.*	id.
Catoxantha. *Dej.*	*Cayennæ.*
Brunnipennis. *Latreille.*	*Amer. æquin.*
Höpfneri. *Dej.*	*Mexico.*
Strigosa. *Dej.*	*N.....*
Nitens. *Burchell.*	*Cap. Bon. Sp.*
Flaviceps. Illiger.	id.
Mixta. *Fabr.*	*Guinea.*
Fimbriata. *Dej.*	*Senegal.*
Palliata. *Dej.*	*N.....*
Elata. *Fabr.*	*India orient.*
Pallida. *Fabr.*	id.
Livida. Ziegler.	*Cap. Bon. Sp.*
Silacea. *Dej.*	*Senegal.*
Suturalis. *Dej.*	id.
Flaveola. *Dej.*	id.
Scutellaris. *Dej.*	id.
Distinguenda. *Dej.*	id.
Flavicans. Dej. olim.	id.
Pallidula. *Latreille.*	id.
Unicolor? Olivier.	id.
Paupera. *Ziegler.*	*Cap. Bon. Sp.*
Ypsilon. *Wiedemann.*	*India orient.*

Ferrugata. *Dej.*	*N.....*
Ruficeps. *Dej.*	*India orient.*

66

RHINYPTIA. *Dejean.*

Infuscata. *Dej.*	*Senegal.*
Reflexa. *Dej.*	id.
Abortiva. Buquet.	id.
Rostrata. *Klug.*	*Arabia.*

3

ANISONCHUS. *Dejean.*

Atriplicis. *Fabr.*	*Barbaria.*
Icterica. Dej.	id.

1

RHIZOBIA. *Dejean.*

Carbonaria. *Dej.*	*Buenos-Ayres.*
Testacea. *Dej.*	*Brasilia.*

2

PLATYCHEIRA. *Dejean.*

Lacordairei. *Dej.*	*Brasilia.*

1

GENIATES. *Kirby.*

Barbata. *Kirby.*	*Brasilia.*
Lacordairei. *Dej.*	id.

2

LEUCOTHYREUS. *Mac Leay.*

AULACODUS. *Eschscholtz.*

Pulverosus. *Dej.*	*Brasilia.*
Kyrbianus. Mac Leay.	id.
Abdominalis. *Dej.*	id.
Pallidipennis. *Dej.*	id.
Angulatus. *Dej.*	id.
Affinis. *Dej.*	id.
Flavolineatus. *Mannerheim.*	id.
Rugicollis. *Dej.*	*Brasilia.*
Sulcicollis. Von Wintheim.	id.
Flavipennis. *Dej.*	id.
Obliquus. *Dej.*	id.
Leucogaster. *Lacordaire.*	*Cayennæ.*
Æneicollis. *Dej.*	*Brasilia.*
Aurichalceus. *Dej.*	id.
Lateralis. *Dej.*	id.
Flavicollis. *Dej.*	id.
Bicolor. *Dej.*	id.
Pullus. *Latreille.*	*Amer. æquin.*
Antiquus. *Dej.*	*Brasilia.*
Brunneus. *Dej.*	id.
Nigricans. *Dej.*	id.
Rubiginosus. *Dej.*	id.
Cephalotes. *Dej.*	*Cayennæ.*
Punctulatus. *Dej.*	*Brasilia.*
Granulatus. *Dej.*	id.
Rufipes. *Eschscholtz.*	id.
Metallescens. *Dej.*	*Cayennæ.*
Meditabundus. *Dej.*	id.
Rana. *Dej.*	*Brasilia.*
Nitidulus. *Dej.*	id.
Flavipes. *Dej.*	*Cayennæ.*
Nitens. *Lacordaire.*	id.
Elegans. *Dej.*	*Brasilia.*
Lineatus. *Dej.*	id.

32

TRIGONOSTOMA. *Dejean.*

ADORETUS. *Eschscholtz.*

Lanatum. *Fabr.*	*Ile de France.*
Cinerarium. *Dej.*	*Senegal.*
Ciliatum. *Dej.*	id.
Puberum. *Dej.*	*Ins. Bourbon.*
Bufo. *Dej.*	*Ile de France.*
Stupidum. Wiedemann.	*Java.*
Mundanum. Buquet.	id.
Compressum. Weber.	*Ins. Philipp.*

Obscurum. *Fabr.*	*India orient.*
Caliginosum. Ziegler.	id.
Nigrifrons. *Stéven.*	*Russia merid.*
Rugulosum. *Dej.*	*Senegal.*
Nigricans. *Dej.*	*N.....*
Gilvipes. *Dej.*	*Senegal.*
Conformis. *Dej.*	*Nubia.*
Senegallium. *Dufour.*	*Senegal.*
Pumilio. *Dej.*	id.
Ranunculus. *Dej.*	*Ins. Philipp.*
Pallipes. *Dej.*	*Martinique?*

15

POPILIA. *Leach.*

Rufipes. *Fabr.* (Cetonia.)	*Sierra-Leona.*
Bipunctata. *Fabr.* (Trichius.)	*Cap. Bon. Sp.*
Biguttata. *Wiedemann.*	*Java.*
Marginata. *Eschsch.*	*India orient.*
Concolor. *Dej.*	id.
Viridicyanea. *Dej.*	*N.....*
Viridicœrulea. *Schönherr.*	*China.*

7

ANISOPLIA. *Megerle.*

Austriaca. *Herbst.*	*Austria.*
Floricola. Duftschmid.	id.
Var. *Caucasica. Stéven.*	*Russia merid.*
Zwickii. Fischer.	id.
Agricola. *Fabr.*	*P.*
Var. *Bromicola. Ullrich.*	*Illyria.*
Signata. Faldermann.	*Persia occid.*
Campicola. *Eschsch.*	*Rus. merid. or.*
Arvicola. *Fabr.*	*Gallia merid.*
Var. *Frumentaria. Stéven.*	*Russia merid.*
Carbonaria. Faldermann.	*Persia occid.*
Fruticola. *Fabr.*	*Austria.*
Segetis. Herbst.	*Hungaria.*
Var. *Zoubkoffii. Eschsch.*	*Rus. mer. or.*
Leucaspis. *Stéven.*	*Russia merid.*
Mannerheimii. Faldermann.	*Persia occid.*
Flavotomentosa. Latreille.	*Syria.*
Depressicollis. *Dej.*	*Volhynia.*
Fruticola. Besser.	id.
Deserta. Stéven.	*Russia merid.*
Deserticola. Fischer.	id.
Syriaca. *Dej.*	*Syria.*
Floricola. *Fabr.*	*Hispania.*
Horticola. *Fabr.*	*P.*
Var. *Ustulatipennis. Villa.*	*Italia.*
Dejeanii. Faldermann.	*Sibiria.*
Puncticollis. *Dej.*	*Oriente.*
Fasciculata. *Dej.*	*Ægypt.*
Lineata. *Latreille.*	*Græcia.*
Interrupta. Dupont.	*Oriente.*
Lineolata. *Dej.*	*Russia merid.*
Arenaria. *Dej.*	*Gal. mer. occ.*
Campestris. *Latreille.*	*Gallia merid.*
Var. *Succincta. Jur. Dej. Cat.*	*Helvetia.*
Suturalis. *Dej.*	*Senegal.*
Mexicana. *Dupont.*	*Mexico.*
Cincta. *Fabr.*	*Cayennæ.*
Marginata. Olivier.	id.
Var. *Limbata. Lacordaire.*	id.
Variegata. Lacordaire.	id.
Marginalis. *Dej.*	*Brasilia.*
Pygmæa. *Fabr.*	*Amer. bor.*

21

STRIGODERMA. *Dejean.*

Sulcipennis. *Dej.*	*Mexico.*
Fastuosa. Klug.	id.
Trochilus. Sturm.	id.
Porcata. *Dej.*	*Amer. bor.*

2

MELOLONTHA. *Fabricius.*

Fullo. *Fabr.*	*Gallia.*
Olivieri. *Dej.*	*Oriente.*
Hololeuca. *Pallas.*	*Russia merid.*
Alba. Olivier.	*Sibiria.*
♀. *Mollis. Faldermann.*	*Armenia.*

Occidentalis. *Linné.*	*Amer. bor.*
Albolineata. Dej.	id.
Albida. *Dej.*	*Gallia merid.*
Var. *Farinosa. Parreyss.*	*Corfou.*
Vulgaris. *Fabr.*	*P.*
Hippocastani. *Fabr.*	id.
Aceris. *Ziegler.*	*Austria.*
Var. *Advena. Faldermann.*	*Persia occid.*
Fucata. *Hoffmansegg.*	*Hispania.*
Hopei. *Dej.*	*N.....*
Sulcata. *Dej.*	*Ins. Philipp.*
Sulcipennis. Eschsch.	id.

11

LEPTOPUS. *Dejean.*

Denticornis. *Dufour.*	*Hispania.*
Bedeau. *Dufour.*	*Hisp. merid.*

2

LEOCÆTA. *Dejean.*

Alopex. *Fabr.*	*Cap. Bon. Sp.*

1

LAGOSTERNA. *Dejean.*

Flavofasciata. *Dej.*	*Cap. Bon. Sp.*

1

ÆGOSTHETA. *Dejean.*

Maritima. *Burchell.*	*Cap. Bon. Sp.*
Distincta. *Dej.*	id.
Longicornis. *Fabr.*	id.
Sera. Burchell.	id.

3

CATALASIS. *Dejean.*

Anketeri. *Herbst.*	*Russia merid.*
Orientalis. *Ziegler.*	*Hungaria.*
Australis. *Schönherr.*	*Gallia merid.*
Occidentalis. Fabr.	id.
Matitunalis. *Dahl.*	*Italia.*
Var. *Meridionalis. Ziegler.*	id.
Pilosa. *Fabr.*	*Austria.*
Var. *Villosa. Fabr.*	*P.*
Canescens. Eschsch.	*Russia merid.*
Alboscutellata. Dahl.	*Italia.*

5

GYMNOGASTER. *Dejean.*

Buphthalmus. *Dej.*	*Ile de France.*

1

CÆLODERA. *Dejean.*

PACHYPUS. *Dejean. Catal.*

Excavata. *Fabr.*	*Corsica.*
Cornuta. Olivier.	id.

1

DASYSTERNA. *Dejean.*

Barbara. *Dej.*	*Tunis.*

1

TANYPROCTUS. *Faldermann.*

Persicus. *Faldermann.*	*Persia occid.*
Var. *Elongatus. Faldermann.*	id.

1

ABLABERA. *Dejean.*

Suturalis. *Dej.*	*Cap. Bon. Sp.*
Splendida. *Illiger.*	id.
Lateralis. Wiedemann.	id.
Fuscata. *Dej.*	id.
Myrmidon. *Dej.*	*Senegal.*

4

ENCYA. *Dejean.*

Commersonii. *Olivier.*	*Madagascar.*
Petitii. *Dej.*	id.
Curta. *Dej.*	*Ile de France.*

3

LEUCOPHOLIS. *Dejean.*

Alba. *Fabr.*	*Java.*
Var. *Stigma. Fabr.*	id.
Sternicornis. *Dej.*	id.
Hypoleuca. *Wiedemann.*	id.
Edulis. De Haan.	id.
Dejeanii. *Petit.*	*Madagascar.*
Rorida. *Fabr.*	*Java.*
Sommeri. *Dej.*	*N.....*
Pollinosa. *Dej.*	*Ins. Philipp.*
Philippinica. Eschsch.	id.

7

ANCYLONYCHA. *Dejean.*

Pubera. *Dej.*	*Java.*
Rorida. Dej. olim.	id.
Leucophthalma. *Wiedemann.*	id.
Serrata. *Fabr.*	*N.....*
Difficilis. *Dej.*	*China.*
Conspersa. *Dej.*	*Java.*
Ponderosa. *Buquet.*	id.
Impressifrons. *Latreille.*	*Ins. Philipp.*
Rustica. *Faldermann.*	*Persia occid.*
Fervida. *Fabr.*	*S. Domingue.*
Ventralis. Mannerheim.	id.
Lateritia. *Dej.*	id.
Fervida. Mannerheim.	id.
Brunnea. *Dej.*	*Amer. bor.*
Bætica. *Latreille.*	id.
Knochii. *Schönherr.*	id.
Cribricollis. *Dej.*	id.
Profunda. *Say.*	id.
Puncticollis. *Dej.*	id.
Quercina. *Knoch.*	id.
Fervida. Say.	id.
Spadicea. *Dej.*	id.
Fraterna. *Harris.*	id.
Punctifrons. *Dej.*	id.
Decipiens. *Dej.*	id.
Diffinis. *Dej.*	*Amer. bor.*
Tenebricosa. *Dej.*	id.
Fervida. var. Latreille.	id.
Confusa. *Dej.*	id.
Flavicornis. *Dej.*	id.
Consobrina. *Dej.*	id.
Pruinosa. *Dej.*	id.
Mexicana. *Dupont.*	*Mexico.*
Sobrina. *Dej.*	id.
Neglecta. *Dej.*	*S. Domingue.*
Serrata. Dej. Catal.	id.
Dejeanii. Mannerheim.	id.
Conformis. *Dej.*	*Amer. bor.*
Quercina. Say.	id.
Fallax. *Dej.*	id.
Macrophtalma. *Dej.*	id.
Villosula. *Dej.*	id.
Juvenca. *Dej.*	id.
Sericea. *Dej.*	id.
Ilicis. Knoch.	id.
Velutina. *Dej.*	*Brasilia.*
Consimilis. *Dej.*	id.
Consanguinea. *Dej.*	*Mexico.*
Pilosula. *Dej.*	*Amer. bor.*
Pilosicollis. Knoch.	id.
Confinis. *Dej.*	id.
Diversa. *Dej.*	id.
Parallela. *Dej.*	*Cuba.*
Brevicollis. *Dej.*	*Amer. bor.*
Æruginosa. *Dej.*	*Cuba.*
Patruelis. *Dej.*	*Guadeloupe.*
Bidentata. *Dej.*	*Brasilia.*

47

RHISOTROGUS. *Latreille.*

Porulosus. *Fischer.*	*Rus. mer. or.*
Pulvereus. *Knoch.*	id.
Zoubkoffii. Dej.	id.
Vulpinus. *Schönherr.*	*Russia merid.*
Pulvereus. Dej. Catal.	id.

Æquinoctialis. *Fabr.*	*Austria.*
Pilicollis. Parreyss.	*Hungaria.*
Tauricus. *Stéven.*	*Russia merid.*
Vulpinus. Dej. Catal.	id.
Caucasicus ? Schönherr.	id.
Vernalis. *Ziegler.*	*Austria.*
Autumnalis. *Dej.*	*Illyria.*
Æstivus. *Olivier.*	*P.*
Maculicollis. Faldermann.	*Sibiria.*
Thoracicus. *Dej.*	*Helvetia.*
Faldermannii. *Dej.*	*Russia merid.*
Flavicans. *Dej.*	*Hispania.*
Meridionalis. *Dej.*	*Gallia merid.*
Subemarginatus. *Dej.*	*Hispania.*
Pilicollis. *Ziegler.*	*Hungaria.*
Vicinus. *Dej.*	*Gallia merid.*
Rugifrons. Latreille.	*Corsica.*
Insubricus. Villa.	*Italia.*
Transversus. *Fabr.*	*Dalmatia.*
Var. *Hirticollis. Dahl.*	*Sardinia.*
Fuliginosus. *Dej.*	*Hispania.*
Siculus. *Dej.*	*Sicilia.*
Tenebrioides. *Pallas.*	*Rus. mer. or.*
Carbonarius. *Dej.*	*Oriente.*
Perforatus. Buquet.	*Græcia.*
Ater. *Fabr.*	*P.*
Fuscus. Olivier.	id.
Dispar. Ullrich.	*Illyria.*
Altaicus. Stéven.	*Sibiria.*
Fulvicornis. *Dej.*	*Hispania.*
Pini. *Fabr.*	*Gallia merid.*
Solstitialis. *Fabr.*	*P.*
Var. *Grassatrix. Eschsch.*	*Sibiria.*
Volgensis. *Fischer.*	*Russia merid.*
Tropicus. *Schönherr.*	*Gallia merid.*
Fallenii. *Schönherr.*	*Suecia.*
Hispanicus. *Dej.*	*Hispania.*
Menetriesii. *Dej.*	*Russia merid.*
Caninus. *Eschsch.*	*Rus. mer. or.*
Perplexus. *Dej.*	*Gallia merid.*
Rufescens. *Latreille.*	*P.*
Semirufus. Gyllenhal.	id.
Aprilinus. *Duftschmid.*	*Austria.*
Var. *Fulvicollis. Ullrich.*	*Illyria.*
Fuscatus. *Dej.*	*Croatia.*
Paganus. *Olivier.*	*P.*
Ruficornis. Germar.	*Germania.*
Lusitanicus. *Schönherr.*	*Lusitania.*
Oblongiusculus. *Dej.*	*Russia merid.*
Noctivagus. Godet.	id.
Vulpeculus. *Dej.*	*Cap. Bon. Sp.*

38

CHLOENOBIA. *Dejean.*

Fastidita. *Dej.*	*Amer. bor.*

1

SCHIZONYCHA. *Dejean.*

Senegalensis. *Dej.*	*Senegal.*
Flavicornis. Klug.	*Dongola.*
Tumida. *Illiger.*	*Cap. Bon. Sp.*
Invisa. Wiedemann.	id.
Rufescens. Dej.	id.
Guineensis. *Dej.*	*Guinea.*
Globator. *Fabr.* (Geotrupes.)	*Cap. Bon. Sp.*
Debilis. *Burchell.*	id.
Daurica. *Dej.*	*Dauria.*
Henningii. *Gebler.*	*Sibiria.*
Cervina. *Dej.*	*Senegal.*
Incerta. *Dej.*	id.
Leprieurii. Buquet.	id.
Cylindrica. *Schönherr.*	*India orient.*
Punctata. *Dej.*	*Java.*
Brasiliana. *Dej.*	*Brasilia.*
Appendiculata. Jurine.	id.
Gemellata. *Dej.*	id.
Similis. *Dej.*	*Amer. bor.*
Vestita. *Dej.*	id.
Litigiosa. *Dej.*	id.

Geminata. *Dej.*	*Amer. bor.*
Mæsta. Say.	id.
Nigritula. *Dej.*	id.
Ambigua. *Dej.*	id.
Castanea. Escher.	id.
Congener. *Dej.*	id.
Intermedia. *Dej.*	id.
Concreta. *Dej.*	id.
Cribraria. *Dej.*	id.
Coriacea. *Klug.*	*Mexico.*
Puberula. *Dej.*	id.
Cognata. *Dej.*	id.
Sericata. *Höpfner.*	id.
Livida. *Dej.*	*Brasilia.*
Carpentariæ. *Mac Leay.*	*Nov. Holland.*

29

APOGONIA. *Kirby.*

Rauca. *Fabr.*	*India orient.*
Vicina. *Dej.*	id.
Rauca. Westermann.	id.
Ferruginea. *Fabr.*	id.
Senegalensis. *Dej.*	*Senegal.*
Minuta. *Dej.*	id.

5

PLECTRIS. *Encyclopédie.*

Singularis. *Dej.*	*Brasilia.*
Tomentosa. Encyclop.	id.
Scutellaris. *Dej.*	id.
Comata. *Dej.*	id.
Mus. *Dej.*	id.
Caliginosa. *Dej.*	id.
Juvenca. *Dej.*	id.
Contempta. *Dej.*	id.
Neglecta. *Dej.*	id.
Perplexa. *Dej.*	id.
Vorax. *Lacordaire.*	*Cayennæ.*
Emarginata. *Dej.*	id.
Laciniosa. *Buquet.*	*Java.*

APLONYCHA. *Dejean.*

Obesa. *d'Urville.*	*Nov. Holland.*
Ciliata. *Mac Leay.*	id.
Umbraculata. *Latreille.*	*N.....*

3

HYPORHIZA. *Dejean.*

Hypocrita. *Mannerheim.*	*Brasilia.*
Æthiops. *Latreille.*	*N.....*

2

PHYTOLÆMA. *Dejean.*

Marginicollis. *Dej.*	*Chili.*

1

MALLOGASTER. *Dejean.*

Metallica. *Dej.*	*Brasilia.*

1

SCIUROPUS. *Dejean.*

Rufipes. *Latreille.*	*Amer. æquin.*

1

DICRANIA. *Encyclopédie.*

Rubricollis. *Dej.*	*Brasilia.*
Nigra. *Dej.*	id.

2

CARTERONYX. *Dejean.*

Grypus. *Illiger.*	*Brasilia.*
Luridipenne. *Dej.*	id.
Thersites. *Lacordaire.*	*Cayennæ.*
Marginicolle. *Dej.*	*Brasilia.*

4

DIPHUCEPHALA. *Dejean.*

Sericea. *Mac Leay.*	*Nov. Holland.*
Lineatocollis. *Dej.*	id.

{ Lineata. *Gory.*	*Nov. Holland.*
{ *Radiosa. Buquet.*	id.
Acanthopus. *Latreille.*	id.
Foveolata. *Mac Leay.*	id.
Smaragdula. *Mac Leay.*	id.
{ Rugosa. *Dej.*	id.
{ *Auripennis. Latreille.*	id.
Impressicollis. *Dej.*	id.
Fulgida. *Dej.*	id.

9

AMPHICRANIA. *Dejean.*

{ Bidentata. *Dej.*	*Chili.*
{ *Palpalis. Eschsch.*	id.

1

OOTOMA. *Dejean.*

Xanthocerum. *Latreille.*	*N.....*
Clavipalpe. *Dej.*	*Brasilia.*

2

PHILOCHLOENIA. *Dejean.*

Ambitiosa. *Dej.*	*Brasilia.*
Virescens. *Dej.*	id.
Ursina. *Dej.*	*Colombia.*
Castanea. *Dej.*	*Brasilia.*
Spadicea. *Dej.*	id.
Sciurus. *Dej.*	id.
Sulcatula. *Dej.*	id.
Filitarsis. *Germar.*	id.
Fallax. *Dej.*	*Buenos-Ayres.*
Subcostata. *Dej.*	*India orient.*
Lineatocollis. *Dej.*	*Brasilia.*
Suturalis. *Dej.*	id.
Frontalis. *Dej.*	id.
Murina. *Dej.*	id.
Grisea. *Dej.*	id.
Ambigua. *Dej.*	id.
Conformis. *Dej.*	id.
{ Grandicornis. *Dej.*	id.
{ *Fuscoænea. Sturm.*	id.
Æruginosa. *Dej.*	*Brasilia.*
Aurichalcea. *Dej.*	id.
Tomentosa. *Dej.*	id.
Lurida. *Dej.*	id.
Biguttata. *Dej.*	*Colombia.*
{ Elongata. *Say. Fabr?*	*Amer. bor.*
{ *Elongatula? Schönherr.*	id.
Litigiosa. *Dej.*	id.
Hirtella. *Dej.*	*Brasilia.*
Pusilla. *Dej.*	id.
Bicolor. *Dej.*	id.
Marginepunctata. *Dej.*	id.

29

MACRODACTYLUS. *Latreille.*

Longicollis. *Latreille.*	*Mexico.*
{ Angustatus. *Latreille.*	id.
{ *Mexicanus. Klug.*	id.
Affinis. *Dej.*	*Brasilia.*
{ Suturalis. *Dej.*	id.
{ *Equestris. Mannerheim.*	id.
{ Subspinosus. *Fabr.*	*Amer. bor.*
{ *Angustatus. P. B.*	*S. Domingue.*
Fuscipes. *Dej.*	*Brasilia.*
Subæneus. *Dej.*	id.
Chalybeus. *Klug.*	*Mexico.*

8

CERASPIS. *Encyclopédie.*

Pruinosa. *Dej.*	*Brasilia.*
Albida. *Dej.*	id.
Cervina. *Dej.*	id.
Conformis. *Dej.*	id.
Maculosa. *Dej.*	id.
Rubiginosa. *Latreille.*	*Peruvio.*
Patruelis. *Dej.*	*Brasilia.*
Chilensis. *Dej.*	*Chili.*
Nivea. *Dej.*	*Brasilia.*
Squamosa. *Dej.*	id.
Lateralis. *Dej.*	id.

21.

Oblonga. *Dej.* — *Brasilia.*
Aquila. *Dej.* — id.
Leucophæa. *Dej.* — id.
Nana. *Dej.* — id.
Pygmæa. *Dej.* — id.
16

DASYUS. *Encyclopédie.*

Nigellus. *Dej.* — *Brasilia.*
Fulvipennis. *Dej.* — id.
2

BARYBAS. *Dejean.*

Nubilus. *Dej.* — *Brasilia.*
Modestus. *Lacordaire.* — *Cayennæ.*
Æruginosus. *Dej.* — *Carthagena.*
3

SERICESTHIS. *Dejean.*

Geminata. *Mac Leay.* — *Nov. Holland.*
Micans. Latreille. — id.
Nigrolineata. *Mac Leay.* — id.
Pullata. *Latreille.* — id.
Rufipennis. *Dej.* — id.
Cervina. *Dej.* — id.
Curta. *Dej.* — *N.* . . . .
6

LIPARETRUS. *Mac Leay.*

Convexus. *Mac Leay.* — *Nov. Holland.*
Discipennis. *d'Urville.* — id.
Brachypterus. Latreille. — id.
2

MACROTHOPS. *Mac Leay.*

Præusta. *Mac Leay.* — *Nov. Holland.*
Apicalis. Sturm. — id.
Rufipennis. *Dej.* — id.
Australis. *Dej.* — id.
Melanocephala. Latreille. — id.
Discoidalis. Mac Leay. — id.

Mœsta. *Dej.* — *Nov. Holland.*
4

GEOBATUS. *Dejean.*

Sordidus. *d'Urville.* — *Nov. Holland.*
1

ADELOPS. *Dejean.*

Carinatus. *Dej.* — *Carthagena.*
1

LASIOPUS. *Dejean.*

Comatus. *Dej.* — *Brasilia.*
1

TRICHOPS. *Mannerheim.*

Ciliatus. *Dej.* — *Brasilia.*
Testaceus. *Dej.* — *Cuba.*
Jægeri. Mannerheim. — *S. Domingue.*
2

EPICAULIS. *Dejean.*

Flavifrons. *Dej.* — *Brasilia.*
Marginella. *Dej.* — id.
Quadrimaculata. *Dej.* — id.
Flavimana. *Dej.* — id.
4

ISONICHUS. *Mannerheim.*

Albicinctus. *Mannerheim.* — *Brasilia.*
Sulphureus. *Mannerheim.* — id.
Fucatus. *Dej.* — id.
Griseus. *Dej.* — *Cayennæ.*
Grisescens. Mannerheim. — *Brasilia.*
Lineatus. *Dej.* — *Cayennæ.*
Psittacinus. *Dej.* — *Brasilia.*
Pistrinarius. *Dej.* — id.
Vestitus. *Dej.* — id.
Vulpeculus. Klug. — id.
8

OMALOPLIA. *Megerle.*

SERICA. *Mac Leay.*

Brunnea. *Fabr.* — *P.*
Tridentata. *Dej.* — *Chili.*
Sericea. *Illiger.* — *Amer. bor.*
{ Vespertina. *Say. Knoch?* — id.
{ *Castanea. Escher.* — id.
Consentanea. *Dej.* — id.
Iricolor. *Say.* — id.
Mutata. *Schönherr.* — *Hispania.*
Variabilis. *Fabr.* — *P.*
Confinis. *Dej.* — *Cap. Bon. Sp.*
Affinis. *Dej.* — *India orient.*
{ Fuliginosa. *Dej.* — *Java.*
{ *Mutabilis. var. Westermann.* — id.
Micans. *Dej.* — *India orient.*
Salebrosa. *Buquet.* — *Java.*
Mendax. *Dej.* — *Senegal.*
Mutabilis. *Fabr.* — *Java.*
Aureola. *Buquet.* — id.
Punctifrons. *Dej.* — *India orient.*
Resplendens. *Eschsch.* — *Ins. Philipp.*
Globosa. *Herbst.* — *India orient.*
Gibbosa. *Dej.* — *Java.*
Nigricans. *Dej.* — id.
Dilucida. *Buquet.* — *Senegal.*
Versicolor. *Fabr.* — *Sierra Leona.*
Lucinia. *Buquet.* — *Senegal.*
Byrrhoides. *Dej.* — id.
Sphæroides. *Dej.* — *N.....*
Tarda. *Dej.* — *Senegal.*
Cauta. *Dej.* — id.
Rotundata. *Dej.* — id.
Carinata. *Schönherr.* — *Sierra Leona.*
Tuberculata. *Schönherr.* — id.
Subænea. *Dej.* — *Senegal.*
Litigiosa. *Dej.* — id.
Pilula. *Dej.* — id.
{ Ruricola. *Fabr.* — *P.*
{ Var. *Sericea. Dahl.* — *Hungaria.*
{ *Humeralis. Oliv. Fabr?* — *P.*
{ Carbonaria. *Dej.* — *Dalmatia.*
{ *Nigra. Dahl.* — *Hungaria.*
Erythroptera. *Dahl.* — id.
{ Puberula. *Stéven.* — *Russia merid.*
{ *Hirta. Gebler.* — *Sibiria.*
Trociformis. *Germar.* — *Amer. bor.*
Aquila. *Dej.* — *Gallia merid.*
{ Sericans. *Schönherr.* — *Italia.*
{ *Sericea. Bonelli.* — id.
{ Senegalensis. *Dej.* — *Senegal.*
{ *Vestita. Dupont.* — id.
{ *Rubella. Buquet.* — id.
Spadicea. *Dej.* — id.
Taciturna. *Buquet.* — *Java.*
Tessellata. *Dej.* — *Cap. Bon. Sp.*
Fuscipennis. *Dej.* — *Brasilia.*
Melanaria. *Dej.* — id.
Flavipes. *Dej.* — id.
Rufescens. *Dej.* — id.
Nigriceps. *Dej.* — id.

50

HYMENONTIA. *Eschscholtz.*

Strigosa. *Illiger.* — *Galliamerid.*

1

CHASMATOPTERUS. *Dejean.*

Villosulus. *Illiger.* — *Hispania.*
Pilosulus. *Illiger.* — id.
Hirtus. *Sturm.* — *Barbaria.*
Hirtulus. *Illiger.* — *Hispània.*

4

CHASME. *Encyclopédie.*

Decora. *Wiedemann.* — *Cap. Bon. Sp.*

1

LEPISIA. *Encyclopédie.*

Rupicola. *Fabr.*	*Cap. Bon. Sp.*

1

DICHELUS. *Encyclopédie.*

Vitta. *Illiger.*	*Cap. Bon. Sp.*
Vittata. Sturm. (Hoplia.)	id.
Dentipes. *Fabr.*	id.
Denticeps. *Wied.* (Trichius.)	id.
Latipes. *Wied.* (Trichius.)	id.
Truncatulus. *Illiger.*	id.
Intermedius. *Dej.*	id.
Pyropygus. *Illiger.*	id.
Luridiventris. *Dej.*	id.
Rufiventris. *Dej.*	id.
Longipes ? Fabr.	id.
Atratus. *Dej.*	id.
Niger. Wiedemann.	id.
Rufimanus. *Dej.*	id.
Hæmorrhoidalis. *Dej.*	id.
Quadratus. *Wiedemann.*	id.

13

MONOCHELUS. *Illiger.*

Grossipes. *Sch.* (Trichius.)	*Cap. Bon. Sp.*
Crassipes. Oliv. (Scarabæus.)	id.
Calcaratus. *Dej.*	id.
Scutellatus. Sturm.	id.
Inermis. *Dej.*	id.
Arthriticus. *Fabr.*	id.
Gonagra. *Fabr.*	id.
Pulverosus. *Dej.*	id.
Bidentatus. *Dej.*	id.
Squamulatus. *Dej.*	id.
Sulcicollis. *Wied.* (Trichius.)	id.

9

MICROPLUS. *Dejean.*

Nemoralis. *Burchell.*	*Cap. Bon. Sp.*
Madagascariensis. *Dej.*	*Madagascar.*

2

HOPLIA. *Illiger.*

Farinosa. *Fabr.*	*Gallia.*
Squamosa. Olivier.	id.
Formosa. Latreille.	id.
Aulica. *Linné.*	*Hispania.*
Regia. Fabr.	id.
Bilineata. *Fabr.*	*Barbaria.*
Rorida. *Ziegler.*	*Croatia.*
Squamosa. *Fabr.*	*Gallia.*
Farinosa. Olivier.	id.
Pulvisera. *Andersch.*	*Dalmatia.*
Pubicollis. *Dej.*	*Corsica.*
Pollinosa. *Ziegler.*	*Volhynia.*
Var. *Parvula. Stéven.*	*Russia merid.*
Minuta ? Schönherr.	id.
Flavipes. *Dej.*	*Dalmatia.*
Dubia. *Rossi.*	*Etruria.*
Lepidota. *Illiger.*	*Italia.*
Rupicola. Bonelli. Dej. Cat.	id.
Praticola. *Duftschmid.*	*Germania.*
Argentea. *Olivier.*	*P.*
Pulverulenta. Illiger.	*Germania.*
Philanthus. Herbst.	id.
Graminicola. *Fabr.*	id.
Pulverulenta. Sturm.	id.
Nuda. *Ziegler.*	*Austria.*
Argyrea. Ziegler.	id.
Graminicola. Géné.	*Italia.*
Pubera. *Dupont.*	*Oriente.*
Duodecimpunctata. *Olivier.*	*Sibiria.*
Aureola. Pallas.	id.
Modesta. *Dej.*	*Amer. bor.*
Americana. *Dej.*	id.
Oblonga. *Dej.*	id.
Orientalis. *Dej.*	*Ile de France.*

21

GYMNOLOMA. *Dejean.*

Atomarium. *Fabr.* *Cap. Bon. Sp.*
Strigosum. *Dej.* id.
Sulcicolle. *Dej.* id.
3

HYPERIS. *Dejean.*

Eversmanni. *Faldermann.* *Sibiria.*
1

GLAPHYRUS. *Latreille.*

Serratulæ. *Latreille.* *Barbaria.*
Aulicus. *Dej.* *Syria.*
Micans. *Faldermann.* *Persia occid.*
Oxypterus. *Pallas.* *Sibiria.*
Equestris. *Dej.* *Oriente.*
Nitidulus. *Dej.* *Ægypt.*
6

AMPHICOMA. *Latreille.*

{ Lineata. *Olivier.* *Oriente.*
{ *Formosa. Faldermann.* *Persia occid.*
{ Strigata. *Dej.* *Oriente.*
{ *Hirsuta. Dupont.* id.
Arctos. *Pallas.* *Russia merid.*
Chrysopyga. *Stéven.* id.
{ Bombyliformis. *Fabr.* id.
{ Var. *Ochraceipennis. Falder.* id.
{ Amethystina. *Dej.* *Ægypt.*
{ *Semiaurata. Latreille.* *Syria.*
{ Psilotrichius. *Parreyss.* *Corfou.*
{ *Distincta. Faldermann.* *Russia merid.*
{ Var. *Funesta. Faldermann.* *Persia occid.*
{ *Xanthopyga. Faldermann.* id.
{ *Amœna. Faldermann.* id.
{ Vulpes. *Fabr.* *Russia merid.*
{ ♀. *Hirta. Fabr.* id.
{ Var. *Vulpecula. Faldermann.* id.
Fulvipennis. *Dej.* *Syria.*
Melis. *Latreille.* *Barbaria ?*
Tæniata. *Dej.* *Tanger.*
Lasserrei. *Parreyss.* *Græcia.*
Bombylius. *Fabr.* *Barbaria.*
13

ANTHIPNA. *Eschscholtz.*

Abdominalis. *Fabr.* *Italia.*
1

ARCTODIUM. *Dejean.*

Villosum. *Dej.* *Chili.*
1

ERIESTHIS. *Dejean.*

Vestita. *Dej.* *Cap. Bon. Sp.*
1

PACHYCNEMA. *Encyclopédie.*

Crassipes. *Fabr.* *Cap. Bon. Sp.*
Lugubris. *Dej.* id.
{ Stictica. *Dej.* id.
{ *Stigmatica. Bilberg.* id.
3

ANISONYX. *Latreille.*

Crinitum. *Fabr.* *Cap. Bon. Sp.*
Ursus. *Fabr.* id.
Lynx. *Fabr.* id.
Lepidotum. *Wiedemann.* id.
Ignitum. *Klug.* id.
Nasuum. *Wiedemann.* id.
6

LEPITRIX. *Encyclopédie.*

{ Lineatus. *Fabr.* (Trichius.) *Cap. Bon. Sp.*
{ Var. *Pilosus. Dej. Catal.* (Anisonyx.) id.
Nigripes. *Fabr.* (Trichius.) id.
Pilipes. *Dej.* id.
Abbreviatus. *Fabr.* id.
Impectus. *Wiedemann.* id.

Capicola. *Fabr.* *Cap. Bon. Sp.*
6

PLATYGENIA. *Mac Leay.*

Zairica. *Mac Leay.* *Congo.*
1

INCA. *Encyclopédie.*

{ Weberi. *Encycl.* *Amer. merid.*
{ *Ynca. Fabr.* (Cetonia.) id.
Bifrons. *Fabr.* *Cayennæ.*
{ Barbicornis. *Mac Leay.* *Brasilia.*
{ ♀. *Pulverulenta. Olivier.* id.
{ Serricollis. *Dej.* id.
{ ♀. *Bonplandi. Schönherr.* id.
4

OSMODERMA. *Encyclopédie.*

{ Eremita. *Fabr.* *Gallia.*
{ ♀. *Eremitica. Knoch.* id.
Eremicola. *Knoch.* *Amer. bor.*
Scabra. *P. B.* id.
3

GNORIMUS. *Encyclopédie.*

{ Octopunctatus. *Fabr.* *Germania.*
{ *Variabilis. Linné.* *Suecia.*
Nobilis. *Fabr.* *P.*
Subcostatus. *Ménétriés.* *Russia merid.*
3

AGENIUS. *Encyclopédie.*

CAMPULIPUS. *Kirby.*

Limbatus. *Oliv.* (Melolontha.) *Cap. Bon. Sp.*
{ Erythropterus. *Dej.* id.
{ *Rufipennis? Gory.* id.
2

STRIPSIPHER. *Gory.*

{ Sexguttatus. *Schönherr.* *Sierra Leona.*
{ *Sexmaculatus. Gory.* id.
Zebra. *Klug.* *Cap. Bon. Sp.*
2

MYODERMA. *Dejean.*

Sordida. *Dej.* *Senegal.*
Fuliginosa. *Dej.* id.
2

TRICHIUS. *Fabricius.*

{ Vittatus. *Fabr.* (Cetonia.) *Cap. Bon. Sp.*
{ *Zebra. Oliv.* (Melolontha.) id.
{ Fasciatus. *Fabr.* *Suecia.*
{ *Bifasciatus. Jurine.* *Helvetia.*
{ *Succinctus. Gory.* *Gallia.*
{ Var. *Terminatus. Ménétriés.* *Russia merid.*
{ *Abdominalis. Ménétriés.* id.
{ *Bimaculatus. Gebler.* *Sibiria.*
{ *Kamtschaticus. Eschsch.* *Kamstchatka.*
{ Gallicus. *Dej.* *P.*
{ *Fasciatus. Olivier.* id.
{ Abdominalis. *Dej.* *Gallia.*
{ *Strigiventris. Megerle.* *Austria.*
{ Dauricus. *Gebler.* *Sibiria.*
{ *Succinctus. Pallas. Fabr ?* id.
Piger. *Fabr.* *Amer. bor.*
Affinis. *Dej.* id.
Lunulatus. *Fabr.* id.
Viridulus. *Fabr.* id.
Bidens. *Fabr.* id.
Delta. *Fabr.* id.
Triangulum. *Kirby.* *Brasilia.*
12

VALGUS. *Scriba.*

ACANTHURUS. *Kirby.*

Hemipterus. *Fabr.* *P.*

Seticollis. *P. B.*	*Amer. bor.*
Dispar. Harris.	id.
Canaliculatus. *Fabr.*	id.
Pygmæus. *Dej.*	*N.....*

4

CREMASTOCHEILUS. *Knoch.*

Plagiatus. *Dej.*	*Cayennæ.*
Castaneæ. *Knoch.*	*Amer. bor.*
Capensis. *Klug.*	*Cap. Bon. Sp.*

3

GENUCUS. *Mac Leay.*

Parallelus. *Dej.*	*Senegal.*
Cruentus. *Fabr.*	*Cap. Bon. Sp.*
Hottentotta. *Fabr.*	id.

3

GOLIATHUS. *de Lamarck.*

Micans. *Fabr.*	*Senegal.*
Höpfneri. *Dej.*	*Mexico.*
Rhinophyllus. *Wiedemann.*	*Java.*

3

DICHEROS. *Gory.*

Plagiatus. *Latreille.*	*Nov. Holland.*

1

GYMNETIS. *Mac Leay.*

Episcopalis. *Dej.*	*Brasilia.*
Concolor. *Dej.*	*N.....*
Nasuta. *Dej.*	*Mexico.*
Virens. *Dej.*	id.
Mutabilis. Chevrolat.	id.
Lebasii. *Gory.*	*Carthagena.*
Sobrina. *Klug.*	*Mexico.*
Mexicana. Sturm.	id.
Simplicicollis. Dupont.	id.
Nitida. *Fabr.*	*Amer. bor.*
Höpfneri. *Dej.*	*Mexico.*
Nigerrima. *Dej.*	*Brasilia.*
Aterrima. Gory.	id.
Holosericea. *Fabr.*	*Cayennæ.*
Margineguttata. *Dej.*	id.
Consularis. *Dej.*	*Brasilia.*
Bajula. *Fabr.*	id.
Perplexa. *Dej.*	*Cayennæ.*
Chalcipes. *Dej.*	*Brasilia.*
Glauca. *Dej.*	id.
Marmorea. *Olivier.*	id.
Erythroloma. *Dej.*	id.
Ambigua. *Dej.*	id.
Litigiosa. *Dej.*	*Tucuman.*
Lanius. *Fabr.*	*Amer. merid.*
Stellata. *Latreille.*	*Amer. æquin.*
Strigosa. *Fabr.*	*Brasilia.*
Lacordairei. *Dej.*	*Cayennæ.*
Figurata. *Dej.*	*Brasilia.*
Pardalina. Klug.	id.
Scalaris. *Dupont.*	id.
Undulata. Vigors.	id.
Graculus. *Fabr.*	id.
Maculosa. Olivier.	id.
Punctatissima. *Dej.*	*Cayennæ.*
Margaritacea? Germar.	id.
Multipunctata. *Dej.*	*Brasilia.*
Congregata. *Dej.*	id.
Varia. *Dej.*	id.
Confluens. *Dej.*	*Cayennæ.*
Parvula. *Dej.*	*Brasilia.*
Rubida. *Dej.*	id.
Monacha. *Dej.*	id.
Nefasta. *Lacordaire.*	*Cayennæ.*
Marginicollis. *Dej.*	*Mexico.*
Cinerea. *Klug.*	id.
Bicolor. Sturm.	id.
Sordida. *Dej.*	*Brasilia.*
Brasiliensis. Gory.	id.

Lugens. *Dej.*	*Brasilia.*
Liturata. *Fabr.*	*Cayennæ.*
Caliginosa. *Dej.*	id.
Carbonaria. *Dej.*	*Java.*
Murcia. *Buquet.*	id.
Mœrens. *Dej.*	id.
Vulnerata. *Dej.*	*Timor.*
Infuscata. *Dej.*	*Senegal.*
{ Cœrulea. *Olivier.*	*India orient.*
{ Var. 14. *Maculata. Olivier.*	id.

48

TETRAGONA. *Gory.*

{ Lucida. *Dej.*	*Ins. Philipp.*
{ *Splendens? Gory.*	id.
Chinensis. *Fabr.*	*China.*

2

MACRONOTA. *Wiedemann.*

{ Sulcicollis. *Dej.*	*Java.*
{ *Trisulcata. De Haan.*	id.
{ Chrysis. *Dej.*	id.
{ *Smaragdina? Gory.*	id.
Patricia. *Dej.*	id.
Antiqua. *Dej.*	id.
Anthracina. *Dej.*	id.
{ Bisignata. *Dej.*	id.
{ *Egregia? Gory.*	id.
Biplagiata. *Dej.*	id.
Clathrata. *Dej.*	id.
Quinquesulcata. *Chevrolat.*	id.
Scenica. *Dej.*	id.
Luxerii. *Buquet.*	id.
Regia. *Fabr.*	id.

12

GNATHOCERA. *Kirby.*

{ Flavomaculata. *Fabr.*	*Cap. Bon. Sp.*
{ *Bimaculata. Olivier.*	id.
Resplendens. *Schönherr.*	*China.*
{ Sexmaculata. *Fabr.*	*Java.*
{ *Decora. Illiger.*	id.
{ Mac Leayi. *Kirby.*	*Ins. Philipp.*
{ *Formosa. Dej. Catal.*	id.
Elegans. *Fabr.*	*India orient.*
Læta. *Fabr.*	*Java.*
Africana. *Fabr.*	*Senegal.*
{ Cleryi. *Petit.*	id.
{ *Tristis. Buquet.*	id.
{ Tænia. *P. B.*	*Guinea.*
{ *Flavofasciata. Dej. Catal.*	id.
{ Buquetii. *Dej.*	*Senegal.*
{ *Elegans. Buquet.*	id.
Suturalis. *Fabr.*	id.
Petelii. *Buquet.*	*Java.*
Bimaculata. *Wiedemann.*	*India orient.*
{ Flavosignata. *Dej.*	*Senegal.*
{ *Flavosuccincta? Gory.*	id.
{ Umbonata. *Klug.*	*Cap. Bon. Sp.*
{ *Schüppelii. Dej.*	id.

15

AMPHISTOROS. *Gory.*

{ Encaustus. *Dej.*	*Senegal.*
{ *Varians? Gory.*	id.
{ Elatus. *Fabr.*	*Sierra Leona.*
{ *Bidens. Dej. Catal.*	id.
Afzelii. *Schönherr.*	id.

3

SCHYZORHINA. *Kirby.*

{ Lutea. *Dej.*	*India orient.*
{ *Quadripunctata. Mac Leay.*	id.
Bifida. *Olivier.*	id.
Australasiæ. *Donovan.*	*Nov. Holland.*
Punctata. *Donovan.*	id.
Gymnopleura. *Mac Leay.*	id.

5

MACROMA. *Kirby.*

Scutellatum. *Fabr.* — *Senegal.*
Scutellaris. Gory. — id.

1

DIPLOGNATHA. *Gory.*

Gagates. *Fabr.* — *Senegal.*
Carnifex. *Fabr.* — *Cap. Bon. Sp.*
Rubicunda. Dej. Catal. — id.
Hebræa. *Olivier.* — id.
Cinnamomea. *Schönherr.* — *Sierra Leona.*
Variolosa. *Latreille.* — *Guinea.*
Goryi. Westermann. — id.

5

CETONIA. *Fabricius.*

Hookerii. *Schönherr.* — *Nov. Holland.*
Dorsalis. Donovan. — id.
Circumcincta. *Dej.* — id.
Cincta. Donovan. — id.
Flavomarginata. *Latreille.* — *Madagascar.*
Sganzinii. *Dupont.* — id.
Sulcatula. *Dupont.* — id.
Marginata. *Fabr.* — *Senegal.*
Var. *Capucina. Dupont.* — id.
Consentanea. Dej. — id.
Senegalensis. *Dej.* — id.
Carmelita. *Fabr.* — *Cap. Bon. Sp.*
Badia. Burchell. — id.
Corticina. *Olivier.* — *Senegal.*
Purpurascens? Fabr. — id.
Savignyi. *Dej.* — *Ægypt.*
Bipartita. Klug. — id.
Equestris. *Dej.* — *Cap. Bon. Sp.*
Sinuata. *Fabr.* — id.
Olivacea. *Fabr.* — *Sierra Leona.*
Fascicularis. *Fabr.* — *Cap. Bon. Sp.*
Semipunctata. *Fabr.* — *Cap. Bon. Sp.*
Coracina. Burch. Dej. Catal. — id.
Aulica. *Fabr.* — id.
Bachypinica. *Burchell.* — id.
Marginella. *Fabr.* — *Senegal.*
Signata. *Fabr.* — *Cap. Bon. Sp.*
Capensis. *Fabr.* — id.
Var. *Hottentotta? Gory.* — id.
Albopicta. *Gory.* — id.
Pubescens. *Fabr.* — id.
Cornuta. *Fabr.* — id.
Arcas. Olivier. (Scarabæus.) — id.
Hispida. *Olivier.* — id.
Ferrea. Mac Leay. — id.
Fulminans. *Dej.* — *Syria.*
Ignicollis. *Kollar.* — *Ægypt.*
Fastuosa. *Fabr.* — *Dalmatia.*
Speciosa. *Adams.* — *Russia merid.*
Splendens. Faldermann. — *Persia occid.*
Affinis. *Duftschmid.* — *Gallia merid.*
Quercus. Bonelli. — *Italia.*
Caspica. Stéven. — *Russia merid.*
Metallica. *Fabr.* — *Gallia merid.*
Var. *Florentina. Herbst.* — *Italia.*
Sicula. *Dej.* — *Sicilia.*
Cuprea? Ziegler. — id.
Angustata. *Germar.* — *Dalmatia.*
Var. *Nigra? Duftschmid.* — id.
Hieroglyphica. *Ménétriés.* — *Russia merid.*
Ænea. *Gyllenhal.* — *Suecia.*
Metallica. Paykull. — id.
Var. *Daurica. Mannerheim.* — *Sibiria.*
Volhynensis. *Dej.* — *Volhynia.*
Piligera. Besser. — id.
Obscura. *Duftschmid.* — P.
Var. *Cuprea. Ullrich.* — *Austria.*
Marmorata. *Fabr.* — P.
Aurata. *Fabr.* — id.
Var. *Piligera. Ziegler.* — *Dalmatia.*
Strigiventris. Besser. — *Volhynia.*
Carthami. Dahl. — *Sardinia.*

22.

Lucidula. *Ziegler.*	*Gallia merid.*
Var. *Pisana. Dahl.*	*Italia.*
Purpurata. Dahl.	*Sicilia.*
Excavata. *Faldermann.*	*Persia occid.*
Splendidula. *Faldermann.*	id.
Godetii. *Dej.*	*Russia merid.*
Ornata. Godet.	id.
Fimbricollis. Stéven.	id.
Albispersa. Faldermann.	*Persia occid.*
Viridis. *Fabr.*	*Hungaria.*
Armeniaca. *Mannerheim.*	*Armenia.*
Inflata. Faldermann.	*Persia occid.*
Karelinii. *Zoubkoff.*	*Rus. mer. or.*
Kardini. Gory.	id.
Sardea. *Dahl.*	*Sardinia.*
Lefebvrei. *Dej.*	*Oriente.*
Osmanlis. Lefebvre.	id.
Smyrnensis. Dupont.	id.
Cardui. *Dej.*	*Gallia merid.*
Morio. *Fabr.*	id.
Var. *Quadripunctata. Fabr.*	*P.*
Oblonga. *Dej.*	*Gallia merid.*
Assimilis. *Dej.*	*Græcia.*
Elongata. Dahl.	*Italia merid.*
Vidua. *Dej.*	*Oriente.*
Erosa. Faldermann.	*Russia merid.*
Squamosa. *Dej.*	*Sicilia.*
Atomaria. Dahl.	id.
Rugipennis. Faldermann.	*Persia occid.*
Barbara. *Dej.*	*Tanger.*
Melanaria. *Dej.*	*Senegal.*
Æthiops. *Dej.*	*Ægypt.*
Inhumata. Drapiez.	id.
Atromaculata. *Fabr.*	*India orient.*
Orientalis. Dej. Catal.	id.
Nobilitata. *Dej.*	*Ins. Philipp.*
Ferruginea. Eschsch.	id.
Producta. *Dej.*	*China.*
Orientalis? Gory.	id.
Multiguttata. *Dej.*	*Java.*
Alboguttata? Vigors.	id.
Philippensis? *Fabr.*	*Ins. Philipp.*
Taciturna. *d'Urville.*	*Ins. Bourou.*
Maculata. *Fabr.*	*Ile de France.*
Cicatricosa. *Dej.*	*N.....*
Difformis. Latreille.	id.
Difformis. *Fabr.*	*Java.*
Corrosa. *Dej.*	id.
Atomaria. *Fabr.*	*Ins. Philipp.*
Stolata. *Fabr.*	*Senegal.*
Rufocuprea. *Dej.*	*Java.*
Dorsalis. *Dej.*	*Senegal.*
Interrupta. *Fabr.*	id.
Sanguinolenta. *Fabr.*	id.
Discoidea. *Fabr.*	*Cap. Bon. Sp.*
Velutina. Olivier.	id.
Æquinoctialis. *Fabr.*	id.
Cincticollis. *Dupont.*	*Senegal.*
Æquinoctialis. Gory.	id.
Apicalis. *Dej.*	id.
Tricolor. *Olivier.*	*India orient.*
Marginicollis. Gory.	id.
Var. *Bisignata. De Haan.*	*Java.*
Binotata. Gory.	id.
Aterrima. *Wiedemann.*	id.
Dalmasii. *Petit.*	*Madagascar.*
Sulcata. *Fabr.*	id.
Acuta. *Wiedemann.*	*India orient.*
Fulgida. *Fabr.*	*Amer. bor.*
Submaculata. *Chevrolat.*	*Mexico.*
Chera. Dupont.	id.
Mexicana. *Dej.*	id.
Plebeja. *Dej.*	id.
Marmorea. Höpfner.	id.
Vestita. *Dej.*	id.
Brunnea. *Dej.*	*Amer. bor.*
Inda? Olivier.	id.
Furvata. *Fabr.*	*Cap. Bon. Sp.*
Tigrina. Olivier.	id.

Judaica. *Dej.*	*Cap. Bon. Sp.*
Rustica. *Dej.*	id.
Discicollis. *Dej.*	*Amer. bor.*
{ Areata. *Fabr.*	id.
{ *Quadridentata. Escher.*	id.
Atrata. *Dej.*	id.
Biguttata. *Klug.*	*Mexico.*
{ Basalis. *Klug.*	id.
{ *Flavosignata. Sturm.*	id.
{ Dimidiata. *Klug.*	id.
{ *Equestris. Sturm.*	id.
Canescens. *Klug.*	id.
Rufina. *Klug.*	id.
{ Subtomentosa. *Hope.*	id.
{ *Tomentosa. Sturm.*	id.
{ *Spardalina. Dupont.*	id.
Argentea. *Olivier.*	*Madagascar.*
Cinerascens. *Fabr.*	*Cap. Bon. Sp.*
{ Fuscata. *Dej.*	*Senegal.*
{ *Pulverulenta ? Gory.*	id.
Punctulata. *Fabr.*	id.
{ Viridiobscura. *Dej.*	*Nov. Holland.*
{ *Obscura. Donovan.*	id.
Modesta. *Fabr.*	*Java.*
{ Versicolor. *Fabr.*	*India orient.*
{ Var. *Albopunctata. Fabr.*	id.
{ *Histrio. Kollar.*	*Cap Bon. Sp ?*
Variegata. *Fabr.*	*India orient.*
{ Luctuosa. *Latreille.*	*Ile de France.*
{ *Variegata. Dej. Catal.*	id.
{ Tomentosa. *Klug.*	*Cap. Bon. Sp.*
{ *Lanuginosa. Mannerheim.*	id.
Melancholica. *Dej.*	*Ægypt.*
Lurida. *Fabr.*	*Brasilia.*
Proxima. *Dej.*	*Mexico.*
Leucographa. *Klug.*	id.
Sepulcralis. *Fabr.*	*Amer. bor.*
{ Ursina. *Dej.*	*Græcia.*
{ *Quadrata ? Gory.*	id.
Pilosa. *Dej.*	*Barbaria.*
{ Hirta. *Fabr.*	*P.*
{ Var. *Pontica. Faldermann.*	*Persia occid.*
{ *Adspersa. Faldermann.*	*Russia merid.*
{ *Odessana. Faldermann.*	id.
Stictica. *Fabr.*	*P.*
{ Albella. *Pallas.*	*Russia merid.*
{ *Cinctella. Stéver.*	id.
{ Var. *Collina. Faldermann.*	id.
{ Adspersa. *Fabr.*	*Cap. Bon. Sp.*
{ *Attalica. Schönherr.*	id.
Petitii. *Buquet.*	*Senegal.*
{ Cynanchi. *Klug.*	*Dongola.*
{ *Puella. Dej.*	id.
Sponsa. *Dej.*	*Senegal.*
Hæmorrhoidalis. *Fabr.*	*Cap. Bon. Sp.*
{ Roscida. *Schönherr.*	*Senegal.*
{ *Nitidula. Olivier.*	id.

125

LAMPRIMA. *Latreille.*

{ Ænea. *Fabr.*	*Nov. Holland.*
{ *Aurea. Latreille.*	id.
{ Puncticollis. *Dej.*	id.
{ *Fulgida ? ♀. Dupont.*	id.

2

RYSSONOTUS. *Mac Leay.*

Nebulosus. *Kirby.*	*Nov. Holland.*

1

PHOLIDOTUS. *Mac Leay.*

CHALCIMON. *Dalman.*

{ Humboltii. *Schönherr.*	*Brasilia.*
{ *Lepidosus. Mac Leay.*	id.
{ ♀. *Geotrupoides. Mac Leay.* (Casignetus.)	id.

1

STREPTOCERUS. *Dejean.*

Speciosus. *Dej.* — *Chili.*

1

ORTHOGNATUS. *Dej.*

Prionoides. *Dej.* — *Colombia.*

1

LUCANUS. *Linné.*

Cervus. *Fabr.* — *P.*
{ Capreolus. *Fabr.* — id.
Capra. Olivier. — id.
Hircus. Herbst. — id.
Dorcus. Panzer. — id. }
Elaphus. *Fabr.* — *Amer. bor.*
{ Dama. *Fabr.* — id.
Capreolus. Linné. — id. }
{ Rupicapra. *Dej.* — id.
Lentus. Say. — id. }
{ Tetraodon. *Thunberg.* — *Russia merid.*
Serraticornis. Dahl. — *Italia.* }
Vitulus. *Dej.* — *Java.*

7

DORCUS. *Megerle.*

{ Urus. *Dej.* — *Java.*
Bilunatus. Reinwardt. — id. }
Axis. *Dej.* — id.
{ Pygargus. *Dej.* — id.
Kidang. Reinwardt. — id. }
Emarginatus. *Dej.* — id.
Lama? *Fabr.* — *N.....*
Paniscus. *De Haan.* — *Java.*
Glabratus. *De Haan.* — id.
Puncticeps. *De Haan.* — id.
{ Lateralis. *Dej.* — id.
Externepunctatus. De Haan. — id. }
Exaratus. *Dej.* — *N.....*
Senegalensis. *Dupont.* — *Senegal.*
Chilensis. *Dej.* — *Chili.*
{ Aper. *Dej.* — *Amer. bor.*
♀. *Scrofa. Dej.* — id. }
{ Parallelepipedus. *Fabr.* — *P.*
♀. *Capra. Panzer.* — id. }
{ Bonasus. *Dej.* — *Java.*
Opacus. De Haan. — id. }
{ Tomentosus. *Dej.* — id.
Lutulentus. De Haan. — id. }
Juvencus. *Dej.* — id.
Acuminatus. *Fabr.* — id.
Cicatricosus. *Wiedemann.* — id.
{ Porcellus. *Dej.* — id.
Striatus. De Haan. — id. }
Curvicornis. *Latreille.* — *Nov. Holland.*
Agnus. *Dej.* — *Ins. Bourbon.*

22

PSALICERUS. *Dejean.*

Triangularis. *Dej.* — *Brasilia.*
Poliodontus. *Dej.* — id.
Complanatus. *Dej.* — id.
Femoratus. *Fabr.* — id.
Erythrocnemus. *Dej.* — id.
{ Aries. *Dej.* — id.
Ibex. Sahlberg. — id. }
Nigripes. *Dej.* — id.
Cuniculus. *Dej.* — id.

8

TARANDUS. *Megerle.*

Tenebrioides. *Fabr.* — *Succia.*
Silesiacus. *Megerle.* — *Silesia.*
Americanus. *Dej.* — *Amer. bor.*

3

PLATYCERUS. *Latreille.*

Caraboides. *Fabr.*	*P.*
Rufipes. *Fabr.*	*Germania.*
Quercus. *Knoch.*	*Amer. bor.*
Scaritoides. Sturm.	id.
Securidens. Say.	id.

3

FIGULUS. *Mac Leay.*

Forcipatus. *Eschsch.*	*Ins. Philipp.*
Vervex. *Dej.*	*Senegal.*
Ovis. *Dej.*	id.
Striatus. *Fabr.*	*Ile de France.*
Laticollis. *Eschsch.*	*Ins. Philipp.*
Hædulus. *Dej.*	*Java.*
Angustatus. *Eschsch.*	*Ins. Philipp.*
Cylindricus. *Dej.*	*Java.*
Asper. De Haan.	id.

8

ÆSALUS. *Fabricius.*

Scarabæoides. *Fabr.*	*Austria.*

1

SINODENDRON. *Fabricius.*

Cylindricum. *Fabr.*	*Gallia.*

1

PASSALUS. *Fabricius.*

Emarginatus. *Fabr.*	*Java.*
Orientalis. *Dej.*	id.
Tridens. Wiedemann.	id.
Hexaphyllus. *Dej.*	*Nov. Holland.*
Marginepunctatus. *Dej.*	*Java.*
Lævicollis. *Dej.*	*N.....*
Grandis. *Dej.*	*Cayennæ.*
Interruptus? Linné.	id.
Ambiguus. *Dej.*	*Carthagena.*
Interruptus. *Fabr.*	*Cayennæ.*
Sobrinus. *Dej.*	id.
Barbatus. Dej. Catal.	id.
Coronatus. *Mannerheim.*	*S. Domingue.*
Cephalotes. *Dej.*	*Cayennæ.*
Sinuatus. Eschsch.	*Brasilia.*
Litigiosus. *Dej.*	*N.....*
Occipitalis. *Eschsch.*	*Brasilia.*
Furcilabris. *Dej.*	*Cayennæ.*
Convexus. *Schönherr.*	*Cuba.*
Transversus. *Schönherr.*	*Brasilia.*
Assimilis. Latreille.	*Amer. æquin.*
Subarmatus. *Dej.*	*Brasilia.*
Quadricollis. Eschsch.	id.
Cornutus. *Fabr.*	*Amer. bor.*
Madagascariensis. *Dej.*	*Madagascar.*
Mexicanus. *Dej.*	*Mexico.*
Gagatinus. *Dej.*	id.
Subcornutus. *Sturm.*	id.
Elongatus. *Dej.*	*Cayennæ.*
Punctulatus. *Latreille.*	id.
Morio. *Dej.*	*Brasilia.*
Perplexus. *Dej.*	id.
Punctifrons. *Dej.*	id.
Medius. *Dej.*	*N.....*
Bidentatus. *Dej.*	*Brasilia.*
Sulcatulus. *Dej.*	id.
Furcicornis. *d'Urville.*	*Nov. Holland.*
Dentatus. *Fabr.*	*Java.*
Bicolor. *Fabr.*	id.
Innocuus. *Buquet.*	id.
Barbatus. *Fabr.*	*Guinea.*
Tetraphyllus. *Dej.*	*Cayennæ.*
Crenulatus. *Dej.*	*Brasilia.*
Crenatus? Mac Leay. (Paxillus.)	id.

Nigrita. *Dej.*	*Cayennæ.*	Pentaphyllus. *P. B.*	*S. Domingue.*
Coronatus. Latreille.	id.	*Consobrinus. Mannerheim.*	id.
Leachii. *Mac Leay.*		40	
(Paxillus.)	id.	2060	
Pentaphyllus. var. Dej.	id.	8891	
Minor. Höpfner.	*Mexico.*		

www.ingramcontent.com/pod-product-compliance
Ingram Content Group UK Ltd.
Pitfield, Milton Keynes, MK11 3LW, UK
UKHW022101190726
13855UKWH00002B/570

9 782013 033176